コロナ社創立 75 周年記念出版

地球環境のための技術としくみシリーズ ⑪

地球環境保全の法としくみ

松井 三郎 編著

コロナ社

地球環境のための技術としくみシリーズ 編集委員会

編集委員長	松井　三郎	（京都大学）
編 集 委 員 （五十音順）	小林　正美	（京都大学）
	松岡　　譲	（京都大学）
	盛岡　　通	（大阪大学）
	森澤　眞輔	（京都大学）

（所属は委員会発足当時のものによる）

編著者・執筆者一覧

編著者

松井　三郎　（京都大学）

執筆者（執筆順）

岩間　　徹　（西南学院大学，1章）

浅野　直人　（福岡大学，2章）

川勝　健志　（佛教大学，3章）

植田　和弘　（京都大学，3章）

倉阪　秀史　（千葉大学，4章）

岡島　成行　（日本環境教育フォーラム，5章）

平野　　喬　（地球・人間環境フォーラム，6章）

松井　三郎　（京都大学，7章）

（所属は編集当時のものによる）

刊行のことば

　21世紀は希望と絶望が混じり幕開けた。20世紀は，戦争の世紀，そして植民地主義，帝国主義，共産主義国家の終焉(おう)の世紀，科学技術の世紀，「緑の革命」による食糧増産と人口爆発の世紀，そして地球環境破壊が始まった世紀であった。日本は，バブル経済が崩壊したあと，「失われた90年代」を終え，21世紀になっても立て直しの道筋は見えてこない。アメリカは90年代をIT革命による空前の経済繁栄を謳(おう)歌したが，21世紀に入って早くもその経済は下降線をたどっている。ヨーロッパ連合は，混乱を伴いつつも着実に加盟国の拡大を続け政治，経済体制を強化しつつある。地球環境問題に最も熱心に取り組み，経済繁栄の基礎に環境課題解決の取り組みを組み込み，国際社会をリードしつつある。小泉政府の成立は，日本社会の「構造改革」をうたっている。構造改革のシナリオに日本が率先して地球環境問題解決に取り組む内容が，含まれなければならない。残念ながら，地球温暖化対策すらまだ明確な方向は出てきていない。

　そのような情勢のなかで，今後地球環境問題解決の取り組みは，地球の社会経済を根本的に改革する内容をもっていると考えられる。人間がよりよい生活を求め「経済成長」を続けるなか，科学技術を駆使して構造物，機械，交通，都市生活，エネルギー開発，農業開発などさまざまな形態の物質文明を築きあげた。しかしその結果は，廃棄物，環境汚染，生物・生態系の破壊であり，人類生存そのものが危ぶまれている。環境を劣化せずどのように「経済成長」を続け，よりよい生活の向上を行うか。

　一方で，制度と法，価値観の変革を求め，一方で，いままで見捨てられてきた技術の再発見，新しい発想に基づく技術開発が求められ，新しい対応が必要となっている。

刊行のことば

このたびコロナ社の「地球環境のための技術としくみシリーズ」の出版は，技術の可能性と，技術だけでは解決できない社会制度にも目を向け，その両者のかかわりを見据えた対応を，主として環境問題に携わっている技術者，官僚，NGOリーダーに向けた啓発専門書である。持続可能性をもった地球社会構築の具体的技術としくみを執筆者が大胆に提案するものである。この出版は，コロナ社出版活動75周年（2002年）を迎える事業の一つでもある。2002年は，国連「環境と開発」——リオデジャネイロ会議の10周年にも当り，「リオ＋10」会議が開催される。地球環境問題の解決が遅れるなか，厳しい反省の宣言が出されることになろう。

2001年12月

編集委員長　松井　三郎

まえがき

　地球環境問題解決のメカニズムとして，基礎となる法制度の発展と確立は先進国，途上国ともに不可欠要素である．今後，地球環境保全に関する国際条約とそれと連動する国内法はますます複雑に発展すると考えられる．その一方で，世界貿易機関（World Trade Organization；WTO）をめぐる貿易の自由化の動きは，国内環境保全を理由とする保護貿易を警戒しているが，経済のかたよったグローバリゼーションと地域・地球環境保全が矛盾する関係に発展することが十分に懸念される．

　そのような基本構造を理解しつつ，1章では現在機能している地球環境保全にかかわる国際条約の解析，2章では日本の環境法と諸外国環境法の比較を行い，各国法に共通する特徴と，日本の歴史的文化的違いからくる特徴の解析を行っている．3章では環境保全の経済的手法の可能性を展開する．環境保護と経済成長の基本的関係を新しい発想で関係づけるしくみの開発が求められている．4章では地球環境保全に取り組む産業諸団体や自治体のローカルアジェンダ取組みなどの活動解析，5章では世界の環境NGOが大きな影響力を持ちだしており，日本のNGOも国境を越えた活動を展開しているが，それらの活動と今後の方向について，6章では世界的に見て活発な取組みを行っている日本の自治体の国際環境保全への貢献の解析，7章では地球環境保全の役割をだれが担うのか――主体論の解析を行っている．

　「地球環境のための技術としくみシリーズ」の一巻である本書は，地球環境問題解決の根底は，法と制度に大きく規定されていて，市民レベルの主体的活動参加が重要な方向性を決める力になることを示している．

　2004年9月

松井　三郎

目　　　次

1.　地球環境保全の国際条約

1.1　環境条約の発展——いわゆる地球環境条約の出現 …………………1
1.2　環境条約の概要 …………………………………………………………3
　1.2.1　海　　　洋 …………………………………………………………3
　1.2.2　越境大気汚染（酸性雨など） ……………………………………4
　1.2.3　オ ゾ ン 層 …………………………………………………………9
　1.2.4　地 球 温 暖 化 ………………………………………………………11
　1.2.5　有 害 物 質 …………………………………………………………12
　1.2.6　環境災害・事故 ……………………………………………………13
　1.2.7　環 境 損 害 …………………………………………………………14
　1.2.8　天 然 資 源 …………………………………………………………15
　1.2.9　生態系および生物種 ………………………………………………16
　1.2.10　文 化 遺 産 …………………………………………………………18
1.3　地球環境条件のおもな特徴 ……………………………………………18
　1.3.1　条約作成上の特徴 …………………………………………………18
　1.3.2　条約義務の性質と内容における特徴 ……………………………21
　1.3.3　条約義務の履行（実施）における特徴 …………………………26
1.4　将 来 の 課 題 ……………………………………………………………30
引用・参考文献 ………………………………………………………………31

2.　地球環境保全の「法」制度

2.1　地球環境をめぐる政策課題と国内法 …………………………………32

2.2 わが国の環境政策の基本法 ………………………………………33
- 2.2.1 環境基本法 …………………………………………………33
- 2.2.2 環境基本法における「地球環境」の位置づけ ……………38
- 2.2.3 環境基本計画と戦略的プログラム …………………………40
- 2.2.4 第二次環境基本計画における「地球環境保全等」の位置づけ …………42

2.3 温暖化対策と国内法 ………………………………………………45
- 2.3.1 温暖化防止行動計画に始まる国内対策 ……………………45
- 2.3.2 その後の動向 ………………………………………………45
- 2.3.3 2002年の地球温暖化対策推進大綱の概要 ………………47
- 2.3.4 地球温暖化対策の推進に関する法律とその改正 …………50
- 2.3.5 エネルギー使用の合理化に関する法律と企業の自主的取組み …………53
- 2.3.6 新エネルギー利用の促進 …………………………………58
- 2.3.7 温暖化対策税制 ……………………………………………59

2.4 オゾン層保護と国内法 ……………………………………………61
- 2.4.1 オゾン層保護の国際的取決めと国内法 ……………………61
- 2.4.2 特定物質の規制等によるオゾン層の保護に関する法律 …63
- 2.4.3 特定製品に関するフロン類の回収及び破壊の実施の確保等に関する法律 …………65

2.5 海洋汚染防止と国内法 ……………………………………………69

2.6 有害廃棄物の越境移動防止，有害化学物質対策と国内法 ………72
- 2.6.1 バーゼル条約と国内法 ……………………………………72
- 2.6.2 有害化学物質対策と国内法 ………………………………74

2.7 生物多様性の保全と国内法 ………………………………………79
- 2.7.1 生物多様性国家戦略 ………………………………………79
- 2.7.2 絶滅のおそれのある野生動種物の保護 ……………………80
- 2.7.3 遺伝子組換え生物の輸出入規制 …………………………83
- 2.7.4 外来種生物の輸入規制と駆除 ……………………………85
- 2.7.5 渡り鳥の保護，湿地の保護，世界遺産条約 ………………87

2.8 酸性雨（酸性降下物），砂漠化，熱帯林や南極環境の保全と国内法 …88
- 2.8.1 熱帯林の保全と国内制度 …………………………………88
- 2.8.2 南極地域の環境の保全 ……………………………………89

引用・参考文献 …………………………………………………………… 90

3. 環境政策の経済的手段
——環境税を中心に——

3.1 環境税の規範理論 ………………………………………………………… 91
 3.1.1 環境税理論の起源 ……………………………………………… 91
 3.1.2 環境税がもつ二重の性格 ……………………………………… 93
3.2 環境税の導入形態と環境効果 …………………………………………… 95
 3.2.1 ピグー税の再生：イギリス埋立税 …………………………… 95
 3.2.2 ボーモル・オーツ的課税のダイナミズム：デンマーク廃棄物税 …… 102
 3.2.3 明確な財源調達アプローチによる環境税：オランダ地下水税 …… 107
 3.2.4 暗黙の財源調達アプローチによる環境税：ドイツ水資源税 …… 112
3.3 環境税の発展方向 ………………………………………………………… 116
 3.3.1 環境税を中心とするポリシーミックスの展開 ……………… 116
 3.3.2 欧州諸国における環境税制改革の展開 ……………………… 123
 3.3.3 日本における地方環境税論議 ………………………………… 128
3.4 総　　　　括 ……………………………………………………………… 135
引用・参考文献 …………………………………………………………… 138

4. 地球環境保全のための地方自治体や民間企業の動き

4.1 新しいガバナンスの形態 ………………………………………………… 143
 4.1.1 「統治」vs「自治」から「ガバナンス」へ ………………… 143
 4.1.2 ガバナンスの細分化 …………………………………………… 146
 4.1.3 全体のガバナンスへの構成員の参画 ………………………… 151
4.2 地球環境保全と地方自治体 ……………………………………………… 156
 4.2.1 地球環境問題に関する地方自治体の役割 …………………… 156
 4.2.2 地球環境保全のための自治体の取組み ……………………… 161
 4.2.3 地方自治体の取組みにおける課題 …………………………… 167
4.3 民間企業と地球環境保全 ………………………………………………… 170
 4.3.1 民間企業に求められる新しい役割 …………………………… 170

4.3.2　民間企業をとりまく主体からの環境圧力 …………………172
　　4.3.3　ISO 14000 シリーズ …………………………………………175
　　4.3.4　事業者の行動に関する任意のガイドライン ………………179
　　4.3.5　民間企業の具体的な取組みとその課題 ……………………183
引用・参考文献 ……………………………………………………………186

5. 世界の NGO と日本の NGO の役割

5.1　21 世紀の環境問題 ……………………………………………………188
5.2　NGO の役割 ……………………………………………………………191
5.3　欧米の環境 NGO と日本の環境 NGO ………………………………192
　　5.3.1　欧米と日本の環境 NGO の比較 ………………………………193
　　5.3.2　日本が立ち遅れている理由 ……………………………………196
5.4　途上国の NGO …………………………………………………………201
5.5　世界における日本の NGO の位置 ……………………………………204
5.6　環境 NGO への支援策 …………………………………………………206
　　5.6.1　日本の NGO への支援策 ………………………………………206
　　5.6.2　途上国および世界の NGO への支援策 ………………………207
引用・参考文献 ……………………………………………………………211

6. 日本の自治体の国際環境保全への貢献

6.1　自治体の国際環境協力の進展 ………………………………………213
6.2　自治体独自の国際環境協力 …………………………………………215
　　6.2.1　(財)北九州国際技術協力協会 …………………………………215
　　6.2.2　(財)国際環境技術移転研究センター …………………………218
　　6.2.3　(財)国際湖沼環境委員会 ………………………………………221
　　6.2.4　(財)国際エメックスセンター …………………………………224
6.3　国際環境機関への支援と協力 ………………………………………226

6.3.1 国際熱帯木材機関 ……………………………………………227
6.3.2 シティーネット ………………………………………………227
6.3.3 (財)地球環境戦略研究機関 …………………………………228
6.3.4 UNEP国際環境技術センター ………………………………229
6.3.5 地球環境センター ……………………………………………229
6.3.6 (財)日本環境衛生センターの酸性雨研究センター ………230
6.3.7 (財)環日本海環境協力センター ……………………………230
6.3.8 釧路国際ウエットランドセンター …………………………231
6.4 多様化する地方自治体の国際協力 ……………………………………232
6.4.1 アマゾン群馬の森 ……………………………………………232
6.4.2 田主丸町の中国・クブチ沙漠での植林 ……………………233
6.4.3 東京都墨田区・雨水利用を進める全国市民の会 …………234
6.4.4 兵庫県のモンゴル森林再生計画でのCDM …………………235
6.5 地方自治体の国際連携 …………………………………………………236
6.5.1 イクレイ ………………………………………………………236
6.5.2 20％クラブ ……………………………………………………237
6.6 地方自治体の国際環境協力への提言 …………………………………238
引用・参考文献 ……………………………………………………………………239
紹介団体の連絡先 …………………………………………………………………240

7. だれが地球環境の将来を判断するのか

7.1 地球環境課題の選択 ……………………………………………………242
7.2 国連・国際組織・政府の役割 …………………………………………247
7.2.1 持続可能な開発に関する世界首脳会議の成果 ……………247
7.2.2 ヨハネスブルグ実施計画 ……………………………………253
7.2.3 国際融資銀行の役割 …………………………………………256
7.3 日本の環境ODAの方向 ………………………………………………259
7.3.1 日本のODA ……………………………………………………259
7.3.2 新しい政府開発援助大綱 ……………………………………263
7.3.3 日本の環境ODAの取組み ……………………………………271

	7.3.4	国際協力銀行の環境社会配慮ガイドライン …………………272
	7.3.5	JICA が取り組む地球規模問題 ……………………………273

7.4 自治体の役割 ……………………………………………………277
- 7.4.1 自治体の環境基本計画と環境保全の取組み ……………277
- 7.4.2 ローカルアジェンダ 21 の取組み ………………………278
- 7.4.3 環境自治体の活動 …………………………………………280
- 7.4.4 自治体の環境管理と監査 …………………………………281
- 7.4.5 自治体の環境管理の効果 …………………………………285
- 7.4.6 環境自治体スタンダード …………………………………286
- 7.4.7 環境首都コンテスト ………………………………………287

7.5 企業・生産者役割 ………………………………………………288
- 7.5.1 環境や人権など企業の「社会的責任」が拡大 …………288
- 7.5.2 環境経営の重要性 …………………………………………289
- 7.5.3 環境経営の社会的評価 ……………………………………291
- 7.5.4 企業の環境責任原則 ………………………………………292

7.6 生活者・NGO の役割 …………………………………………298
- 7.6.1 日本の環境 NPO ……………………………………………298
- 7.6.2 日本の NGO 活動水準の向上 ……………………………301
- 7.6.3 生活者の環境倫理 …………………………………………301

7.7 環境信頼形成の道 ………………………………………………303
- 7.7.1 環境信頼とステイクホルダ ………………………………303
- 7.7.2 環境コミュニケーションと環境信頼形成 ………………308
- 7.7.3 だれが地球環境の将来を判断するのか …………………309

引用・参考文献 ……………………………………………………………310

索　　引 ……………………………………………………………………312

1 地球環境保全の国際条約

　1970年代以降の環境条約の発展には目覚ましいものがある。その大きな契機となったのは1972年の国連人間環境会議（ストックホルム会議）である。また，1992年にブラジルのリオデジャネイロで開催された国連環境開発会議（地球サミット）は，いわゆる地球環境条約の発展にとって大きな意味をもっている。すなわち，世界の100人を超える首脳が集まった史上最大規模のこの会議において，地球温暖化，生物多様性，砂漠化，森林などの地球環境問題が議論され，地球温暖化と生物多様性に関する条約が署名開放されたのである。

　現在，環境条約の数は，間接的に環境を扱ったものを含めると900を超えるといわれる。今後とも，新たな問題の発生や問題の多様化・深刻化に伴い，環境条約のさらなる発展が予想される。反面，これまでの環境条約は，主権国家からなる国際社会の構造，国際機関の縦割り行政および環境問題の複雑性などを反映して，個別分野ごとに作成されてきており，環境の一体性の確保という観点から問題を残しており，環境条約は数多く成立したものの，その履行（実施）が十分ではないという問題も存在する。

　本章では，環境条約，特にいわゆる地球環境条約に焦点を合わせて，その主要な特徴と将来の課題について論ずることにする。

1.1　環境条約の発展——いわゆる地球環境条約の出現

　環境条約の対象とする環境問題を国家の領域主権が，どこまで，また何に対して及ぶかを基準に分類すると，つぎの3種類になる。
① 　国家の領域主権の及ぶ範囲内における活動に起因する環境問題（越境大気汚染・海洋汚染・国際河川汚染問題，共有資源の保全・利用・管理に関

する問題など）

② 国家の領域主権の及ばない国際公域（公海，深海底，宇宙空間・天体，南極）における活動に起因する環境問題（汚染問題，資源保全・利用・管理に関する問題など）

③ 国家の排他的領域主権の及ばない地球的共通関心事項（グローバルコモンズにかかわる事項）に関する環境問題（オゾン層や気候系の保護，自然系や生物多様性の保全など）

以下では，②および③を対象とする環境条約を地球環境条約と呼ぶことにする。

これまでの環境条約は，上記の①と②に関するものがほとんどであった。ところがストックホルム会議と地球サミットを契機に，③のカテゴリーを対象とする新たな地球環境条約が増加している。③の問題の特徴は，原因となる物質や行為は主として国家主権の及ぶ領域内に存在するが（領域性の存在），オゾン層や気候系，自然系や生物多様性の有する機能そのものは，人類の生存のために国際社会全体が保護しなければない共通関心事項であるという点にある（領域性の否定または制限）。このカテゴリーに入る地球環境条約（例えば，オゾン層保護に関するウィーン条約・モントリオール議定書，気候変動枠組条約・京都議定書，世界遺産条約，生物多様性条約・カルタヘナ議定書など）は，「非領域的・機能的」レジームを設立しているといわれる。そのようなレジームの対象になるのは，オゾン層，気候系，生態系および生物種の機能の維持・保護である。それらの機能は，法的には国家の排他的な領域主権の及ばないグローバルコモンズとして位置づけることができるであろう。

③の問題を対象とする地球環境条約については，一方では国家の領域性に基づく国益の要請があり，他方では機能性に基づく国際的規制の要請が併存するため，当該条約の定める国際管理制度は以上の二つの要請をいかに調整するかという特徴をもつことになる。それは条約義務の履行確保の方法に特徴的に現れることになる（1.3.3項を参照）。

また，地球環境条約は，国際公域の環境の保護・保全，オゾン層や気候系の

機能の保護，生物種や生態系の機能の保護を目的としているが，このような目的は国際社会全体の一般利益（国際公益）を構成する。この点は，後述（1.3.2項）の条約義務の性質・内容における特徴に関連することになる。

1.2 環境条約の概要

つぎに，いわゆる地球環境条約を含む主要な環境条約の概要について，最近の動き（改正を含む）をフォローしながら，海洋，大気，気候システム，有害物質，環境災害・事故，環境損害，天然資源，生態系・生物種，文化遺産の分野に分けて説明する。

1.2.1 海　　　　洋

海洋に関する傘条約である国連海洋法条約（1982年採択）は1994年に発効した。この条約は，12部で海洋環境の保護および保全について国家の基本的権利義務や管轄権などについて包括的に規定する枠組み的性質を有するものである。

海洋汚染の分野で先駆的な1954年の海洋油濁防止条約は，1973年の海洋汚染防止条約に取って代わられた。この条約は，油および油性混合物（付属書Ⅰ），油以外のばら積み有害液体（付属書Ⅱ），容器に収納された有害物質（付属書Ⅲ），汚水（付属書Ⅳ），廃棄物・ゴミ（付属書Ⅴ）の海洋への排出を規制する。しかし，規制が厳しすぎるとの批判もあり発効が遅れた。そこで，批准を促進するために，1978年，特に問題になっていた付属書Ⅱの適用を一定期間免除する旨を定めた議定書が採択された（1973年条約と合わせ，通称「マルポール1973/78年条約」という。1983年発効）。この条約は，1992年に改正されて，付属書Ⅰについてタンカーの二重構造が義務づけられ，1997年には，付属書Ⅵ（船舶からの大気汚染防止に関する規則）を追加する趣旨の議定書が採択された。この議定書は，燃料油中の硫黄と出力130 kW以上のディーゼルエンジンからの窒素酸化物について上限値を定め，オゾン層破壊物質の

故意による排出，およびこのような物質を含む設備の新規搭載を禁止し，ポリ塩化ビフェニル（Polychlorinated Biphenyl；PCB）などを含む廃棄物の洋上焼却を禁止した。

1972年の海洋投棄規制条約は，1996年の議定書により全面的に改められ，これまでの規制方式（付属書Ⅰ物質は投棄禁止，付属書Ⅱ物質は事前特別許可，付属書Ⅲ物質は事前許可）は，原則として投棄全面禁止という方式に改められた。議定書によれば，つぎに掲げる廃棄物のみが個別の事前許可により投棄が認められることになった。

浚渫物，下水汚泥，魚類残滓または魚類の産業上の加工作業により生じる物質，船舶・プラットホームその他人工海洋構築物，不活性な無機性の地質学的物質，天然有機物，海洋投棄以外の処分が困難な地域（小島など）で発生する鉄・コンクリートなどから構成される物質など。

1.2.2 越境大気汚染（酸性雨など）

欧州では，1960年代に入り，広域的な酸性雨問題が脚光を浴びるようになった。酸性雨被害を受けていた風下国のスカンジナビア諸国は，風上国（汚染国）であるイギリスや旧西ドイツを非難し，外交問題にまで発展した。1970年代に入り，旧西ドイツなども酸性雨被害国であることに気づき始め（例えば「黒い森」の枯死），また国連欧州経済委員会（Economic Commission for Europe；ECE）の努力が実ったこともあって，1979年に歴史上初めて越境大気汚染に関する多数国間条約（「長距離越境大気汚染条約」，以下，LRTAP条約という）が成立した（1983年発効）。実は，ECEは，1977年に欧州全域をカバーし，大気汚染物質の沈着量，濃度，長距離移動などを観測する「欧州における大気汚染物質の長距離移動の監視と評価に関する計画」（EMEP）を作成し，モニタリング調査を実施してきたのであった。

ECEには，北米（米国，カナダ）をはじめ，旧東欧を含む欧州諸国が加盟している。越境大気汚染問題の解決のために，欧米諸国が政治的対立を超えて協力体制を確立した歴史的瞬間であった（1975年の欧州安全保障協力会議が

すでにその基礎をつくっていたことも事実である）。

LRTAP条約は，いわゆる枠組み条約（framework convention）で，大気汚染の制限・削減・防止に関する締約国の一般的義務を定めるとともに，研究開発，情報交換およびEMEPの実施と一層の発展について定めている。越境汚染による損害に対する国家責任については議論があったが，最終的には条約の対象から外された（8条(f)の註）。

なお，この条約は，1条の中で大気汚染と長距離越境大気汚染について以下のように定義している。これらの定義は，その他の条約のモデルとなっている。

- 大気汚染とは，人間が物質またはエネルギーを大気中に直接または間接に導入することにより，人間の健康を危険にさらし，生物資源，生態系および物的財産に損害を与え，ならびに快適性およびその他の環境の正当な利用を損ないまたはそれに干渉するような有害な影響をもたらすことをいう。
- 長距離越境大気汚染とは，その物理的起因の全部または一部がある国の国家管轄権下の地域に位置している大気汚染であって，一般に個別的排出源または一群の排出源の寄与を区別することが不可能な距離に位置する他国の管轄権下の地域に悪影響をもたらすことをいう。

すでに述べたように，この条約は枠組み条約であり，越境大気汚染（特に酸性雨）の原因物質の具体的な削減などは，EMEPの観測結果による科学的知見の確立を待って採択された議定書によって定められた（ヘルシンキ，ソフィア，オスロ各議定書）。また，1990年代に入り，酸性雨以外の大気汚染問題が浮上し，揮発性有機化合物（VOC）議定書，重金属議定書，残留性有機汚染物質（Persistent Organic Pollutants；POPs）議定書，イェーテボリー議定書が作成された。以下に，それらの議定書を簡単に紹介することにする。

〔1〕 **EMEP議定書**（1984年作成，88年発効）

EMEPは，個別議定書の交渉の際に基本的かつ重要なデータを提供する。現在，欧州31ヵ国で100ヵ所以上のモニタリングステーションが設置されて

いる。この議定書は，EMEPの運営機関の資金を長期的に賄うために作成された。付属書は加盟国の強制的資金供与の比率を明示している。

〔2〕　**ヘルシンキ議定書**（1985年作成，87年発効）

この議定書は，おもに化石燃料の燃焼に起因する硫黄の年間排出量または越境移動量を80年レベルを基準に93年までに各国一律最低限30％削減することを締約国に対して義務づけた。締約国は，LRTAP条約の執行機関に対して，年間排出量，計算根拠，目標達成状況，目標達成のため国家計画・政策・戦略などに関する年次報告書を提出しなければならない。結果的には93年までに約52％削減することに成功したといわれている。この議定書は94年のオスロ議定書（〔5〕参照）に取って代わられた。

〔3〕　**ソフィア議定書**（1988年作成，91年発効）

この議定書は，おもに化石燃料の燃焼に起因するNO_x（窒素酸化物）の年間排出量または越境移動量を1994年までに87年レベルに凍結するよう締約国に義務づけた。この議定書は，国家排出基準と臨界負荷量（critical load）のアプローチを導入したことで知られている。前者については，経済的に実行可能な最善の利用可能な技術を用いて各国が決定することになっている。後者は，窒素酸化物の人間，動植物，水，土壌，物質に対する影響に着目したアプローチで，議定書はその発展と適用に関する研究および監視を優先させるべきであると定めている（6条）。ただし，具体的な臨界負荷量は明示されておらず，各国の判断に任されている。ちなみに，臨界負荷量とは，「現在の知識によれば，影響を受けやすい特定の環境要素についてそれ以下では著しく有害な影響が発生しない1またはそれ以上の汚染物質に対する曝露の定量的評価」をいう（1条7）。

締約国は，LRTAP条約の執行機関に対して，年間排出量，計算根拠，規制・削減のため国家計画・政策・戦略などに関する年次報告をする義務を負う。

議定書の実施状況はヘルシンキ議定書に比べて悪く，25ヵ国のうち19ヵ国が1987年レベル以下に削減するか，そのレベルに凍結しているにとどまっている。

〔4〕 **VOC 議定書**（1991 年作成，97 年発効）

揮発性有機化合物（VOC）は，太陽光線を受けて NO_x と反応し，光化学オキシダントを発生させ，健康被害をもたらす。VOC は，自動車燃料の不完全燃焼，精油所からの蒸発，ガソリンの運送・使用，ペンキ・塗料・インキなどの溶剤を含む製品の使用から発生する。

この議定書は，ヘルシンキおよびソフィア各議定書とは異なる規制方法（差異のあるコミットメント）を採択した。すなわち，締約国の義務としてつぎの三つの選択肢を掲げ，締約国が自己の排出状況，地理的および人口の事情に合わせて，そのいずれかを選択することができるようにした。

① 1988 年の排出レベルまたは 1984 年から 90 年までの間のいずれかの年の年間排出レベルを基準に，99 年までに VOC 国家年間排出量を少なくとも 30％削減するために効果的な措置をとる。

② 年間排出量が対流圏オゾン濃度に寄与し，そのような排出が付属書Ⅰの対流圏オゾン管理地域（TOMA）からのみ発生する締約国について適用される。この選択を行う締約国（カナダ，ノルウェー）は，1988 年の排出レベルまたは 1984 年から 90 年までの間のいずれかの年の年間排出レベルを基準に，TOMA からの年間排出量を 1999 年までに少なくとも 30％削減し，かつ 99 年までに VOC 国家年間排出総量を 88 年レベルを超えないようにする。

③ 1988 年の VOC の年間排出量が 50 万 t 以下，1 人当り 20 kg 以下および 1 km² 当り 5 t 以下の締約国に適用される。当該国（ブルガリア，ギリシャ，ハンガリー）は，少なくとも，遅くとも 99 年までに VOC の年間排出量が 88 年レベルを超えないように効果的な措置をとる。

〔5〕 **オスロ議定書**（1994 年作成，98 年発効）

すでに述べたように，ヘルシンキ議定書は，硫黄の削減目標を大幅に達成することに成功した。しかし，それはそもそも目標値が低かったから可能であったのであり，環境および人間の健康の保護という観点からは問題を残していた。そこで，1994 年以降の目標を定めるにあたり，オスロ議定書は，ソフィ

ア議定書の採用した臨界負荷量（同じ定義を採用）アプローチを拡充する方法で採用し，硫黄排出を全体としてさらに削減することを定めた。

付属書IIは，各国ごとの年度別排出量上限，削減率を掲げている。国によっては臨界負荷量の算定の際に考慮する環境要素が異なるので，排出量上限と削減率に当然差が出てくる。例えば，ドイツは1980年レベルを基準に2000年までに年間排出量を83％削減しなければならないが，スウェーデンは80％，フランスは74％，イギリスは50％といった具合である。最も削減率の少ないのは，ギリシャ，ポルトガルの0％である。国によっては，目標年がさらに2005年，2010年と定められている国がある（例えば，ギリシャは2000年8％削減，2005年3％削減，2010年4％削減）。

議定書は，2条7で，複数の締約国が付属書IIの定める義務を共同で実施することを認めている。執行機関は97年に（15会期）そのための規則と条件を決定した。このいわゆる共同実施は，後述の京都議定書にも採用されている。

さらに，議定書は，7条で遵守手続について定め，履行委員会は締約国の義務遵守の審査を行い，執行機関の会期中において当該国へ審査報告を行い，場合によっては勧告を行うことができるとしている。97年に執行機関は，履行委員会の構造，機能および遵守の審査手続について決定した。それによれば，8人の委員会からなる履行委員会は，不遵守の場合に建設的な解決を確保するという観点から審査を行うとしている。この委員会による審査は，VOC議定書，および後述の重金属議定書，POPs議定書，イェーテボリー議定書の遵守状況にも適用される。

〔6〕 **重金属議定書**（1998年作成）

この議定書は，締約国に対して，有害な重金属（カドミウム，鉛，水銀）の大気中への排出を1990年レベルまたは1985年から95年までの間のいずれかの年のレベル以下に削減することを義務づけている。ここでいう重金属は，鉄工場，火力発電所，廃棄物焼却場などの主要な固定発生源からの排出を対象としている。

〔7〕 **POPs議定書**（1998年作成）

残留性有機汚染物質（POPs）——いわゆる環境ホルモン——は，殺虫剤の使用，化学物質の生産・使用，ごみ焼却，自動車排ガスなどから発生する。この議定書は，16種類のPOPsの生産・排出を規制し，管理することを目的としている。付属書Iに掲げるアルドリン，クロルデンなど8種類は生産・使用が禁止され，ヘプタクロルは生産は禁止されるが，使用は特定の電気工業用にのみ認められ，ヘキサクロロベンゼンは旧社会主義国にのみ生産・使用が認められることになった。付属書IIに掲げるDDT，PCB，HCHは特定の場合にのみ使用が認められる。付属書IIIに掲げるポリサイクリックアロマチックハイドロカーボン（PAHs），ダイオキシンなどは，付属書Vの示す技術指針，適用可能な最善の技術を用いて排出を削減することが義務づけられた。

〔8〕 **イェーテボリー議定書**（1999年作成）

この議定書は，正式には「酸性化，富栄養化および地上レベルオゾン低減議定書」と呼ばれている（スウェーデンのイェーテボリーにて採択）。SO_x，NO_x，VOCおよびアンモニアが，人間の健康と環境に対して複合的に悪影響を与えていることに着目し，臨界負荷量アプローチ（酸性化と富栄養化について）および臨界レベルアプローチ（オゾンについて）を採用し，締約国に対して上記4汚染物質の削減を義務づけている。すなわち，付属書IIは，各汚染物質について，1990年の排出レベルを基準に2010年までに達成すべき排出削減率を定めている。なお，硫黄については，すでに1994年のオスロ議定書が各締約国に対して排出削減率を定めていたが，今回の議定書はさらにそれを補強した。

1.2.3 オゾン層

1970年代に入り，科学者により，大気中に排出されたフロンガスが成層圏中のオゾンを破壊し，有害な紫外線の地表への到達量が増え，その結果，皮膚ガンの発生率が上昇し，生態系が破壊されるという危険性が指摘された。78年から国連環境計画(United Nations Environment Programme；UNEP)が中心になり，オゾン層を破壊する物質の規制に関する条約の作成が開始された。

1. 地球環境保全の国際条約

　1985年に採択された「オゾン層の保護のためのウィーン条約」（以下，ウィーン条約という。88年発効）は，締約国に対して，オゾン層保護のための一般的義務を定め，オゾン層を破壊する物質や影響に関する研究，組織的観測，法律・科学・技術協力，情報交換を求めたいわゆる枠組み条約である。オゾン層破壊物質の具体的規制は，87年の「オゾン層を破壊する物質に関するモントリオール議定書」（以下，モントリオール議定書という。89年発効）の成立を待たなければならなかった。

　モントリオール議定書は，規制物質（現在，特定フロン，ハロン，その他のCFC，四塩化炭素，1.1.1.トリクロロエタン，HCFC，HBFC，臭化メチル）の生産・消費を段階的に削減し，最終的には禁止することを規定している。これまで何回か改正（新たな物質を追加する際に行い，締約国の批准などが必要）と調整（削減スケジュールを強化する際に行い，締約国の批准などは不必要）を重ね，規制が強化されてきている。議定書は，産業合理化のために締約国間での生産枠の移転（一種の排出取引）を認め，また非締約国との規制物質またはそれを含む製品もしくはそれを用いて製造された製品の貿易を禁止した。開発途上締約国との関係では，その参加を促すため，適用を10年間遅らせ（95年改正により緩和された削減スケジュールが適用されるようになった），多数国間基金を設立するなど，その後の温暖化防止に関する条約のモデルになるような重要な規定が採用された。

　1992年，議定書第4回締約国会合は，議定書の履行確保のための「不遵守手続」を採択した（98年一部改正）。この手続はつぎの三つの手続からなる。

① 議定書の義務の実施について疑義を抱く締約国による条約事務局への通報と履行委員会による検討
② 義務の不遵守を知った条約事務局による事情調査と履行委員会による検討
③ 不遵守国自身による履行委員会への申立て

　履行委員会による検討の結果，不遵守の事実が明らかになった場合には，締約国会合は，不遵守国に対して警告または議定書のもとでの権利および特権の

1.2.4 地球温暖化

大気中に排出された二酸化炭素をはじめとする温室効果ガスの濃度の上昇により地球温暖化が進行し，その結果，海面が上昇し，生態系が破壊されるなどの影響が発生することは科学者によって以前から指摘されていたが，1985年に開催されたフィラハ会議はこれまでの科学的知見を整理した。それを契機に，温暖化防止に関する外交交渉が開始され，1992年には国連気候変動枠組条約が採択され，同年6月の国連環境開発会議において署名された（94年発効）。

条約は，温暖化防止がすべての締約国に共通する責務であるとして，開発途上締約国にも温室効果ガスの排出抑制を求める一方で，先進締約国には差異のある責務として，温室効果ガスの排出を2000年までに1990年レベルに戻すことを目標に抑制措置をとり，そのための計画を作成し，締約国会議へ報告することを追加的に義務づけた。しかし，条約の定める目標は法的拘束力のあるものではなく，締約国に効果的な措置が望めないなどの理由から，具体的な排出削減目標値を定める議定書の採択が求められた。

97年に採択された京都議定書は，6種類の規制物質（二酸化炭素（CO_2），メタン（CH_4），亜酸化窒素（N_2O），ハイドロフルオロカーボン（HFC），パーフルオロカーボン（PFC），六ふっ化硫黄（SF_6））について排出削減目標値を定めた（2008年から2012年の間に全体で1990年レベル —— HFC以下3物質については1995年レベル —— の少なくとも5％削減）。先進締約国である付属書I国についてのみ，それぞれ個別に削減量が割り当てられた（付属書B参照。例えば日本は6％，米国は7％，欧州連合（European Union；EU）は8％削減）。

議定書は，このように差異のある義務を先進締約国に定める一方で，開発途上締約国の条約義務の履行を促進するために地球環境ファシリティ（Global Environmental Facility；GEF）による資金供与を約束した。また，特に先進

締約国の参加を誘導するために，費用対効果という観点から共同達成（4条），共同実施（6条），クリーン開発メカニズム（12条）および排出取引（17条）という手法を取り入れた。

共同達成とは，削減目標を共同で達成することに合意した付属書I国は，各国の排出総量が合意に参加した国の数値目標の合計を超えなければ，それぞれの間で削減量を割り振ることができるというものである。共同実施とは，付属書I国は，一定の条件下で，他の付属書I国とのプロジェクトから得られる排出削減量を他の付属書I国へ移転でき，または他の付属書I国から獲得できるというものである。クリーン開発メカニズムは，付属書I国と非付属書I国との共同実施であり，付属書I国は非付属書I国とのプロジェクトから生じる「承認された削減量」を自国の削減目標達成のために使用できる。また，排出取引の制度によれば，議定書の付属書Bに掲げる先進締約国間において，削減義務を履行するため，削減に余裕のある国は，削減の困難な国と国際市場において排出量（枠）を売買できることになる。つまり，取引により排出削減量の一部を他国から獲得し，または他国へ移転することができるということである。詳細な実施メカニズムはまだ決定されていないが，経済的手法として注目されている。

京都議定書も不遵守手続に関する規定（18条）を設けている。詳細は2001年の第7回締約国会議において「遵守手続・メカニズム」として採択された（1.3.3項参照）。

1.2.5 有害物質

1989年のバーゼル条約（有害廃棄物の国境を越える移動およびその処分の規制に関する条約）は，有害廃棄物（廃棄経路と含有物質により決定）の環境上適正な処分を締約国に義務づけるとともに，不法取引を規制し，越境移動の際には輸入国および通過国の事前同意を求めている。不法取引のときは原因者（場合によっては国）に回収義務が生じる。また，非締約国との貿易を禁止した。

この条約のもとでは，輸入国の同意があれば越境移動が可能になるため，そ

の欠点が当初から指摘されていた。そこで，1995年に改正され，OECD（Organization for Economic Cooperation and Development；経済協力開発機構）加盟国（付属書VII国）から同非加盟国への付属書VIII物質（砒素，アスベスト，水銀，鉛など）の輸出については，最終処分を目的とする輸出が禁止され，またリサイクルを目的とする輸出は1997年12月31日までに段階的に削減し，同日限りで禁止されることになった。

バーゼル条約のもとに，1999年，損害賠償議定書（有害廃棄物の国際移動および処分に伴う損害に対する責任および補償に関する議定書）が採択され，通告者（有害廃棄物などの越境移動計画を通告する発生者または輸出者），処分者，輸出者または輸入者には厳格責任が適用され，保険，保証金その他の保証措置をとることが義務づけられた。

他方，有害化学物質などの貿易については，UNEPとFAO（Food and Agriculture Organization；国連食糧農業機関）が検討を行い，1998年に有害物質PIC条約を採択した。この条約は，有害な化学物質と殺虫剤の国際取引を規制する目的で作られ，自国で禁止または厳しく制限している輸出国に対してその旨の事前通報を義務づけ，取引をPIC制度（十分な情報提供に基づく輸入国の事前同意）に従わせた。対象となるのは，22種類の殺虫剤（アルドリン，クロルデン，DDTなど）と5種類の化学物質（PBB，PCBなど）である。

1.2.6 環境災害・事故

この分野には，以下の三つの条約がある。
① 海洋油濁事故の際の緊急対応策をとるための国際協力などを定める1990年の油濁事故対策協力条約（OPRC条約）
② 原子力事故に関するIAEA（International Atomic Energy Agency；国際原子力機関）関連の，1986年の原子力事故早期通報条約，1986年の原子力事故相互援助条約，および民生用原子力発電所の安全性を確保することを目的とし，義務履行状況について締約国会議へ報告することを求める

1994年の原子力安全条約
③　産業施設の事故に関する1992年のECE産業事故越境影響条約
　③の条約は有害な活動（一定量以上の有害物質を使用する活動）を規制することにより産業事故を防止することを目的とする。ただし，原子力，軍事施設，ダム，陸上運輸，海洋活動，遺伝子組換え生物などに関する事故は適用が除外される。また，有害活動について，関係国と事前協議を行い，防止措置・緊急対策をとり，環境アセスメント，適切な立地決定，情報提供を行うことが求められる。さらに，情報提供などへの公衆参加が保証され，被影響国の公衆にも影響国の公衆と同じ機会が提供される。

1.2.7　環　境　損　害

　環境損害に対する賠償責任を定めた条約は，1993年に欧州評議会が採択した「環境上危険な活動による損害に関する民事責任条約」のみである。この条約は，損害には環境に対する損傷も含めるとし，事業者の汚染者負担原則に基づく厳格責任を定め，賠償請求期間は損害発生を知ってから3年以内とした。なお，すべての人に情報公開請求権を認めた。この条約は，ECEの1991年越境環境影響評価条約（エスプー条約）および産業事故越境影響条約と補完関係にある。

　それ以外の条約はすべて人損と物損を対象としている。例えば，海洋油濁関連の油濁民事責任条約（1969年）・油濁補償基金条約（1971年）および「海底開発による油濁民事責任条約」（1976年）は，それぞれタンカー所有者と設備管理者の厳格責任を定めている。1996年に採択されたHNS条約は，上記の油濁民事責任条約と油濁補償基金条約をモデルにし，有害および有毒物質（HNS）の海上輸送の際の船主の厳格責任を定め，上限を超えるかまたはそれによってカバーされない場合に拠出するHNS基金（荷主の拠出による）を設立した。原子力損害に関する1960年のパリ条約（原子力の分野における第三者損害に関する条約）（1963年の補足条約，1964年，82年の追加議定書），1962年のブラッセル条約（原子力船運航者の責任に関する条約），1963年のウ

ィーン条約（原子力損害に対する民事責任に関する条約），1971 年のブラッセル条約（核物質の海上輸送の分野における民事責任に関する条約），1988 年のパリ条約とウィーン条約との共同議定書も同様であり，人損と物損を対象とし，運用管理者に厳格責任を集中させている。以上の条約は，国にも混合責任を課し，責任担保または賠償資金提供の義務を負わせている。なお，1967 年の宇宙天体条約と 1972 年の宇宙損害賠償協定は打上げ国に無過失の専属責任を課している。

1.2.8 天　然　資　源

　複数の国が共有する天然資源の開発について，絶対的かつ排他的な領域主権の考えが否定され，その配分と利用に関する衡平利用の原則が登場してきた。例えば，国際法協会（ILA）が 1966 年に採択した「国際河川の利用に関するヘルシンキ規則」第 4 条は，国際河川水の合理的かつ衡平な利用の権利を認めた。そこでいう衡平な利用とは，関係国の関連要素を比較衡量して，特に河川水利用のもたらす損益を比較衡量して，利益を最大そして損害を最小にするということである。このような衡平利用の原則は，それ以外にも，共有天然資源の開発一般に適用されるようになってきている。国連環境計画は，1978 年，この原則を盛り込んだ「共有天然資源の保全および調和ある利用に関する各国のガイダンスのための行動原則」を採択した。

　生物資源，特に漁業資源については，漁業関連の諸条約が，漁期，漁区，網目などの漁法を定めたり，最大持続生産量（Maximum Sustainable Yield；MSY）方式を採用したりして，資源の乱獲防止と持続的利用を図っている。また，最近では，「南太平洋地域における流し網漁を禁止する条約」（1989 年採択）にみられるように，目的外の魚種などの混獲を禁止する規制方式がとられている。

　月その他の天体を含む宇宙空間，深海海底および南極などのいわゆる国際公域に存在する資源の利用については国際機関による管理の方向に進んでいる。

　まず，1979 年の月条約は，先進国が，1967 年の宇宙天体条約の認めている

宇宙活動自由の原則に基づいて宇宙天体資源を独占的に開発してしまうことに歯止めをかけるため，月その他の天体およびそこにある資源を「人類の共同財産」として位置づけ，さらに，将来設立される予定の国際制度が資源の衡平な分配を行うと定めた。

それに比べ，1982年の国連海洋法条約は，深海海底とそこにある資源を「人類の共同財産」として位置づけることにとどまらず，国際海底機構という国際機関を設立し，人類全体の利益のために（特に，途上国の利益に特別な考慮を払って）資源開発を行う具体的な法制度を確立した。この機構には，開発にかかわる立法・執行について幅広い権限が認められており，生産政策の決定，許認可および収益配分などを行う。同条約は，開発に起因する海洋環境に対する有害な影響についても規定しており，その防止のため適当な規則や手続は機構が採択する。当該規則や手続を実効的なものにするために，機構の理事会には，海洋環境に対する重大な損害を防止するために緊急命令（操業停止など）を発し，またそのような損害の危険性が明白な場合には開発申請を承認しない権限が与えられた。さらに，もし当該規則などに関して著しくかつ執拗な違反がある場合には，理事会は，構成国としての特権および権利の行使を停止するよう総会に勧告でき，また不履行のある場合には，機構に代わって海底紛争裁判部において訴訟手続を開始できるとした。

南極についても，1972年の「南極のあざらしの保存に関する条約」が最適持続可能生産量の維持を目的としつつも，南極における全体としての満足すべき生態系の均衡の維持を図り，1980年の「南極の海洋生物資源の保存に関する条約」が，海洋生態系を考慮した海洋生物資源の保存を目的としている。また，1991年の「環境保護に関する南極条約議定書」は，南極の環境とそれに依存し関連する生態系の包括的保護を目的とし，南極を自然保護区域として指定し，科学調査を除く鉱物資源の開発活動を全面的に禁止した。

1.2.9　生態系および生物種

本来，国家領域内にある貴重な生物種や生態系は，その国家に所属し，それ

をどのように利用・処分するかはその国の裁量にまかされる。しかし，今日では，絶滅のおそれのある動植物，水鳥の飛来地である湿地帯，世界的に貴重な自然遺産は，人類の共通した遺産であり，国際社会全体が保全すべきものであるという認識が高まってきた。その結果，生物種と生態系の保全に関するいくつか条約が締結され，国際協力に基づく保全措置がとられてきている。

生物種の保護に関する条約としては，以下のものがある。まず，「絶滅のおそれのある野生動植物の国際取引に関する条約」（通称，ワシントン条約）は，絶滅のおそれのある野生動植物を，原則として商業取引の禁止の対象となるものと，定められた貿易取引に従うことを条件に取引の認められるものとに分類し，その保護を図っている。また，渡り鳥の保護に関する条約（二国間条約が多い）は，関係する渡り鳥とその卵の捕獲，取引，所持の規制や取締を定め，保護区を設定したりしている。オットセイ，アザラシ，クジラなど乱獲の結果その減少が懸念されている生物種についても，その捕獲や取引を規制や取締のための条約が存在している。1992 年の国連環境開発会議で署名開放された生物多様性条約は，生物種の多様性を生態系の多様性と遺伝子の多様性とともに保全し，同時に，その構成要素の持続的利用を確保しようとしている。先進国は，国際的に重要な地域や種をグローバルリストにのせ国際的に保全しようと考えていたが，天然資源に対する主権的権利を主張した途上国の反対に押し切られてしまった。これで果たして生物の多様性が保全できるかどうか疑問視する人もいる。

今日，バイオテクノロジーによって遺伝子の改変された生物が生物多様性に及ぼす影響が懸念されている。そこで 2000 年には，カルタヘナ議定書（生物の多様性に関する条約のバイオセーフティに関するカルタヘナ議定書）が採択された。この議定書は，生物多様性の保全およびその持続可能な利用に悪影響を及ぼすおそれのある LMO（Living Modified Organism；改変された生物）の国境を越える移動，輸送，取扱い，利用に適用される（ただし，人用の医薬品を除く）。意図的な環境への導入のための LMO については，輸出入に先立ち，輸入国の AIA（事前の情報に基づく同意手続）に従う。輸入国は，輸入

するLMOについて科学的不確実性が存在する場合であっても潜在的な危険を避け，軽減するために予防的措置がとれる。

つぎに，生態系の保護に関する条約のうち，「特に水鳥の生息地として国際的に重要な湿地に関する条約」（通称，ラムサール条約）は，各締約国が最低1ヵ所の国際的に重要な湿地帯を指定・登録し，条約に定める保護措置をとるよう締約国に求めている。また「世界の文化および自然の遺産の保護に関する条約」（世界遺産条約）は，自然または生物の作用による形成物や希少生物種の生息地などの自然遺産の保護を目的としている。

1.2.10 文化遺産

文化遺産も，前記の自然遺産などと同様に，人類の共通した遺産であり，国際社会全体が国際協力により保護すべきであるという認識が高まってきた。世界遺産条約は，自然遺産とともに文化遺産（文化的価値を有する記念物，建造物，遺跡など）を保護するために，締約国に対して自国内の遺産の認定を義務づけている。また，締約国は，遺産リストを作成し，それを世界遺産委員会に提出し，このリストから委員会は，特に緊急行動を要するものについて，世界遺産基金の資金を使い必要な修復や復元を行う。

世界遺産は，われわれ現世代が前世代から遺産として受け継いだものであり，現世代は，遺産の受託者として管理し，受け継いだときよりも悪くない状態で次世代に引き継がなければならない。最近，このような世代間公平の原則を国際環境法の原則の一つとして確立すべきであるという学説が展開されている。

1.3 地球環境条約のおもな特徴

1.3.1 条約作成上の特徴

〔1〕 枠組み条約と議定書のパラレル方式

当該問題について科学的不確実性が存在するにもかかわらず，なんらかの国

際的規制が必要な場合に，第一段階として，ソフトローまたは枠組み条約が採択される傾向がある。枠組み条約は締約国に対して一般的な義務（結果の義務）のみを定めるにすぎないため，より多くの国の参加を得やすいという特徴をもつ。地球環境条約はその性質上普遍的な参加を求めるので，多くの場合，枠組み条約という形式をとる。枠組み条約は，通常，つぎの段階として，つまり科学的データが蓄積され，科学的知見が確立した段階で，義務や規制の内容が具体化された細目規定を定める議定書や付属書が採択されて，補足・強化されることになる。

このような枠組み条約と議定書・付属書というパラレル方式を採用した典型的な例として，オゾン層の保護のためのウィーン条約・オゾン層を破壊する物質に関するモントリオール議定書，国連気候変動枠組条約・京都議定書，有害廃棄物の国境を越える移動およびその処分の規制に関するバーゼル条約・賠償責任議定書，生物多様性条約・カルタヘナ議定書，ECE長距離越境大気汚染条約・各種議定書などがあげられる。

ところで，枠組み条約の特徴として，その定める義務内容が一般的であるがゆえに曖昧であり，また基本的な用語が定義されていないことがあげられる。そこですべての加盟国が参加する締約国会議（締約国会合）が有権的解釈を行い，法的拘束力のないソフトロー（決議や勧告）を採択して，曖昧な条文の意味を明確にしたり，義務内容を詳密化したりすることが多くみられる。例えば，ラムサール条約（特に水鳥の生息地として国際的に重要な湿地に関する条約）の「適正な（賢明な）利用」（wise use）やワシントン条約（絶滅のおそれのある野生動植物の種の国際取引に関する条約）の「絶滅のおそれのある」（endangered）はその良い例である。

〔2〕 **国際立法・国際準立法**

問題や事実の進展および変化ならびに科学的知見の高まりに迅速に対応するために，締約国会議（締約国会合）は，条約，議定書および付属書の改正を行う。特に付属書の改正については，条約や議定書の改正に比べて多数決の原理を大幅に取り入れているのが特徴的である（例えば，ウィーン条約・モントリ

オール議定書および気候変動枠組条約・京都議定書)。

　すなわち，付属書の改正の場合はコンセンサスによるが，合意に達しない場合には多数決(ウィーン条約の付属書の改正は出席しかつ投票する締約国の4分の3(10条3)，モントリオール議定書の付属書の改正は出席しかつ投票する締約国の3分の2(同)，気候変動枠組条約および京都議定書の付属書の改正は出席しかつ投票する締約国の4分の3(気候変動枠組条約16条4，京都議定書21条4)によるとしている点では条約および議定書の改正手続と同じであるが，批准プロセスを経ずに離脱(opt-out)した国を除きすべての締約国を拘束するという点では異なっている(ウィーン条約10条2, 3, 気候変動枠組条約16条3, 4。京都議定書は，このような手続を付属書A, Bを除いた付属書に限定している(21条5))。

　ここでは，いわば「国際準立法」と呼ばれる方法が採用されている。このような国際準立法は，ICAO (Internatinal Civil Aviation Organization；国際民間航空機関)理事会による国際基準の採択，ボン条約(移動性野生動物種の保全に関する条約)の締約国会議による付属書Ⅰ, Ⅱの改正，国際捕鯨委員会による付表の改正の手続などにも見られる。

　多数決による国際管理がさらに徹底された方法(「国際立法」)として，モントリオール議定書の調整手続があげられる。つまり，議定書の付属書の定めるオゾン破壊係数の調整，規制物質の生産量または消費量の調整や削減は，コンセンサスによるが，合意に達しない場合は，最後の解決手段として出席しかつ投票する締約国の3分の2の多数決，かつ出席しかつ投票する5条1の適用を受ける締約国の過半数，および出席しかつ投票する5条1の適用を受けない締約国の過半数で採択される。この多数決で採択された決定はすべての締約国を拘束する(モントリオール議定書2条9)。ここでは離脱は認められない。

〔3〕 **環境 NGO の参加**

　NGO (Non-Governmental Organization；非政府組織) が条約作成に直接参加した例としては，1997年の対人地雷禁止条約が有名であるが，環境の分野でも，最近では，特に自然保全に関する条約交渉において，環境 NGO が条

文作成においてイニシャチブをとった例がある（例えば，IUCN（International Union for Conservation of Nature and Natural Resources；国際自然保護連合）による生物多様性条約草案の作成）。また，環境 NGO には条約の締約国会議（締約国会合）におけるオブザーバー参加資格が認められ，条約の解釈や運用に際してその専門的な知識や経験が生かされている。

1.3.2　条約義務の性質と内容における特徴
〔1〕　普遍的（対世的）義務の出現

　条約の定める国家の義務には，相互的義務と普遍的義務がある。前者は特定の国家に対して相互に負う義務であり，後者は対世的義務（obligations erga omnes）とも呼ばれ，すべての国が国際社会の一般共通利益（国際公益）の実現のために国際社会全体に対して負う義務である。

　環境条約の定める義務は伝統的には相互的義務が中心を占めていた。ところが，最近では，地球環境条約の出現に伴い普遍的義務が創出されるに至った。

　ところで，対世的義務については，国際司法裁判所はバルセロナ・トラクション・アンド・パワー会社事件（第 2 段階）において，つぎのように傍論（obiter dicta）において判示して，その存在を認めている（ICJ Report 1970, p.32.）。

　　前者（国際社会全体に対する国家の義務——筆者注）は，その本性からして，あらゆる国家の関心事である。問題となる権利の重要性にかんがみ，あらゆる国家は当該権利が保護されることに法的利害関係を有しているものとみなされる。問題となる義務は対世的義務（obligations erga omnes）である。

　このような対世的義務の違反に対しては，直接の被害国のみならずすべての国が違反国の責任を追及できると主張されている。

　また，普遍的義務は，国連国際法委員会が 1980 年の第 32 会期で暫定的に採択した国家責任条文案のなかにも見受けられる。すなわち，その第 1 部 19 条は，「人間環境の保護および保全のために不可欠の重要性をもつ国際義務」と

して「大気または海洋の大量汚染の禁止の義務」をあげ，このような義務違反は国際犯罪を構成すると規定している。このような義務はすべての国の普遍的義務であると理解できる。しかし，この条文案については，51-53条の定める国際犯罪の効果が本来の国際犯罪とかみ合わないとの批判もあり問題を残していた。

その結果，起草委員会が第二読会で暫定的に採択した条文案からは国際犯罪の概念は消去された。新しい第2部第2章41条は，「国家が国際社会全体に対して負い，かつその基本的な利益の保護のために不可欠な義務（essential obligations）」の「重大な違反」に対する国際責任について定めている。このような普遍的義務の違反がある場合には，「被害国」（その義務違反によって特に影響を受け，または権利の享有や関連するすべての国家の義務の履行に影響を受ける国：新43条）のみならず，それ以外の国も違反国に対して責任を追及できるとされる（新43条，49条）。このように新しい条文案では刑罰的意味がさけられ，普遍的義務とその違反の法的効果に焦点が移ってきた。

確かに，地球環境条約の定める義務（例えばオゾン層や気候系の保護に関する義務）は，オゾン層破壊や温暖化がそもそも国際社会全体に悪影響（被害）を与えるため，すべての国家が国際社会全体に対して負う対世的義務であるといえる。しかし，オゾン層や気候系の保護に関する義務が一般国際法上の対世的義務として確立しているかどうかについては，学説が分かれる。また，一般国際法上，被害国以外のすべての国がこのような対世的義務違反の責任を追及できるか，ということについても学説が分かれる。少なくとも，現行国際法のもとにおいては，特定条約の特別な制度の手続として，すべての条約加盟国が条約違反または条約の趣旨・目的から逸脱する行為に対して監視し，条約機関を介してその認定を行い，是正のための措置を勧告し，命じることができるにとどまる。

ただし，対世的義務との関係で，モントリオール議定書が非締約国に対しても対抗力を有している点は注目すべきである（非締約国に対する対抗力については，1989年のバーゼル条約，1973年のワシントン条約も同種の規定をして

いる)。
　すなわち，4条は，以下のように非締約国との貿易を禁止，制限している。
① 規制物質の輸入の禁止
② 規制物質の輸出の禁止
③ 規制物質を含んでいる製品の輸入の禁止
④ 規制物質を用いて生産された製品（規制物資を含まないものに限る）の輸入の禁止または制限
⑤ 規制物質を生産し，および利用するための技術の輸出
⑥ 規制物質の生産に役立つ製品，装置，工場または技術を輸出するための新たな補助金，援助，信用，保証または保険の供与の抑制
⑦ ただし，⑤および⑥の規定は，規制物質の封じ込め，回収，再利用もしくは破壊の方法を改善し，代替物質の開発を促進し，または他の方法により規制物質の放出の削減に寄与する製品，装置，工場および技術については適用しない
⑧ また，①から④の規定について，非締約国が2条その他の関連条項を完全に遵守していると認められる場合には，当該国との貿易（輸出入）は認められる

それゆえ，非締約国は4条により貿易上の影響を受けることになる。
　4条は，ウィーン条約2条1項「…悪影響から人の健康および環境を保護するために適切な措置をとる」という規定のなかの「適切な措置」の一つとして考えられるだろう。そもそも4条の目的は，つぎの3点にあったのである。
① モントリオール議定書に反対する国に対して，議定書に参加するもう一つのインセンチブを与える，つまり，逆に議定書に参加しなければ市場から排除されるという非参加へのディスインセンチブを与える。
② 規制物質の生産者が関連施設を海外の「汚染ヘブン」へ移転してしまい，そこから規制物質やそれを含む製品が締約国の領域内に持ち込まれることを防止する。
③ フリーライダー（環境費用や義務の負担をせずに，環境改善に起因する

利益を享受するもの）を防止する。

しかし，反面，4条の規定については，一般国際法の原則である「合意は拘束する」(pacta sunt servanda)および「契約は第三者を害しも益しもせず」(pacta tertiis nec nocent nec prosunt)に抵触するおそれがあるという批判も存在する。

〔2〕 結果の義務から実施・方法の義務，維持の義務へ

条約締約国は，条約義務を国際法および国内法の双方のレベルにおいて履行（実施）しなければならない。このような義務はその性質上，結果の義務と実施・方法の義務に分類できる。前者は，締約国に特定の結果の実現を求め，または一定の事態の発生を防止することを義務づける。しかし，どのような方法で実現するかは国家の裁量に任される。それに対して，後者は，特定の方法で実施措置をとり，特定の結果を実現することを国家に求める。その限りにおいて国家の裁量は制限されることになる。

ところで，地球環境条約が法源として採用しているパラレル方式における枠組み条約は前者の義務を，議定書は後者の義務を定めているといえる。ところが，最近は，オゾン層の破壊や地球温暖化に見られるとおり，問題の根源は個人や企業の日常的な活動にあり，しかもオゾン層破壊物質や温室効果ガスは大気中への放出から悪影響の発生までに数十年というタイムラグがあるため，国家はその管轄または管理下における私人の活動を継続的に監視し，実効的に管理しなければならない。国家には一定の措置をとるだけではなく，つねに一定の法的・事実的な「状態」を継続的に維持することが求められる。そこで締約国には，それを実質的に確保するために，国内法の整備，条約義務の国内実施における財源や人材の確保，行政能力の向上 (capacity building)，行政・経済政策の変更や税制改革，制度改革，（環境）教育を通した国民の認識の啓発 (public awareness) なども求められる。これまで以上に，義務の国内実施が重要性を帯びてくることになるのである。

〔3〕 予防原則から導かれる義務の変化

予防原則は，環境上の悪影響や損害を事前に防止するという点では伝統的な

未然防止原則と共通するが，つぎの点では大きな違いがある。すなわち，未然防止原則においては，人間活動とそのもたらす環境損害やリスクとの間の因果関係の科学的証明が要請されるのに対して，予防原則では，このような損害やリスクの発生の可能性について科学的不確実性が存在していても，その潜在的危険性の性質ゆえ，それから人の健康や環境を守るために一定の措置（例えば活動の禁止や制限）が求められる。環境損害やリスクのおそれが高いほど，求められる科学的確実性のレベルが低下することに特徴がある。したがって，その限りにおいて，予防原則は未然防止義務を厳格化したものといえる。

予防原則は，リスク評価に関係する。つまり，一方には，予防原則は利用可能なデータでは潜在的危険性を評価するという科学者によるリスク評価ができない場合に適用されるという考え方と，他方には，科学者によるリスク評価により潜在的な危険とそれに付随する科学的不確実性が確認された場合に適用されるという考え方がある。

予防原則（予防的アプローチまたは予防措置）を採用している環境条約（オゾン層の保護のためのウィーン条約，オゾン層を破壊する物質に関するモントリオール議定書，越境水域および国際湖沼の保護および利用に関するヘルシンキ条約，生物多様性条約，気候変動枠組条約，北東大西洋の海洋環境保護に関する条約（OSPAR条約），衛生植物検疫措置の適用に関する協定（SPS協定），オスロ議定書，国連公海漁業実施協定，廃棄物その他の物の投棄による海洋汚染の防止に関する条約の議定書，国際貿易の対象となる特定の化学物質および駆除剤についての事前のかつ情報に基づく同意の手続に関するロッテルダム条約，生物の多様性に関する条約のバイオセーフティに関するカルタヘナ議定書，残留性有機汚染物質に関するストックホルム条約）のうち，SPS協定とカルタヘナ議定書を除いて，その点を明確にしていない。両条約は，まずリスク評価を行い，予防原則はリスク管理の段階ではじめて問題になるという後者の立場をとっている。

〔4〕 国家の能力に応じた義務 —— 義務の差異化

地球環境保護はすべての国が国際社会全体に対して負う義務である。したが

って，地球環境条約へのすべての国の参加が不可欠である。しかし，経済発展のレベルは国によって異なるため，すべての国に対して同一の義務を一律に課すことは，南北間の公平性という観点から問題がある。そこで，地球環境条約は国家の能力に応じて義務を差異化することにより（義務の多重化），参加の普遍性を確保しようとしている。リオ宣言の原則7や気候変動枠組条約3条1のいう「共通ではあるが差異のある責務」という原則がそれである。この原則は，明文規定はないものの，オゾン層に関する条約・議定書やその他の地球環境条約にも共通してみられる。

1.3.3　条約義務の履行（実施）における特徴
〔1〕　条約義務の履行確保
（a）　モントリオール議定書　　条約義務の履行（実施）は，一般に，国内レベルと国際レベルにおいて行われる。前者において，締約国は立法および行政措置の国内的措置を通して条約義務を実施する。また，締約国にはその管轄または管理下にある個人や企業が条約義務を遵守するよう確保する義務がある。一方，後者においては，締約国は，条約義務の履行のためにとった措置を条約機関に報告し，条約機関がそれを審査する（国家報告・審査制度）。また，義務の不遵守の場合には，条約機関が遵守を確保するため必要な措置をとる（不遵守手続）。環境条約は，国家報告・審査制度を義務の履行確保手段の中心にすえている。

　モントリオール議定書は独特な不遵守手続を導入している点で知られている。この不遵守手続は，硫黄放出削減に関するECE長距離越境大気汚染条約・オスロ議定書（1994年）の不遵守手続のモデルとなり，また京都議定書18条に基づく不遵守手続に関する検討において有意義な先例として参照されている。以下，詳しく見てみることにする。

　モントリオール議定書の不遵守手続は，議定書8条に従い，1992年の第4回締約国会合が，議定書の不遵守の認定および不遵守国の扱いに関する手続（付属書IV）として採択したものである（1998年の第10回締約国会合におい

て，手続が一部改正された（手続新7項(d)の追加））。

　この手続によれば，手続を開始する主体（申立者）は，すべての締約国（これまで例なし），事務局および不遵守国である。すなわち，第一に，いずれの締約国も，他の締約国による議定書の義務履行について疑義（reservations）を有する場合，事務局に確証的情報を付して申し立てることができる（手続1項）。事務局はその書面の写しを被申立国と履行委員会（Implementation Committee）に送付する（手続2項）。履行委員会は，衡平な地理的配分にもとづき締約国会合により選出される10の締約国の委員（任期は2年）から構成される（手続5項）。

　第二に，事務局が申立者になる場合は，報告書（議定書12条(c)）を作成する過程でいずれかの締約国による議定書の義務の不遵守を知った場合，事務局は不遵守国に対して問題に関する必要な情報を提出するよう要請できる。一定期間内にいかなる回答も得られない場合，または行政行為や外交的接触を通して解決されない場合，事務局は締約国会合宛の報告書の中にその問題を含め，かつ履行委員会に通報する（手続3項）。

　第三に，最善の，かつ誠実な努力にもかかわらず議定書の義務を十分に遵守できないと結論する締約国（不遵守国）は，その不遵守の特別の事情を説明する書面を事務局に提出できる（手続4項）。事務局はその書面を履行委員会に送付し，履行委員会はできるかぎり迅速にそれを検討する（同項）。

　以上の手続を経て提出された疑義は履行委員会および締約国会合による審査に服することになる。まず，履行委員会は，問題の「友誼的解決」を図る目的で，事務局から提出された手続7項のいう書面，情報，意見を審査する（手続8項）。必要に応じ，履行委員会は事務局を通じてさらなる情報を要請する（手続7(c)）。履行委員会は関係当事国の要請によりその領域内において情報収集する（手続7(e)）。履行委員会は付託される不遵守の事例についての事実や原因を特定し，また締約国会合に対して適当な勧告を行う（手続7(d)）。履行委員会は，勧告作成のために多数国間基金の執行委員会と情報交換する（手続7(f)）。最終的に，履行委員会は締約国会合に対して適切な勧告を含め

報告する（手続9項）。ところで，不遵守国は履行委員会の審査に参加できるが（手続10項），勧告の作成と採択には参加できない（手続11項）。

つぎに，締約国会合による審査であるが，締約国会合は，履行委員会からの報告を受けて，議定書の十分な遵守を導くための，かつ議定書の目的を促進するための措置を決定し，要請することができる（手続9項）。その法的根拠は議定書11条4(j)にある。締約国会合は，不遵守の有無および採るべき措置の最終決定（付属書Ⅴ参照）を行うことができる。なお，不遵守国は，履行委員会における場合と異なり，締約国会合での審査と決定の双方に参加できる。

締約国会合が不遵守国に対して最終的に決定する措置（帰結）は，適切な援助（データの収集と報告のための援助，技術援助，技術移転，財政援助，情報の伝達と訓練を含む），警告，および議定書に基づく特定の権利および特権の停止である。最後の特定の権利と特権の停止には，産業合理化，生産，消費，貿易，技術移転，財政メカニズムおよび制度的調整に関する権利および特権の停止が含まれる。ただし，このような停止は，「条約の運用の停止に関する国際法の適用可能な規則」に従うことが条件とされる。

このように，モントリオール議定書の不遵守手続には，不遵守国の不遵守の原因を特定し，不遵守解消のための援助を行うところに特徴がある。かりに不遵守が認定されても，違法性の存否に関する議論に立ち入らずに，不遵守解消のための援助が決定される。確かに，このような措置は不遵守国の義務の履行を促す効果がある。しかし，義務の履行確保のために有効とされているこの制度は，そもそも議定書の定める義務の法的拘束力を曖昧なものにしてしまうおそれがある。それは規範の脆弱化につながるおそれがある。この問題を解決する方法の一つとして，不遵守国による申立ておよび帰結としての援助を不遵守手続から分離し，条約機関（事務局，オゾン多数国間基金，締約国会合）の管轄へ移管することが考えられる。

(b) 京都議定書 京都議定書の締約国会合としての役割を果たす締約国会議は，18条に従い，京都議定書規定の不遵守の事案を決定し，これに対処するための手続と制度を検討し，2001年，第7回締約国会議において「遵守

手続・メカニズム」を採択した．

　それによれば，まず第一に，遵守委員会が設置される．第二に，同委員会の本会議の下にそれぞれ10人の委員からなる促進部と強制部が設置される．第三に，促進部は議定書3条14に関することなどを扱い，締約国への助言と支援を行うことなどを決定する．第四に，強制部は議定書3条1の削減コミットメント，議定書5条1および2ならびに7条1および4の要件，議定書6条，12条および17条の要件に関する不遵守問題を扱い，不遵守の帰結として，それぞれ超過分の1.3倍を次期目標に上積みし，不遵守を宣言し，適格性を停止する．第五に，不遵守に対する措置に法的拘束力をもたせるかどうか，またその問題を議定書の改正で行うかどうかは，議定書の第1回締約国会合で決定する，といったことが決定された．

〔2〕　**条約義務の実施手法の多様化**

　条約義務の実施は，伝統的には規制的手法に依存してきたが，最近の環境条約は新たに非規制的手法を導入している．例えば，環境条約の目的を最小の費用で最大の効果をもって実現するという費用対効果の観点から，モントリオール議定書（2条5，5の2）は締約国間での規制物質の生産量の移転（一種の排出取引）を認め，京都議定書は先進国にいわゆる京都メカニズム（共同実施，排出取引，CDM（Clean Development Mechanism；クリーン開発メカニズム））と呼ばれる柔軟性メカニズムを提供し，その参加を誘導している．温室効果ガスの排出取引に関する詳細は，現段階では未決定ではあるが，市場を介した取引が予定されている．以上は，いわば経済的手法といえるだろう．

　それに対して，恩恵誘導的手法といわれるものがある．途上国に対する資金供与および技術移転がそれであり，途上国の条約義務の実施を資金的および技術的に支援する趣旨のものである．以上の経済的，恩恵的手法は条約参加の普遍性を確保するのに効果的である．また，モントリオール議定書の不遵守手続は，規制的手法と非規制的手法を併用しており，注目に値する．

1.4 将来の課題

　以上，いわゆる地球環境条約の最近の展開について，そのいくつかの特徴にしぼって説明してきた。最後に，環境条約一般の抱える最も大きな問題を提起して本章を締めくくることにしたい。

　その問題とは，すでに述べたように，これまでの環境条約は対象分野ごとにバラバラに成立してきたが，地球環境の一体性（integrity）からみると問題を残している。そこで，このような地球環境の一体性の確保という観点から既存の条約レジームを見直し，新たなレジームを構築することが求められる。そのためには，以下のことが必要になってくるだろう。

　まず第一に，国際社会を構成するすべての国が締約国となる環境基本条約（いわゆる一般的な枠組み条約）の採択である。それは国内法でいうところの環境基本法に相当する。最初にその必要性を説き，実際に草案を作成したのはスイスのグランに本部をおく国際自然保護連合（IUCN）である。IUCN は，1995 年に，国際環境開発規約（International Covenant on Environment and Development）を環境保全および持続可能な開発に関する一般多数国間条約の交渉のたたき台として国連に提出した（2000 年に第二版が公表された）。

　同規約には，環境保全および持続可能な開発に関する慣習法原則の確認，漸進的な法の発展，ソフトローの法的拘束化という要素が含まれている。内容としては，①目的，②基本原則，③一般的義務，④自然システムおよび資源に関する義務，⑤プロセスおよび活動に関する義務，⑥地球的問題に関する義務，⑦越境問題，⑧履行および協力，⑨国家責任と賠償責任，⑩適用および遵守，⑪最終条項があげられている。IUCN は今後とも，国連に働きかけて，総会でこの種の文書を採択させる計画である。

　第二に，関連する既存の，および将来締結される諸条約間の相互調整である。最近，例えば気候変動における CO_2 の吸収機能との関連で，気候変動枠組条約・京都議定書と，特に森林，生態系，生物多様性の保全に関連する諸条

約（例えば，国際熱帯木材協定，生物多様性条約，ラムサール条約など）との間で採るべき対策の検討の際に相互調整が行われている。その他の分野でもその必要性が求められるだろう。関連分野における特に環境条約機関の調整作業が大きく期待される。

　第三に，地球環境の国際的管理を行う国際機関の存在である。現在，国連環境計画（UNEP）が国連総会の補助機関として存在しているが，権限・予算・人材の点で力不足である。UNEPの改組・強化については，現在開店休業状態の信託統治理事会を廃止してUNEPを理事会に格上げするとか，国連と連携関係を結ぶ専門機関に改組するとか，さまざまな提案が行われている（例えば，世界環境理事会（World Environmental Council），世界環境機関（World Environmental Organization））。地球環境の一元的管理という観点からは，権限強化されたUNEPが条約機関として環境諸条約の実施を管理することが望まれる。

引用・参考文献

1) Birnie, P.W. and Boyle, A.E.：International Law and the Environment, Oxford University Press（2002）
2) 石野耕也, 磯崎博司, 岩間　徹, 臼杵知史 編著：国際環境事件案内, 信山社（2001）
3) 磯崎博司：国際環境法 —— 持続可能な地球社会の国際法, 信山社（2000）
4) 磯崎博司：自然環境に関する国際法, ジュリスト増刊（1999）
5) 岩間　徹：環境条約の最近の傾向と課題, ジュリスト増刊（1999）
6) 岩間　徹：環境条約の展開（大塚　直・北村喜宣編：環境法学の挑戦, 日本評論社（2002）所収）
7) 国際法学会 編：開発と環境（日本と国際法の100年, 第6巻）, 三省堂（2001）
8) 地球境法研究会 編：地球環境条約集（第4版）, 中央法規出版（2003）
9) 水上千之, 西井正弘, 臼杵知史 編：国際環境法, 有信堂（2001）
10) 村瀬信也：国際環境レジームの法的側面 —— 条約義務の履行確保, 世界法年報, No.19（2000）

2 地球環境保全の「法」制度

2.1 地球環境をめぐる政策課題と国内法

　「地球環境保全等」(この用語の意味は 2.2.2 項参照) に関連する政策課題としては，伝統的に，① 地球温暖化，② オゾン層破壊，③ 酸性雨などの越境汚染，④ 広域の海洋汚染，⑤ 有害廃棄物の越境移動，⑥ 生物多様性保全，野生動植物の保護，熱帯雨林の保全，⑦ 砂漠化防止，⑧ 途上国の都市公害などがあげられ，さらには ⑨ 湿地や自然遺産，南極地域の環境保全などもあげられている。

　これらのうち，多くの課題については国際条約が締結されている (1 章参照)。もっとも条約は，国内でそのまま事業者や国民を拘束する法的効力をもつものではない。条約上での義務を果たす責任は，あくまでも条約を締結し，これを批准した各国の政府にあるわけで，各国政府は，他の締約国に対して，自国の企業や国民が政府の条約義務の履行義務を果たすことができるよう，国内法制度を整備し，条約の実効性を担保する国内措置を講じる義務を負うものとされている。

　そこで，以下では，1 章の叙述を受ける形で，「地球環境保全等」という観点から，2004 年夏の段階でのわが国の環境法体制について概観する。

2.2 わが国の環境政策の基本法

2.2.1 環境基本法
〔1〕 環境基本法とその意義

わが国の環境政策の基本は，1993年に制定された「環境基本法」によって定められている。

ところで「環境基本法」は，一般の法律のように，国民の権利・義務について定め，あるいは国の行政組織や活動の詳細を定めるものではなく，主として政策方針や施策の基本的事項を定める，いわゆる「政策法」である。そして，具体的な個別の環境施策は，必要な法制上の措置を講じて実施される（同法11条参照）。しかし，国の政策が「法律」の形で示されることは，各主体に政策内容を明確に伝えることができるとともに，その変更には国会の議決を要するという意味で，政策の安定性を確保できるわけであり，このような性格の「法律」のもつ意義は決して小さいものではない。

〔2〕 二つの基本法

日本で環境政策が本格的に展開されることとなったのは，1970年のいわゆる「公害国会」を経て，環境庁が設置された1971年頃からということができる。1972年にストックホルムで開催された国連人間環境会議で，すでに地球環境の有限性が論じられ，地球環境の危機が警告されていた。しかし，当時は日本でも，なお，公害被害の救済や公害防止への取組みが先決の政策課題であり，「環境基本法」が制定されるまでの二十数年の間，旧「公害対策基本法」（1967年）と「自然環境保全法」（1972年）の二つの基本法的性格をもった法律により，公害防止法と自然保護法という二つの法体系のもとで環境政策が進められてきた。むろん，この間にも，後述のオゾン層保護の国際条約に対応するための国内法の整備をはじめ，廃棄物の海洋投棄を制限する国際条約に対応するための国内法整備など，地球環境問題に関連する国内法は，着実にその数を増やしてきた。しかし，これらの体系的な位置づけは，二つの基本法という

法体系のもとでは，かならずしも明らかでなかった。

「環境基本法」は，リオデジャネイロで行われた環境と開発に関する国連会議（UNCED）でのリオ宣言を受けて，1993年に制定されたものであるが，これにより二つの法体系のもとでのわが国の環境政策が，ようやく統合的な体系のもとで進められることとなった[†]。

〔3〕 **環境基本法の体系と基本的理念**

「環境基本法」は，3章47条からなり，基本的理念などを定める「総則」と国の環境政策実現のための施策の体系を示す「基本的施策」および合議制の機関の設置について定める「環境審議会等」の規定が置かれている。

同法は，従来の「公害防止」に代わる新たな環境政策のキーワードとして「環境への負荷（の低減）」を採用した。すなわち「人の活動により環境に加えられる影響」であって「環境の保全上の支障の原因となる恐れのあるもの」を「環境への負荷」と定義し（2条1項），環境保全は，社会経済活動によるそれを「できるかぎり低減すること」によって行われるべき（4条）とする。

環境基本法3条から5条には，環境政策の「基本理念」に関する規定が置かれている。3条は，わが国の環境政策の究極の目標は，環境の恵沢の継承，すなわち「現在および将来の世代の人間が健全で恵み豊かな環境の恵沢を享受」し，「環境が将来にわたって維持される」ことにあるとし，4条で，その具体化のために「すべての者の公平な役割分担の下に」持続的に発展することができる社会」を構築すべきことを確認する。さらに，5条では地球環境保全についても，① それが人類共通の課題であり，② 国民の健康で文化的な生活を将来にわたって確保する上での課題であり，③ わが国の経済社会が国際的な密接な相互依存関係の中で営まれていること，を理由に，「わが国の能力を生かし」「国際社会においてわが国の占める地位に応じて」国際的協調の下に積極的に推進されるべきものとする。環境基本法はこれに引き続き，国，地方公共

[†] 国の環境政策の大綱を示す法律としては，米国の連邦法である「国家環境政策法」（NEPA）や，中華人民共和国の「環境保護法」がある。しかし，前者が制定されたのは1969年，後者は1979年であり，それからいえば，1993年はずいぶん遅れていたということができよう。

団体，事業者および国民の責務（6-9条），および「環境の日」（10条）いわゆる「環境白書」（年次報告）（11条）に関する規定などを定めている。

　以上のうち，3条から5条に定められた「基本理念」は，環境基本法に政策の理念を示す「前文」をおくべき，との法律制定当時の論議もふまえながら，前文に代わるものとして条文の形式で理念，憲章的内容を盛り込んだものである。特に3条は，途上国を含めた現在の地球上のすべての人々が等しく環境の恵沢を享受し，さらに次世代以降の人々の同様の権利をも視野にいれて「地域間公平」「世代間公平」を目指そうとする考え方を示したものであり，一般にいわれる「環境権」の主張を超えた新しい理念を示しているものと評価される必要がある重要な規定である。

　なぜなら，一般に「環境権」という場合には，現在の法律学の通念である，生まれてから死ぬまでの「人」をその主体とする私人の「法的権利」の枠組みのなかで，それが論じられる（例えば「環境権」に基づくごみ処理施設や高架鉄道の設置差し止め請求の訴訟などは，その典型例であろう）ことが少なくないと思われるからである。しかし，このようなアプローチをするかぎり，将来世代の人間など権利主体性が認められない「者」が視野から欠落しがちであると思われるからである（「環境権」を公共の利益を図るための信託的権利，と整理する場合には，このような疑問を克服することができるが，このような理解をするときには，ここでの公共の利益は，環境基本法3条によって枠付けられており，現世代の人間の「健康で文化的な生活の確保」だけに限定されるものではないことに留意すべきである）。

　環境権に関連して，諸外国憲法では環境についてどのような取扱いをしているかを概観しよう。

　① **インド憲法**　政府の義務として，「国は，環境の保護，改善ならびに国内の森林および野生動物の保護に努めなければならない」と規定し，また，国民の義務として「森林，湖，河川および野生動物を含む自然環境を保護，改善し，生物をいとおしむこと」を規定している。

　② **スペイン憲法**　国民の権利として，「何人も，人格の発展にふさわし

い環境を享受する権利を有し，およびこれを保護する義務を負う」と規定し，また政府の義務として「公権力は，生活水準を維持，向上し，および環境を保護，回復するために，あらゆる自然資源の合理的利用に留意する。このために公権力は，国民全体の連帯および支持を得なければならない」と規定している。

③ **大韓民国憲法**　「すべての国民は，健康かつ快適な環境の下で生活する権利を有し，国家および国民は環境保全に努めなければならない」と規定している。

④ **中華人民共和国憲法**　「国家は，生活環境と生態環境を保護および改善し，汚染その他の公害を防止する」と規定している。

⑤ **ドイツ連邦共和国基本法**　「国は，将来の世代に対する責任から憲法的秩序の枠内で，立法により，ならびに法律および法に基づく執行権および司法により，自然な生活基盤を保護する」と規定している。

⑥ **フイリピン共和国憲法**　国民の権利として「自然と調和した望ましい生活環境に対する国民の権利は保障される」，また政府の義務として「国会は法律により，環境・生活保全，開発の影響を考慮し，農地改革の諸条件に従って，取得，開発，保管，貸与の対象となる国土の規模および規制について定める」と規定している。

⑦ **ブラジル連邦共和国憲法**　政府の義務として「以下の事項は，連邦，州，連邦区および市の共同の権限に属する——環境を保護し，あらゆる形態の汚染と戦うこと。森林，動物区系，植物区系の保存。

　以下の事項は，連邦共和国，州および連邦区の競合的立法権限に属する——環境，消費者，天然の景観美を含む芸術的，美術的，歴史的，観光的価値を有する財産および権利の毀損に対する責任」と規定している。

⑧ **ベルギー国憲法**　「何人も，人間の尊厳に値する生活を送る権利を有する。このために，法律，デクレ（共同体の定める法規範），第 134 条の規定（地域圏の定める法規範）の相応する義務を考慮に入れて，経済的，社会的，文化的権利を保障し，その行使の条件を決定する。これらの権利

は，特に以下のものを含む。（中略）4　良好な環境保護に対する権利」と規定している。

⑨　**ポーランド共和国憲法**　国民の権利として「各人は，環境の状態およびその保護についての情報を得る権利を持つ」とし，さらに政府の義務として「公的権力は，現在および将来の世代にエコロジー的安全を保障する政策を実施する。環境の保護は，公的権力の義務である。公的権力は，環境を保護しその状態を改善するための市民の行動を支援する」と規定している。

⑩　**ロシア共和国憲法**　「各人は，良好な環境およびその状況に関する信頼に足りる情報に対する権利，ならびに生態学的な権利侵害による健康または財産に生じた損害の補償に対する権利を有する」と規定している。

（以上は，環境省資料：出典・阿部照哉・畑　博行編「世界の憲法集」1998年版）

　これらのうち，ドイツ連邦共和国基本法やポーランド共和国憲法において国の義務として掲げられている考え方は，環境基本法3条の理念と通じるものがあるようである。

　最近，日本でも憲法改正の論議に関連して，憲法に「環境権」の規定を入れるべき，との主張が見られる。しかし，これを個人の権利の範囲内だけで考えるのであれば，本文に記したような意味で，真の環境利益の保全にはつながらなくなるおそれがあることに注意する必要がある。

〔4〕　**環境基本法の「指針」**

「環境基本法」は続いて「基本的施策」に関し，「基本理念」と「個別施策」をつなぐ「指針」を定める。そこでは，環境保全に関する施策の決定・実施は，基本理念に「のっとり」

①　（人の健康保護，生活環境保全，自然環境の適正な保全に資するため）大気，水，土壌その他の環境の自然的構成要素の良好な状態の保持

②　生物の多様性確保と，森林，農地，水辺地などにおける多様な自然環境の（地域の自然的社会的条件に応じた）体系的保全

③ 人と自然との豊かなふれあいが保たれること

の各「事項の確保を旨として」「施策の有機的連携を図りつつ，総合的，計画的に行われ」なければならないと定めている（14条）。そして政府は「環境基本計画」を策定して総合的，長期的な施策の大綱などを定めなければならないものとされ（15条），さらに，これに続いて個々の施策に関する規定がおかれている（16-40条の2）。このうち国が行うべき施策は，19条から31条まで13項目，また地球環境保全等に関する国際協力などについては，32条から35条に4項目が列挙されており，従来の規制中心の環境政策から大きく転換が図られるべきことが示唆されている。このほか，「環境基本法」には地方公共団体の施策，費用負担，国と地方公共団体の関係についての規定がおかれている。

なお，「環境基本法」の16条から18条には「環境基準」と「公害防止計画」の制度についての規定がおかれている。これは，旧「公害対策基本法」が廃止されて「環境基本法」が制定されたことから，残す必要のある旧法の「実体的な」制度をそのまま，新法に引き継いだものである。したがって，この二つの制度はこれまでのところは，もっぱら「公害」の規制と防止に関連する制度にとどまっていることに注意する必要がある。これに対して「自然環境保全法」については，保全地域を指定し，種々の開発行為規制を行うという実体的な制度を多く含んでいたために，環境基本法には，政策の理念を示す部分だけが取り入れられ，大部分はそのまま従来どおりの法律として残された。

2.2.2 環境基本法における「地球環境」の位置づけ

環境基本法は，「地球環境保全」をつぎのように定義する。

「人の活動による地球全体の温暖化またはオゾン層の破壊の進行，海洋の汚染，野生生物の種の減少その他の地球の全体または広範な部分の環境に影響を及ぼす事態にかかわる環境の保全であって，人類の福祉に貢献するとともに国民の健康で文化的な生活の確保に寄与するもの」（2条2項）。

この定義は，法律専門家にとっては，国家の主権が及ぶ範囲を超えて，日本の法律を制定することはできない，という伝統的な法律制度の建前のなかで，

「地球環境」について国内法の条文を置くとすればどうすればよいか，という問題についての立法技術的工夫の模範例である。定義のなかで例示されている地球環境の問題は，いずれもそれらが国内環境になんらかの形で影響を及ぼすことが想定されるものであり，ここに立法技術上の工夫が現れている。

では，砂漠化や熱帯雨林の破壊などの，もっぱら日本の領域外で結果が生じる地球環境課題はどうか。環境基本法はこれらについて，別に「開発途上地域の環境保全等」(開発途上にある海外の地域の環境の保全および国際的に価値が高いと認められている環境の保全であって，人類の福祉に貢献するとともに国民の健康で文化的な生活の確保に寄与するもの)という概念を用意し，「地球環境保全」と「開発途上地域の環境保全等」を含めてこれを「地球環境保全等」と呼ぶものとしている(32条1項，2項)。ちなみに，「国際的に価値が高いと認められている環境」とは，南極地域のように「南極条約」で国家主権を主張しないこととされている地域や世界遺産条約登録地のように，世界の共有遺産とされる場合を想定したものとされている。

前述のように，「環境基本法」はわが国の環境政策の「基本理念」として地球環境保全が国際的協調のもと，積極的に推進されるべきものとするとしている(5条)。そして，「地球環境保全」については，国際的連携を確保し，国際協力を推進するため必要な措置，また「開発途上地域の環境保全等」については，支援を行い，また国際協力を推進するために必要な措置(32条1項)，そして「地球環境保全等」に関する国際協力について専門家養成，情報の収集・整理・分析その他，その円滑な推進を図るために必要な措置(32条2項)を，それぞれ「講ずるよう努めるもの」としている。このほか，環境の状況のモニタリング推進のための国際的連携の確保，調査・試験研究の推進(33条)，地方公共団体による国際協力の促進や民間団体の日本国内以外での国際協力のためのボランティア活動促進のための，情報提供その他の必要な措置(34条)を「講ずるよう努めるもの」とする。

さらに，「環境基本法」は，国による国際協力の実施に際して，それが実施される地域にかかわる「地球環境保全等」への配慮をすべきこと(35条1

項)，あるいはわが国以外で行われる事業活動に際して，事業者が「地球環境保全等」に適正に配慮できるよう情報提供その他必要な措置を講じるよう努める（35条2項）ものとして，ODAや企業の海外活動に際しての環境配慮に関する規定も置いている。

　以上のように，「環境基本法」は「地球環境保全等」に関しては，おもに国際協力や国境を越えた場所でのわが国の政府，事業者あるいはNGO・NPOの活動を念頭においた施策を規定している。例えば，温暖化防止に向けた国内での省資源・省エネルギーについての取組みは，国内の環境保全活動としての施策として実施されるものであって，重ねて規定することは必要ないともいえるわけであって，これもやむを得ないことではある。しかし反面，このような規定ぶりのために，地球環境保全等に資する保全活動が国内での活動とは無関係，との誤解を生じさせるおそれがないわけではない。そのような誤解を避けるために「環境基本法」5条の「基本理念」が，第3条の「基本理念」を具体化させるために，国内施策の立案・実施に際しても「地球環境保全等」をその目的として意識すべきものとしていることを，改めてしっかりと確認する必要がある。

2.2.3　環境基本計画と戦略的プログラム

　環境基本法15条に基づくわが国の「環境基本計画」は，中央環境審議会の議を経て，1994年12月に第一次計画が策定され実施されてきた。しかし5年間の実施状況の点検結果をふまえ，約1年の討議のすえ2001年12月に，第二次「環境基本計画 ── 環境の世紀への道しるべ」が策定された。

　第二次環境基本計画は，まず，わが国の環境政策の究極の目標が前述の環境基本法3条の掲げる「環境の恵沢の継承」であることを再確認している。そのうえで，わが国では現在「持続可能な社会への転換」が最大の課題であり，社会経済のあらゆる分野での取組みを強化すべき時期にきているとの認識のもとに，「循環」「共生」「参加」「国際的取組」の四つのキーワードで示される目標を，第一次計画に引き続き，計画の「長期的目標」として掲げている。

環境基本計画の定める長期的目標の要旨はつぎの四つである。
① **循　環**　　大気環境，水環境，土壌環境などへの負荷が自然の物質循環を損なうことによる環境の悪化を防止，物質循環をできるかぎり確保することのより，環境への負荷をできるかぎり少なくし，循環を基調とする社会経済システムを実現
② **共　生**　　環境への働きかけを適切にし，社会経済活動を自然環境と調和したものとしながら，賢明な利用を図るとともに，自然と人との豊かな交流を保ち，健全な生態系を維持，回復し，自然と人間との共生を確保
③ **参　加**　　あらゆる主体が環境への負荷の低減や環境の特性に応じた賢明な利用などに自主的積極的に取り組み，環境保全に関する行動に主体的に参加する社会を実現
④ **国際的取組み**　　わが国が国際社会に占める地位にふさわしい国際的イニシアティブを発揮，国際的取組みを推進。あらゆる主体が積極的に行動

そして，個々の施策の展開にあたっては，環境政策の領域に関する六つの「戦略的プログラム」，また，政策実現手法等に関する五つの「戦略的プログラム」をあげて，重点的に取り組むこととしている。この第二次環境基本計画が示す「戦略的プログラム」は，21世紀初頭における日本の環境政策になおも残されている課題を端的に示すものである。

領域別の政策課題としての「戦略的プログラム」としては，①地球温暖化対策の推進，②物質循環の確保と循環型社会の形成に向けた取組み，③環境への負荷の少ない交通へ向けた取組み，④環境保全上健全な水循環の確保に向けた取組み，⑤化学物質対策の推進，⑥生物多様性の保全のための取組みがあげられている。ついで，⑦環境教育・学習の推進，⑧社会経済の環境配慮のためのしくみの構築に向けての取組み，⑨環境投資の推進，の三つの政策手段についての「戦略的プログラム」，そして⑩地域づくりにおける取組みの推進，⑪国際的寄与・参加の推進が，あらゆる段階における取組みにかかわる「戦略的プログラム」としてあげられている。

これらのうちの「地球温暖化対策」は，まさに直接「地球環境保全」の課題

であるが，その他のプログラムについても「循環型社会形成」や「化学物質対策」また「健全な水循環」や「環境負荷の少ない交通対策」を含めて，いずれもがなんらかの形で，「地球環境保全等」の課題につながるものである。

温暖化対策は，おもにエネルギー面からの対策に注目が集まりがちであるが，資源採取，生産，流通，消費，廃棄などの社会経済活動の全段階を通じての資源やエネルギーの利用を「環境効率性」の高いものに変えていくことがなければ，決して成果を挙げることはできない。その意味で，「循環型社会形成推進」の政策課題は「温暖化対策」と表裏一体のものであり，さらには，「環境負荷の少ない交通」も省エネルギーに直結する。そして，関係者が上流，下流にそれぞれ存在し，それらのうちでも不特定多数の活動による負荷の低減こそが問題解決の鍵を握っているという特色があるという点からみれば，「温暖化対策」は，「循環型社会形成」や「交通問題」「化学物質による環境リスク」問題の処理とも類似する性格を有する問題である。また，さらに「化学物質」管理は地球全体の生命へのリスクの管理につながるという面では地球環境問題の重要な柱の一つである。

なお，戦略的プログラムの⑦以下は，そのいずれもが，課題解決のために横断的に求められる事柄であり，その意味でいえば，第二次環境基本計画は，そのまま，総合的・統合的取組みなしには解決できない，さまざまな地球環境問題への取組みの「道しるべ」であるといっても過言ではない（第二次環境基本計画は2005年には見直しの作業が始まり，第三次環境基本計画の準備が始まる）†。

2.2.4　第二次環境基本計画における「地球環境保全等」の位置づけ

総論的な記述部分では，まず「21世紀初頭における環境政策の展開の方向」として，社会の諸側面，生態系の価値を踏まえ，環境政策の指針となるべき四つの考え方を取り入れるなどの基本的な考え方に基づいて，あらゆる場面で，

---

† 本稿は発行の約2年前に執筆したものであるが，その後の情報を2004年6月段階で補正したものであることをお断りしておく。

あらゆる政策手段を活用し，あらゆる主体の参加のもと，地域段階から国際段階まであらゆる段階での取組みをすべき，としている。

　四つの指針となる考え方とは，① 汚染者負担の原則，② 環境効率性，③ 予防的な方策，④ 環境リスクの四つである。このうち，② の環境効率性は，1 単位当りの物の生産やサービスの提供から生じる環境負荷を低減させようという，新たな指標・目標であり，最近大きく取り上げられるようになってきた考え方である。また ④ の環境リスクの考え方については，ここでは，不確実性を伴う環境政策課題への取組みに際して，科学的知見によって環境上の影響の大きさや発現の可能性を予測し，対策の必要性や緊急性を評価して，政策判断の根拠を示すための考え方と定義されている。これは，化学物質による環境リスク管理などの場面で論議される，リスクの概念を含め，さらに地球温暖化や生物の多様性の保全などのように，現段階では科学的知見が十分ではない事象についても，これを政策的課題として取り上げる必要があること，そして，このような課題を取り上げるときの「考え方」を広く示すことを目覚したものであり，いわば広義の概念設定を試みているものというべきである。

　前述のとおり，戦略的プログラムのうちには，「地球温暖化対策の推進」および「国際的寄与・参加の推進」が位置づけられている。

　「地球温暖化対策」としては

① 　究極の目標を，気候変動に関する国連枠組条約 2 条に掲げられる究極の目標とされる「気候系に対する危険な人為的影響を及ぼすこととならない水準において大気中の温室効果ガスの濃度を安定化させること」

とし，また，

② 　中長期的目標を，「21 世紀に向けたわが国の社会経済の動向を踏まえ，各分野の政策全体の整合性を図りながら，温室効果ガスの排出削減が組み込まれた社会の構築」

とし，京都議定書の第一約束期間の目標を達成したのちも，さらなる長期的・継続的な排出削減へと導くこととしている。そのうえで

③ 　当面の目標を，京都議定書のわが国の目標，すなわち 2008 年から 2012

年までの第一約束期間において，基準年（1990年，ただしHFC, PFC, SF_6については1995年）に比べて6％の温室効果ガス削減を目指すものと定めている。また，施策の方向として「増加基調にある温室効果ガスを早期に減少基調に転換し，その減少基調を京都議定書の目標達成，さらなる長期的・継続的な排出削減へと導く」
としている。

つぎに，「国内制度の整備，構築の指針となるべき事項」を
① 目標の確実な遵守と持続可能な社会づくり
② 国内施策の着実な推進と全地球的な削減への貢献
③ ポリシーミックスの活用とすべての主体の参画
とする。

とりわけ，温室効果ガスが社会経済活動のあらゆる局面で排出されるものであることからみれば，効果的・効率的削減のためには，規制的手法，経済的手法（経済的支援や環境税・課徴金などの経済的負担を課す措置により目的を達成），自主的取組み（政府と事業者（団体）との協定や，政府のガイドラインに事業者が従うことを約束するなどの制度的枠組みにより，規制によらず目的を達成）など，あらゆる政策実現の手法，措置を生かしながら，これらを有機的に組み合わせるというポリシーミックスの考え方が必要であることが強調されている。

また，「国際的寄与」についての重点的取組み事項としては
① 国際協力での「知的貢献」とそのための戦略づくり
② アジア太平洋地域の統合的モニタリング・評価と環境管理の協働の推進
③ 必要な国内体制の整備
を掲げている。

このほか，第二次環境基本計画は，環境保全施策の体系として，分野別施策として，「地球規模の大気環境の保全」（温暖化対策，オゾン層保護対策），「その他の大気環境の保全」（酸性雨対策），「水環境」（海洋環境の保全），基盤となる施策に「調査研究，監視，観測等の充実」（地球的課題への対応），国際的

取組みにかかわる施策に，国際協力推進，調査研究・監視観測などでの国際的連携確保，自治体やNGOの活動の推進，国際協力実施に際する環境配慮などを列挙し，これらの地球環境保全などにかかわる個別の政策課題を取り組むべき課題として位置づけている．

2.3 温暖化対策と国内法

2.3.1 温暖化防止行動計画に始まる国内対策

日本での地球温暖化対策は，「気候変動に関する国際連合枠組条約」（1992年）の締結に先立って，1990年に地球環境保全に関する関係閣僚会議で決定された「地球温暖化防止行動計画」に始まる．この行動計画は，2000年以降，国民1人当りの二酸化炭素排出量をおおむね1990年レベルで安定化させることを目標に掲げていた．そして，このための対策（①二酸化炭素排出抑制，②メタンその他の温室効果ガス排出抑制，③二酸化炭素の吸収源対策，④科学的調査研究，観測・監視，⑤技術開発・普及，⑥普及・啓発，⑦国際協力に関する対策）を定めている．行動計画は，1991年から2010年までの計画とされ，2000年を中間目標年次としていた．なお，計画では，このほかに，革新的技術開発などを1990年の予測以上に早期に大幅に進展させることによって，日本の二酸化炭素排出総量を2000年以降おおむね1990年レベルで安定化することに努める，ことも定めていた．

この計画の示す施策は，その後，前述の第一次環境基本計画に，そのまま取り入れられた．しかし，個々の施策は関係各省庁が具体化するものとされ，実施状況が毎年，関係閣僚会議に報告されることとされていたものの，個別施策の効果を定量的に把握できるしくみはもとより，施策実施のシステムやシナリオも明らかではないという限界をもっていた．

2.3.2 その後の動向

わが国が議長国となって京都で開催された気候変動に関する国際連合枠組条

約第3回締約国会議（1997年）に備えて，中央環境審議会や産業構想審議会で，わが国での温暖化対策強化の方向についての論議が行われたが，中央環境審議会の答申を受けて，1998年には「地球温暖化対策の推進に関する法律」（いわゆる「地球温暖化対策推進法」）が制定された。また，この1997年6月には，2010年に向けた地球温暖化対策を強力に推進するために，地球温暖化対策推進本部（1997年12月に内閣総理大臣を本部長として設置された）決定のかたちで「地球温暖化対策推進大綱」（温暖化対策大綱）が定められた。この大綱は，エネルギー需給両面での対策などで，2.5％の削減を達成，森林などによる推計吸収量3.7％を含めて，わが国が第3回締約国会議で国際的に約束した6％の削減目標達成の見通しをたてるとともに，対策の一層の推進を定め，またライフスタイルの見直しについての施策が新たに定められた。また1998年には，1979年に石油危機対策のために制定された「エネルギーの使用の合理化に関する法律」（いわゆる「省エネルギー法」）が改正され，省エネルギー対策が強化された。

　1999年4月には，「地球温暖化対策推進法」に基づいた「地球温暖化対策に関する基本方針」が策定され，京都議定書の目標の達成を手始めに，さらに長期的・継続的に温室効果ガスの排出削減を図るべきことなどの方向が示された（なお，後述のように，改正地球温暖化対策推進法に基づく「京都議定書目標達成計画」は，この基本方針に代わるものであり，京都議定書発効後は，1999年の基本方針は廃止されることとなる）。

　各国が法的拘束力をもった数値目標を掲げて温室効果ガス排出削減を取り決めた第3回締約国会議での「京都議定書」は，その実施の細目をその後の締約国会議での協議にゆだねていたが，2001年の第6回会議で，ようやく温室効果ガス吸収源の取扱いなどについても合意ができた。これを受けて，わが国は，京都議定書の批准をすることとなり，国会の承認を経て，2002年6月4日に国連本部へ批准書が寄託された。また，議定書の国内での実効性を担保するために，2002年には地球温暖化対策推進法，省エネルギー法が改正，強化された。またこれに先立って，2002年3月19日に「温暖化対策大綱」が改正

され，この2002年大綱は，改正温暖化対策推進法により策定されることとされている「京都議定書目標達成計画」の基礎とされることにもなっていた。

さらに，温暖化対策にも資するものとしての，新エネルギー導入の促進に関しては，これまでにも「新エネルギー利用等の促進に関する特別措置法」（1997年）が制定されていて，経済的助成の措置を講じていたが，さらにこれに加えて，この2002年に「電気事業者による新エネルギー等の利用に関する特別措置法」（新エネ発電法）が制定された。

このほか，温室効果ガスのうちでも，大きな温室効果をもっている代替フロン（HFC）について，その使用後の回収，破壊の促進も目的の一つにしている「特定製品に関するフロン類の回収及び破壊の実施の確保等に関する法律」（いわゆるフロン回収破壊法）が，議員立法として，2001年に制定されている（2.4節参照）。

2.3.3　2002年の地球温暖化対策推進大綱の概要
〔1〕　基本的な考え方

これまでの取組みの実績と京都議定書批准への慎重論に配慮した，つぎのような考え方が示されていた。

① 温暖化対策への取組みが，経済活性化や雇用創出などにもつながるよう技術革新や経済界の創意工夫を生かし，環境と経済の両立に資するようなしくみを整備・構築
② 節目節目に対策の進捗状況を評価・点検，段階的に必要な対策を実施
③ 各界各層が一体となった取組みが不可欠，事業者の自主的取組みを推進しつつ，民生・運輸部門の取組みを強化
④ すべての国が参加する共通の国際ルール作りに引き続き最大の努力

〔2〕　2002年大綱の特色

京都議定書の約束（1990年比で温室効果ガス排出量を6％削減）を履行するための具体的対策の全体像を提示，100を超える対策・施策とその数字による裏づけを明らかにして，点検・評価にも資することとした。この点では，

1999年大綱よりも体系的になっていた。

〔3〕 2002年大綱の目標と見直し時期

わが国の温室効果ガスの排出量を1990年のレベルから6％削減するという，京都議定書の約束を，当面，以下の目標でステップバイステップで達成するものとする（2008-12年に達成できる場合にも，さらに着実に対策を推進）。なお，京都メカニズム（排出取引・共同実施など）は国内対策に対して補足的とする原則を踏まえ，国際的動向を考慮しつつ，その活用を考慮するとしていた。そして，大綱に基づく対策・施策の実施状況を毎年，政府の地球温暖化対策推進本部で点検し，さらに2004年と2007年に評価・見直しを，大綱の前提とした経済フレームなどを含めて総合的かつ柔軟に行う，としていた。

その目標としては
① エネルギー起源二酸化炭素：1990年度と同レベルに抑制
② 非エネルギー起源二酸化炭素，メタン，一酸化二窒素：1990年レベルより0.5％削減達成
③ 革新的技術開発・国民の努力：1990年レベルより2.0％削減達成
④ 代替フロンなど3種類のガス（ハイドロフルオロカーボン（HFC），パーフルオロカーボン（PFC），六ふっ化硫黄（SF_6））：自然体では1995年より5％増加の見込みを2％増加に抑制
⑤ 森林などの吸収量の確保：わが国が国際合意で認められた1990年レベルより3.9％削減を吸収量で確保

とされていた（これらを合計しても1990年レベルより温室効果ガスの排出量を6％下げるためには，なお1.6％不足することになるが，大綱では，この点については，「京都メカニズムの活用について検討する」，としていた）。

なお，エネルギー起源二酸化炭素の，1990年度の部門別排出量からの削減割合（量）は，つぎの目安によるものとされていた。

産業部門：マイナス7％（4億6千2百万トン）
民生部門：マイナス2％（2億6千万トン）
運輸部門：プラス17％（2億5千万トン）

また，対策別の目標量としては，1990年大綱に基づく施策を引き続き実施するほか
　① 省エネルギー：２千２百万トンの追加対策
　② 新エネルギー：３千４百万トンの追加対策
　③ 燃料転換：１千８百万トンの追加対策
があげられており，そのほか
　④ 原子力の推進
が主要な追加対策としてあげられていた。

〔4〕 2002年大綱の示す施策

2002年大綱は，対策別・部門別に具体的な施策を掲げているが，例えば，非エネルギー起源二酸化炭素，メタン，一酸化二窒素については
　① 二酸化炭素：廃棄物減量，木材・木質材料利用の拡大，堆肥還元など
　② メタン：食品リサイクルによる廃棄物直接埋立ての削減，圃場管理改善，農業部門の排出削減
　③ 一酸化二窒素：下水汚泥燃焼高度化など
をあげていた。

また，国民各層のさらなる努力として，国民には，①白熱灯の電球型蛍光灯への取り換え，②節水シャワーヘッド導入，③冷蔵庫の効率的使用，④１日１時間のテレビ利用減少，⑤家族の１室での団らん，⑥ジャーの保温とりやめ，⑦買い物袋持ち歩き，⑧エコクッキング普及など

また事業者には，①白熱灯の電球型蛍光灯へのとりかえ，②光害対策としての夜間屋外照明の上方光束の削減，③事務所の昼休み時の消灯の励行，④むだなコピーの縮減，⑤昼休み時のパソコン類のスイッチオフ，⑥社用車のエコドライブ推進などをあげるなど，きわめて具体的な提案，呼びかけをしていた。

もっとも，この2002年大綱は，大きな割合を占める産業部門でのエネルギー起因の二酸化炭素排出削減について，ほとんどを産業界の自主行動計画にゆだねており，またその他の部門についての対策とこれを実施するための施策を

体系的に整えておりはするものの，施策をどのように実施するのかといった具体的な政策実現手法の裏づけが不十分であった。

2004年の見直し作業では，2002年大綱で追加された対策の効果を見込んでも，なお，2010年段階で，目標を達成できる見込みが薄いことが明らかになりつつあり，2005年からの第二ステップではさらに強力な対策・施策の追加が必要とされている。また，2002年大綱の部門別目標や目安についても状況の変化を踏まえた見直しが必要と考えられてきている。

2.3.4 地球温暖化対策の推進に関する法律とその改正
〔1〕 1998年法

温暖化対策推進法は，京都議定書の実施を念頭において，地球温暖化対策を法律制度に位置付けた最初の国内法である。同法は，「地球温暖化」の法律上での定義（人の活動に伴って発生する温室効果ガスが，大気中の温室効果ガスの濃度を増加させることにより，地球全体として，地表および大気の温度が追加的に上昇する現象と定義）をおき，京都議定書で定める6ガス（二酸化炭素，メタン，一酸化二窒素，ハイドロフルオロカーボン（HFC）とパーフルオロカーボン（PFC）のうち政令で定めるもの，および六ふっ化硫黄（SF_6））を温室効果ガスと規定し，これらの温室効果ガスの排出の抑制と動植物による二酸化炭素の吸収作用の保全・強化その他の「国際的に協力して地球温暖化の防止を図るための」施策を，地球温暖化対策であると定めている。

また，「温室効果ガスの排出」とは，人の活動に伴って発生する温室効果ガスの大気中への排出，放出あるいは漏出，また他人から供給された電気または熱（燃料または電気を熱源とするもの）の使用と定め，いわゆる「間接排出」を対策の対象とすることを明らかにしている。さらに，温室効果ガスの排出量の算定の方法を，温室効果ガスごとに政令で定める方法で統一し，これに国際的な取決めに基づいた地球温暖化係数を乗じて計算すべきことを明らかにし，対策の基礎データの統一を図っている（2条）。この2条に基づく政令はきわめて詳細なものであり，これがもつ意義は一般には知られていないが，大きな

ものである。

　同法は、国・地方公共団体・事業者・国民の責務を定め（3-6条）、政府が、環境大臣の作成した案に基づき「地球温暖化対策に関する基本方針」を閣議決定によって定めるものとする（7条、なお2002年の改正法では8条となり、内容も〔2〕以下に記すように変更される）。また、都道府県、市町村の事務、事業に関して「温室効果ガスの排出抑制等のための措置に関する計画（いわゆる「実行計画」）の策定と公表、また毎年の実施状況の公表を義務づけた（8条、改正法21条）。一方、事業者には、同様の計画の策定と公表、実施状況の公表につき努力義務を課すにとどめた（9条、改正法22条）。同法制定に先立っての、審議会での論議のなかでも、この点は大きな争点であったが、産業界の温暖化対策はあくまでも自主的取組みにとどめるべきとする強い主張があり、このような規定が置かれるにとどまった（もっとも、省エネルギー法については、かなりの程度の規制的内容が含まれており、この面では自主的取組みが強調されることは少なかったことは理解しにくい現象であった）。

　温暖化対策推進法は、このほかに、都道府県に地球温暖化防止活動推進員、地球温暖化防止活動推進センターをおくこと、また国に全国地球温暖化防止活動推進センターをおくことをそれぞれ規定（10-12条）し、政府は毎年温室効果ガスの総排出量を算定して公表すべきこと（13条、改正法では7条に変更されている）などを規定している。

〔2〕 **2002年法**

　前述のように、京都議定書の国内での実施の担保を図るため、温暖化対策推進法は2002年に改正強化された。

　これによって、まず、目的規定（1条）に、京都議定書の的確・円滑な実施の確保が、明文で示された。そして、新たに、従来の「基本方針」に代えて、政府が「京都議定書目標達成計画」を策定することが規定された（改正法8条）。これによって、これまでは政府の行政的決定にすぎなかった「大綱」に法的根拠が与えられることになった。新たな「達成計画」は、2005年、2008年にその目標および施策に検討を加えて、必要な見直しをすることが定められ

ている。また内閣におかれるすべての国務大臣をメンバーとする「地球温暖化対策推進本部」を法律で位置づけ（改正法10条以下），内閣総理大臣を本部長，内閣官房長官，環境大臣と経済産業大臣を副本部長とすることとされ，前述の目標達成計画はこの本部で案を策定し，推進するものとされている。

さらに，地域における温室効果ガス排出抑制対策の強化の必要性が強調され，このため，都道府県，市町村がこれまでの行政の事務・事業に関する「実行計画」（改正法21条）に加えて，さらに区域の自然的社会的条件に応じて温室効果ガス排出の抑制のための総合的・計画的な「地域温暖化対策計画」を策定するよう努めるものとした（改正法20条）。また，地球温暖化防止活動推進員の職務範囲に「「温暖化対策診断業務」を追加（改正法23条），これまで都道府県に一つとされていた地球温暖化防止活動推進センターの複数化を可能とし，またいわゆるNPO法人も，このセンターとしての指定を受けることができることとした（改正法24条）。このほか，地域での民生，運輸部門に関する温暖化対策への取組み強化のために，市町村に，事業者，住民，行政関係者等による「地域温暖化対策推進協議会」を設置できることとし，協議会の会議で協議が整った事項については協議結果を協議会構成員が尊重すべきことを規定する（改正法26条）など，地域特性に応じたきめ細かい対策の立案，実施を期待している。

さらに，環境大臣による啓発普及の促進等についての規定（改正法27条）や，森林による吸収作用の保全，強化についての規定（改正法28条）が定められ，また，京都議定書による共同実施，グリーン開発メカニズムや排出量取引などの，いわゆる「京都メカニズム」の制度化のための検討を行い，必要な措置を講じることも定められた（付則2条）。

なお，改正法の多くの部分は，京都議定書がわが国に効力を生じる日から効力を生じることとされている。

〔3〕 **京都議定書批准とその後**

前述のように2002年6月4日，国内での議定書の実効性の担保のための温暖化対策推進法が改正されたことを受けて，わが国は京都議定書を批准した。

京都議定書が条約として正式に発効した段階では、まず、前述のように温暖化対策推進法に基づく、「京都議定書目標達成計画」を策定することとなる。しかし、すでに2002年大綱で定められた第一ステップが過ぎつつあり、議定書発効までに大綱における第二ステップの対策・施策を考える必要が生じる可能性が高い状況にある。そこで大綱の見直しの検討にあたっては、大綱が「京都議定書目標達成計画」にそのまま移行できるだけの内容と実質を備えたものとする必要がある。

2.3.5 エネルギー使用の合理化に関する法律と企業の自主的取組み

いわゆる省エネルギー法は、工場、事業場、建築物、機械器具などについてのエネルギー使用の合理化を総合的に進めるための措置を講じる法律であり、これまでは、燃料資源の有効な利用の確保に資することを通じ、国民経済の健全な発展に寄与することを目的に掲げた法律であった。同法は、1998年に、温暖化対策推進法制定とあわせて、改正強化された。

〔1〕 1998年法

同法は、経済産業大臣が閣議決定によって「エネルギーの使用の合理化に関する基本方針」を定め（3条）、工場・事業場のエネルギー使用合理化について、事業者に努力義務を課すとともに（3条の2）、経済産業大臣は、工場・事業所でエネルギーを使用して事業を営む事業者が、それぞれに目標を定め、計画的に取り組むうえでの「判断の基準となるべき事項」を定めて公表すること（4条）†、また必要な場合には、主務大臣（経済産業大臣とそれぞれの業を所管する大臣）が、事業者に対し指導、助言ができることとしている（5条）。

つぎに燃料およびこれを熱源とする熱、あるいは電気の使用量が政令で定められる値以上の、製造業など一定の業種（鉱業、電気供給業、ガス供給業、熱供給業が指定されている）の工場・事業場のうちで、経済産業大臣からネルギ

---

† 4条の事項としては、①燃料の燃焼の合理化、②加熱・冷却や伝熱の合理化、③放射、伝導などによる熱の損失の防止、④廃熱の回収利用、⑤熱の動力などへの変換の合理化、⑥抵抗などによる電気の損失の防止、⑦電気の動力、熱などへの変換の合理化があげられている。

ー使用合理化を推進すべき工場・事業場として指定されたものは，経済産業大臣へのエネルギーの使用量の届出が義務付けられる（6条2項，違反には罰則がある）。さらに経済産業大臣はこれらの工場・事業場を，エネルギー使用合理化を特に推進すべき工場・事業場（第1種エネルギー管理指定工場（熱管理指定工場あるいは電気管理指定工場））として指定することができる（6条1項）。

そして，この指定を受けた「工場」（同法では事業場も含めて「工場」と表現している）を設置する事業者（第1種特定事業者）は，その「工場」に法律に基づいた「エネルギー管理士」の資格がある「エネルギー管理者」を置くことを義務付けられる（その代わり，前述の規定によるエネルギー使用量の届出義務はなくなる）（7条，違反には100万円以下の罰金が科せられる）。なお，事業者はエネルギー管理者の意見を尊重しなければならないものとされ，従業員はエネルギー管理者の指示に従わなければならない（10条）。また第1種エネルギー管理指定工場を設置する事業者は，その「工場」について毎年，エネルギー使用合理化の中長期計画を策定してこれを主務大臣（経済産業大臣とそれぞれの業を所管する大臣）に提出しなければならず（10条の2，違反には罰則がある），さらに定期的にエネルギー使用の状況や設備の改廃など，経済産業省令で定められた事項を主務大臣に報告義務を負わせている（11条，違反には罰則がある）。この中長期的な計画の的確な作成のため，主務大臣は，指針を定めることができることになっており（10条の2第2項），これまでに「製造業」「鉱業」「電気供給業」「ガス供給及び熱供給業」の「工場」について指針が策定されている。

そのうえで，主務大臣は，「工場」のエネルギー使用の状況が4条に基づく「判断基準」に照らして不適当と認められる場合には，重ねて「エネルギー使用の合理化に関する計画」の策定を指示できるものとされ，また「合理化計画」が適切ではない場合は，その変更を指示できる。また「合理化計画」が実施されていないときはその適切な実施を指示でき，事業者がこれらの指示に従わない場合は，氏名を公表し，さらには一定の手続きを経て，指示に従うよう

命令ができる（命令違反には100万円以下の罰金が科せられる）とされている（12条）。

つぎに「第1種エネルギー管理工場」の規模に該当する「工場」であっても，一定の業種に属さないもの，あるいはこれよりも規模の小さい工場・事業場についても，政令で定められる規模に達するものについては，経済産業大臣がエネルギー使用合理化を推進すべき工場・事業場として指定でき，指定されたものは，燃料や電気の使用量を経済産業大臣に届け出る義務を負わされる（12条の2，違反には罰則がある）。さらに，経済産業大臣が，これらのうち，第1種工場に準じてエネルギー使用合理化を特に促進すべきとして「第2種エネルギー管理指定工場」（熱管理指定工場，あるいは電気管理指定工場）に指定した工場・事業場にも，エネルギー管理員（講習を受けていれば必ずしもエネルギー管理士でなくてもよい）の選任（12条の3，違反には100万円以下の罰金が科せられる），エネルギー使用量の記録の作成を義務付け（旧12条の4，違反には罰則がある），4条に基づく「判断基準」に照らして，合理化努力が著しく不十分な場合には，主務大臣に必要な措置を講じるよう「勧告」する権限が与えられている（12条の5）。そして，経済産業大臣は，第1種あるいは第2種エネルギー管理工場の指定に必要な範囲で，工場・事業場への，業務に関する報告を求め，また主務大臣は，12条による指示，命令あるいは12条の5による勧告を行うために必要な範囲で，報告を求め，「工場」への立ち入り調査や資料の検査を行う権限が与えられている（25条）。

このほか建築物の外壁，窓などを通じての熱の損失防止，空調装置のエネルギー使用の合理化について，建築主に努力義務を課し（13条），経済産業大臣と国土交通大臣は，建築主の「判断の基準となるべき事項」を定めて公表し（14条），国土交通大臣は，住宅を除く建築物の建築主に対して必要な指導，助言をする権限をもつこととされる（15条。なお，2002年法では改正されている）。また住宅については，設計・施工の指針を定めて公表することとされている（15条2項）。そして，政令で定められる規模以上の建築物（特定建築物）に関しては，建築主の省エネ措置が，14条に基づく「判断の基準となる

べき事項」に照らして著しく不十分な場合には，国土交通大臣が必要な指示をすることができ，指示に従わない建築主の氏名を公表できることとする（15条の2）。また一方，経済産業大臣は，建築物の外壁，窓などを通じての熱の損失を防止するための建築材料の製造事業者に対して，14条の「判断基準」・15条2項の「指針」を勘案し，品質の向上や品質の表示について必要な指導，助言をすることができることとしている（16条）。

さらにまた，エネルギーを消費する機械器具の製造・輸入事業者に対しても，エネルギーの消費量との対比による機械器具の性能の向上を図ることによって，機械器具についての省エネルギーの努めるべき責務を負わせる（17条）。そして，自動車その他わが国で大量に使用され，使用に際して相当量のエネルギーを消費し，その性能の向上を図ることが特に必要であると政令で指定された機械器具を「特定機器」とし，経済産業大臣などはこれらの特定機器に関して，その性能の向上に関して「製造事業者の判断の基準となるべき事項」を定めて公表（18条）し，判断基準に照らして努力は足りない事業者へは，性能向上に関する勧告を行うことができ，勧告に従わない事業者があればその氏名を公表し，最終的には勧告に従うよう命令する権限を規定している（19条）。また同様に，経済産業大臣は，特定機器のエネルギー消費効率について表示すべき項目や表示方法についてのガイドラインを定めて告示し（20条），これに従った表示をするように事業者へ勧告，命令などをする権限を有するものとされる（21条，なお，19条や21条の命令違反には当然罰則がついている）。

このほか，同法には，エネルギー管理士の資格付与やエネルギー管理員への講習などの関する詳細な規定（8-9条，および12条の6-12条の23）が置かれている（これは行政手続の透明性確保のため，従来は行政措置として実施されてきた資格についての手続きを法律事項としたことに伴うものである）。

この「省エネルギー法」は，そのすべてにわたってではないが，特に「工場」に関しては，省エネルギーの努力が不十分な者に対して，勧告・命令が行われることとされており，その意味では，罰則つきの規制法としての色彩をも

っている。もっとも，多くの場合は法律の枠組みに従って，自主的に省エネルギーへの努力が払われることが期待できるうえ，法律では各事業者がいかなる方策を講じて，削減努力を払うかは，それぞれの判断にゆだねている。その意味では，法律で枠組み的な義務を定めつつも，具体的な行動の基準は各主体の自主的取組みにゆだねている「枠組み規制」の手法が採用されているとみることも可能である。この「枠組み規制」は，温暖化対策のように，どのような取組みで目標を達成すべきか，という点では，各主体の創意工夫にゆだねるほうが効率性が高い政策分野での，政策目標達成の制度的手法である（なお，同様の法的フレームは，循環型社会形成推進のための「資源の有効な利用の促進に関する法律」（1991年，なお2000年改正で表題が現行のものとされた）でも採用されている）。

〔2〕 2002年法

同法もまた，2002年に改正・強化された。

これによると，「第1種エネルギー管理指定工場」対象業種の限定がはずされ，年間に熱エネルギー用燃料3 000 kl，あるいは電気1 200万kW・h以上を使用する工場・事業場はすべて，対象「工場」とされることとなった（6条）。

もっとも，オフィスビルなどのエネルギー使用の実態を考慮して，製造業などの事業用の「工場」（前述のとおり事業場を広く含んでいる）であっても，もっぱら事務所用などに使われる施設や，製造業など以外で，従来は第1種とされていなかった業種（これらの「工場」を設置する事業者は，「第1種指定事業者」と呼ばれる）の「工場」については，常時エネルギー管理者をおく義務を緩和して（改正7条但し書），エネルギー管理員をおくことで足りることとし（改正10条の2），中長期計画策定に際して，エネルギー管理士資格をもつ者の関与を義務づけた（改正10条の3第2項）。なお，中長期計画の報告等は従来の「第1種工場」と同様に義務づけることとして，民生（業務）部門での省エネルギーの強化を図っている。

また，第1種工場の半分の規模以上とされている「第2種エネルギー管理指

定工場」について，これまでは，エネルギー使用量の記録を義務づけているだけであった（ただし，主務大臣から記録提出や立入り調査による検査を求められる余地はあった）が，これを定期的報告義務に変更した（改正12条の3，旧12条の4は削除）。

また，特定建築物（住宅以外の2 000 m² 以上の建築物）の省エネルギー措置については，届け出を義務化し（15条の2），また指導・助言の権限が，建築基準法に基づく建築主事を置く市町村長等に移譲することとされ（改正15条），きめ細かい指導が行われることを期待している。

このほか，前述のように「エネルギー等の使用の合理化及び再生資源の利用に関する事業活動の促進に関する臨時措置法」（1993年）があり，省エネルギーに資する事業活動として，主務大臣に事業計画の承認を受けた者に対しては，さまざまな資金的な支援が行われるしくみが用意されてきた。

2.3.6　新エネルギー利用の促進

これまでも前述の「新エネルギー利用等の促進に関する特別措置法」（1997年）があり，新エネルギーへの転換について手厚い助成を行う制度が設けられていることを指摘しておく必要がある。また，2002年3月には「電気事業者による新エネルギー等の利用に関する特別措置法」（新エネ発電法，あるいはRPS法と呼ばれる）が制定され，新大綱に基づく新エネルギー利用を法的枠組みをもった規制のもとで，促進させることとした。

新エネ発電法は，まず，経済産業大臣が4年ごとに新エネルギー電気の利用目標を定め（3条），電力供給事業者に対して，販売電力量に応じた基準量の新エネルギー電気の利用を義務づけ，これについて，電力供給事業者は新エネルギー電気を利用（自ら発電し，あるいは他から購入すること）によりこの義務を達成するものとする（4-5条）。なお，他の電力供給事業者が基準量を超えて新エネルギーを利用した場合，その同意を得てその分だけ自らの基準量を削減できるという電力供給事業者の利用義務量の一部または全部の他電力供給事業者による肩代わりも許容されており（6条），政府は，電力供給事業者に

よる新エネルギー利用状況を電子口座記録による報告によって確認するものとされている。

同法は，新エネルギーとして，①風力，②太陽光，③地熱，④水力（政令で定めるもの），⑤バイオマス（動植物に由来する有機物でエネルギー源として利用できるもの，ただし原油・石油ガス・可燃性天然ガス・石炭とこれから製造される製品以外のもの）を熱源とする熱，⑥その他石油を熱源とする熱以外のエネルギーのうち政令で定めるものをあげている（2条）。今後，⑥として「廃棄物発電」を入れるかどうか，が論点とされている。

この法律は，電力供給事業者が正当な理由なく，新エネルギーの義務的な利用量を達成しない場合には，経済産業大臣の勧告，命令（またこれに必要な範囲での報告徴収・立入り調査）を伴う（8条，12条）という点では，「省エネルギー法」と同じように，最終的には罰則を伴う，規制法ないし，かなり厳しい「枠組み規制法」ということができる。また，他の電力供給事業者による肩代わりは，実質的には「国内排出量取引」の導入と評価できるとの見解もある。他方では，同法の利用義務量の目標が2010年までと短期間で，しかも欧州諸国に比べると低い目標値が設定されていることから，同法がかえって新エネルギーの積極的導入の妨げとなっているとの批判も根強くみられる（なお，新エネルギー利用義務を電力供給事業者でなく，発電事業者や需要家に負わせる方法もあるが，需要家に義務を負わせると，その管理に関する行政コストが高くなり問題があるとされている。イタリアでは，発電事業者および電力輸入事業者が義務を負わされているが，日本とは電力供給構造が大きく異なることが指摘されており，このような制度について単純な国際比較の論議は必ずしも適当でないとも考えられる）。

2.3.7 温暖化対策税制

中央環境審議会総合政策部会・地球環境部会合同で設置した，温暖化対策税制専門委員会は，2002年6月に，まず，新大綱の第一ステップ（2002−04年）にあっては，「道路特定財源等のグリーン化（使途・課税面）を積極的に推

進」，ついで，第二ステップ（2005年以降）には，新大綱実施状況の点検・評価の結果により，「必要な場合は，早期に温暖化対策税を導入」し，そうでない場合にも「目標不達成の場合の導入を明示して対策の取組みを促進」すべき，との今後の段取りを中間報告の形で提案した。

そして，温暖化対策税制度の課税タイプとしては，① 化石燃料上流課税[†1]，② 化石燃料下流課税[†2]，③ 排出量課税[†3] の3タイプがあり，今後，課税タイプに応じた具体的な制度のあり方，税収の使途，政策的な優遇措置，自主協定や国内排出量取引制度などの他の政策手法との組合せを考えた導入のあり方について，検討を進めるべきと提言した。

そのうえで，2003年8月には，当面，低い税率（炭素1トン当り3 400円程度）の税を，上流で課したうえ，税収は温暖化対策に用いる，という案を基礎に検討を始めることが適当，との報告がまとめられた。この提案の方法によっても，高い税率（炭素1トン当り40 000円）のみの効果によって温室効果ガスを削減させるのと同等の結果を期待しうる，とのシミュレーションデータに基づいたものであった。しかし，産業界からの根強い抵抗があり，これまでのところ，この提案に関する本格的な討議はなかなか進まない状況にある。

従来，わが国には，環境対策に関しての税制度（あるいは，課徴金など経済的負担を課す制度）により，各主体の市場原理に従った任意な行動を誘導し，これによって政策目的を達成しようとするシステムはあまりみられない。しか

[†1] **化石燃料上流課税** すべての化石燃料（石炭，石油，天然ガス）に対して，炭素含有量を勘案して燃料輸入の段階で課税。納税義務者が少ないが，税負担のユーザへの転嫁が適切にされないと，燃料消費者への削減インセンティブ効果や技術開発促進などによる経済活性効果が働きにくい（既存の関連する税としては，石油税がある）。

[†2] **化石燃料下流課税** すべての化石燃料（石炭，石油，天然ガス）に対して，炭素含有量を勘案して燃料消費者への販売の段階で課税。個々の燃料消費者にとって税負担が明示されるので削減インセンティブなどの効果は大きい（既存の関連する税としては，軽油引取税などがある）。しかし，既存の税制度の組換えによる場合はともかく，新たにこの方式を導入することは，制度構築のうえで困難が多い。

[†3] **排出量課税** CO_2 の排出量に応じて排出者に直接課税。大きな排出削減インセンティブ効果や技術開発などの経済活性効果が期待できるが，小規模の排出者の排出量をすべて把握することは行政コスト・技術両面から困難である（既存の関連する税制度はない。しかし，公害健康補償制度での汚染負荷量賦課金制度は類似の性格をもっている）。

し，わが国でも乗用自動車税制緩和が，乗用自動車大型化とこれに伴う，エネルギー需要の大幅な増加をもたらした経験があり，さらにまた，道路特定財源である揮発油税，地方道路税および軽油取引税の税率を 2003 年に暫定税率から本則税率に引き下げた場合には，これによる燃料価格引下げの結果予想される，自動車走行量の増加によって，2010 年の二酸化炭素排出量が 2.6％増加し，森林吸収量の 3 分の 2 が相殺されてしまう恐れがあるとのシミュレーション結果も示された（前述・中間報告別添資料（国立環境研究所 AIM プロジェクトチーム）参照，なお，この暫定税率は当分の間維持させることとされている）。

　温暖化対策の手法として税制度を活用することは，規制では簡単に動かない，不特定多数の主体の行動に期待せざるをえない対策や施策を加速させるために是非とも取り組む必要がある。しかし，これは，採用されたからといって，すぐに翌日から温室効果ガスの排出を劇的に減少させる，といった効力をもつわけではない（税の負担を避けるための行動につながるためには相当のリードタイムを必要とするものである）。

　温暖化対策税制については，最終的には，国の税制度全般のなかで取り扱わざるを得ない問題であり，環境部門の論議だけで解決はできない問題である。とりわけ，既存の税制度の再編となると，さまざまな利害関係者があり，これを取り扱うためには大きな政治的決断と実行力が必要である。税制度の手直しは関係する各主体の理解が得られないと簡単には進まないことを認識しつつ，冷静な論議とさまざまな可能性についての細かい検討を重ねると同時に，関係者の理解を得られるよう努力する必要がある。

2.4　オゾン層保護と国内法

2.4.1　オゾン層保護の国際的取決めと国内法

　いわゆるフロンなどの化学物質を大気中に放出することによって，成層圏オゾン層が破壊されていることが知られるようになった。これにより有害な太陽

紫外線量がふえ，さまざまな影響を及ぼすことが懸念されるようになり，国際的にフロン類の規制が必要とされるようになった。このために締結された「オゾン層保護のためのウイーン条約」(1985年) とその実施の細目を定めた「オゾン層を破壊する物質に関するモントリオール議定書」(1987年) を，わが国は1988年に批准し，その効力がわが国に生じることとなった。この条約と議定書を国内で実施するために，1988年5月に「特定物質の規制等によるオゾン層の保護に関する法律」(オゾン層保護法) が制定されている。条約，議定書は，当初は段階的に特定フロンの生産・消費を削減しようとするものであったが，1990年，1992年，1995年，1997年，1999年に改定され，次第に厳しい規制が行われるようになってきた。法律もこれらの改定に連動して規制を強化してきている。

また，1999年に開催された，モントリオール議定書第11回締約国会議では，2001年7月までに国家CFC（クロロフルオロカーボン）管理戦略を提出することとされた。これはこれまでの議定書の改定で，すでに主要なオゾン層破壊物質について，その新規の生産は廃止されることとなったが，過去に生産され，使用されてきたものの確実な回収，破壊が課題となってきたことに対応するものであった。

日本でも，1997年から，使用済みのフロン類回収の促進を図り，地域での回収推進の協議会の設置，関係業界の自主的取組みが進められてきた。しかし，これを一層改善，向上させるため，2001年6月に，議員立法による「特定製品に関するフロン類の回収及び破壊の実施の確保等に関する法律」（フロン回収破壊法）が制定された。なお，同法は，代替フロンとして開発されたが，温室効果ガスとしては，なお問題が大きい，HFC（ハイドロクロロフルオロカーボン）（地球温暖化対策推進法2条3項4号参照）も対象としており，法律の目的のうちには，オゾン層の保護とあわせて，地球温暖化の防止が掲げられている。

2.4.2 特定物質の規制等によるオゾン層の保護に関する法律

　この法律は，前述のとおり1988年に制定されたが，地球環境の保全を直接の目的として制定された法律としては，おそらく日本で最初の法律ということができる。

　この法律は，政令で定めるいわゆるフロンなどの「オゾン層を破壊する物質」（この法律では特定物質と呼ぶ）の製造の規制と排出の抑制・使用の合理化を図ることを目的としている。そして，まず，環境大臣と経済産業大臣とは，条約や議定書の的確かつ円滑な実施を図るために，わが国が遵守すべき特定物質の生産量，消費量の基準，限度などの「基本的事項」を定めて公表するものとする（3条）。

　特定物質の製造などの規制のしくみは以下のとおりである。

　特定物質を製造しようとする者は，毎年（年度は議定書の規定に即して特定物質の種類ごとに定められる），製造数量について経済産業大臣の許可を受けなければならない（4条）。また，この許可にあたっては，輸出用の製造数量を指定することができ，この指定を受けた者は輸出用であることについて経済産業大臣の確認を受けた数量以内で製造しなければならない（5条）。これらの製造数量の許可は，本来はオゾン層破壊係数によって基準化された数値に基づいて定められる（つまり，数種類の特定物質のオゾン層破壊能力の総枠について製造者に許可がだされ，枠内ではどの物質の製造数量を減らして許可枠に収めるかは製造者の判断にゆだねられている）（2条3項）。しかし，経済産業大臣は，議定書の的確な実施を確保するため必要と認めた場合は，さらに個々の特定物質を定めて許可を与えることができる（5条の2）。これは，当初の議定書の規制のシステムが後の改正後ごとに変更・強化されたことに対応するため，法改正によって追加されたものである。

　なお，特定物質を輸入しようとする者も，外国為替および外国貿易法の規定に基づく輸入承認を受ける義務を負わされている（6条）。

　このほか，つぎの場合には，それぞれ該当する量の特定物質の製造は許される。

① 当該年度内に回収されたフロンなどの特定物質を確実に破壊済み，あるいは破壊予定であることを証明して，経済産業大臣の確認を受けた場合（11条）
② 当該年度内に，他の物質の製造工程で原料として使用済み，あるいは使用予定であることを証明して，経済産業大臣の確認を受けた場合（12条）
③ 政令で定める特定物質に限り政令で定められた用途に，確実に用いられていること，あるいは用いられる予定であることを証明して，経済産業大臣の確認を受けた場合（13条）

また，特定物質を輸出した者は，毎年，前年の輸出数量を経済産業大臣に届け出なければならない（17条）。そして，許可を受けた製造者は，帳簿を備えて，特定物質の製造量など経済産業省令で定められた事項を記録・保存する義務を負うこと（24条），経済産業大臣には，規制実施のために製造者から報告を受け，あるいは立入り検査を行う権限が与えられている（25-26条）

このほか，この法律は，特定物質を業として使用する者は，使用に際して，排出の抑制を図り，また代替物質への転換を図るなど，使用の合理化につとめる責務を負い（19条），経済産業大臣と環境大臣とは，条約や議定書の的確な実施を確保するために必要な場合には，「排出抑制使用合理化指針」を定めて公表し，それぞれの業を所管する主務大臣が，各事業者に対して指導・助言ができること（またさらに経済産業大臣と環境大臣とは主務大臣にこれについて必要な意見を述べることができること）を定めている（20条）。また，気象庁長官がオゾン層の状況や大気中の特定物質の量を観測し，環境大臣はその成果を活用してオゾン層の破壊の状況や大気中における特定物質の濃度変化の状況を監視し，これを公表すること（22条），国は特定物質のオゾン層に及ぼす影響の研究その他オゾン層の保護に関する調査研究を推進し，成果の普及に努めること（23条）などを定めている。

2.4.3 特定製品に関するフロン類の回収及び破壊の実施の確保等に関する法律

〔1〕 **フロン回収・破壊法の目的・対象など**

この法律は，オゾン層の保護と，地球温暖化の防止のために，使用済みの製品からのフロン類の回収・破壊の促進を目的とするものであり，オゾン層保護法で「特定物質」とされるいわゆるフロン（CFC）と，温暖化対策法の2条3項4号でいう物質（HFC）を「フロン類」と呼ぶものとしている。

法律の対象となるのは，フロン類を冷媒している業務用のエアコンと大型冷蔵冷凍機器（このなかには自動販売機も含まれる）（第1種特定製品）と，人用に使われるカーエアコン（第2種特定製品）である。

フロン類の回収・破壊が必要な製品としては，このほかに使用済みの家庭用電気製品である冷凍庫・冷蔵庫やエアコンがあるが，これらは「特定家庭用機器再商品化法」（家電リサイクル法）（1998年）によって，製造業者などが引き取って，部品などの再商品化を図る際に，適切に回収され破壊されるとして，この法律の対象からははずされた。なお，カーエアコンについては，2005年1月から「使用済自動車の再資源化等に関する法律」（自動車リサイクル法）が施行されると同時に，同法の手続きによって回収・破壊が行われる（ただし，その内容は費用負担の手続き以外は，フロン回収破壊法とほぼ同じ内容である）。

この法律は，まず環境大臣，経済産業大臣および国土交通大臣が，特定製品からのフロン類の回収・破壊や特定製品の使用・廃棄に際するフロン類排出の抑制について，「指針」を定めて公表するものとする（3条）。

〔2〕 **第1種特定製品の手続**

業務用エアコンなどの第1種特定製品を廃棄しようとする者は，第1種フロン回収業者に，その製品に冷媒として充填されているフロン類を引き渡さなければならない（19条）（ただし，この規定には罰則はついていない）。第1種フロン類回収業者は正当な理由がないかぎり，この場合の引取りを拒否できず，引取りにあたっては環境・経済産業省が定めた基準に従わなければならな

い (20条)。

　第1種フロン類回収業者は、回収したフロン類を（自分が再利用する場合など、特別な場合を除いて）フロン類破壊業者に引き渡さなければならず、この場合に省令で定められた基準に従ってフロン類を運搬し（21条）、さらに回収量、再生利用量、引渡し量を記録・保存し、毎年都道府県知事に報告する義務を負う（22条）（報告内容はさらに都道府県知事から主務大臣に報告される）。そして、第1種フロン類回収事業者のフロン類引取り、引渡しに関して、都道府県知事には、必要な指導・助言（23条）あるいは勧告・命令（24条）を行う権限が与えられている。

　フロン破壊業者は、第1種フロン類回収業者からフロン類の引取りを求められたときは、正当な理由なく拒否できず、引き取ったフロン類は省令で定められた基準に従ってフロン類を破壊し（52条）、破壊量などについて記録を作成して保存しなければならない（53条）（この記録は製品の廃棄者、フロン類回収業者などからの請求があれば閲覧させなければならず、また、フロン類破壊業者は、毎年破壊量を環境大臣と経済産業大臣に届け出る義務も負わされている）。フロン類破壊業者のフロン類の引取り、破壊に関して、環境大臣と経済産業大臣には、必要な指導・助言（54条）あるいは勧告・命令（55条）を行う権限が与えられている。

　なお、この法律は、第1種フロン類回収業者については、都道府県知事のもとで「登録」を受けなければならないものとしており（9条）、登録の手続きについて、「廃棄物の処理及び清掃に関する法律」による業の許可制度にならった詳細な規定がおかれている（9条2項-18条）。それによると、登録は5年間有効であり、知事は業務停止命令を受けている場合など一定の場合には登録を拒否することや、すでになされた登録を取り消すこともできることになっている。さらに登録簿はだれでも閲覧することができる（14条）。

　また、フロン類破壊業者は、事業所ごとに環境大臣と経済産業大臣の許可を受けなければならないこととしており（44条）、許可の手続きについて、フロン類回収業者に関するのと同じく、詳細な規定（44条2項-51条）がおかれ、

許可業者の名簿はだれでも閲覧できることになっている。

〔3〕 第2種特定製品の手続き

カーエアコンの冷媒としてのフロン類の回収・破壊については、使用済み自動車に搭載されたフロン類を冷媒とするカーエアコンを廃棄しようとする者は、第2種特定製品引取業者に引き渡さなければならない（35条）。普通は使用済み自動車からカーエアコンだけを取り外して廃棄することはなく、使用済み自動車と一緒に使用済自動車引取業者が引き取って、そのもとで取り出して廃棄されるので、このことを前提として使用済自動車引取業者を、上記の引取業者とするものとして規定されたものである（自動車リサイクル法では当然に、自動車所有者が使用済み自動車と一体的に引取業者に引き渡さなければならないことになる（自動車リサイクル法8条参照））。第2種特定製品引取業者には、引取義務が課せられる（36条、自動車リサイクル法9条参照）。さらに、第2種特定製品引取業者は、カーエアコンに冷媒としてのフロン類が充填されているときは、これを抜き出して、第2種フロン類回収業者に、それが搭載されていた自動車を製造した者（または輸入、あるいは製造や輸入を委託した者）の氏名などを付した「フロン管理書」を添えて引き渡す義務を負う（37条、自動車リサイクル法10条参照）。第2種フロン類回収業者は、引取り義務が課せられ（38条、自動車リサイクル法11条参照）、引き取ったフロン類を回収して自動車製造業者・輸入業者などへ、「フロン管理書」とともに引き渡し（38、39条、自動車リサイクル法12、13条参照）、さらに、フロン類を引き渡された自動車製造業者・輸入業者などは、引取義務にもとづいて引き取ったフロン類を、フロン類破壊業者に引き渡す義務を負う（40、41条、自動車リサイクル法21、26条参照）。

カーエアコンについて、このように、自動車製造業者などが間に入るのは、自動車リサイクル法での費用負担のルールを先取りした形で、この法律が制定されたためであり、同法施行の段階での経過措置を円滑に進めるためには、やむをえないことであった。使用済みフロン類の回収・破壊の確実な実施は、緊急を要する政策課題であって、自動車リサイクル法の制定・施行を待てないと

の判断が働いたことも指摘できよう)。なお,自動車製造業者がすでに倒産・解散したりして存在しない場合やこれを特定できない場合には,これに代わって業務を行う者として環境大臣と経済産業大臣が指定した「指定義務者」がその役割を果たすことになっている。

　第2種特定製品引取業者と第2種フロン類回収業者も,第1種フロン類回収業者と同じように,都道府県知事のもとで「登録」を受けなければならず(25-28条,29-33条,自動車リサイクル法53-59条参照),また都道府県知事の監督を受ける(42-43条,自動車リサイクル法19,20条参照)。ただし,道路運送車両法に規定する自動車分解整備事業者が,第2種フロン類回収業者の登録を受けようとする場合には,国土交通大臣への書面での「申し出」で足り,要件に反していないときは,国土交通大臣から都道府県知事へ「通知」するだけで,第2種フロン類回収業者登録簿に登録される特例が設けられている(32条,なお自動車リサイクル法附則4条参照)。これまでにすでにできあがっている社会システムを尊重した例外である。

〔4〕　**費用負担のルールその他**

　フロン類破壊業者は,第1種フロン類回収業者あるいは自動車製造業者・輸入業者など(および指定義務者)からフロン類の引取りを求められた場合には,適正な料金を請求できることになっており,引取りを求める者には料金支払い義務がある(52条3項,)

　第1種フロン類回収業者は,第1種特定製品を廃棄する者に,上記の費用と回収・運搬の費用を,料金として請求できる(56条)。また,第2種フロン類回収業者は,自動車製造業者・輸入業者などから,フロン類の回収や運搬に要した費用として,自動車製造業者・輸入業者などがあらかじめ定めて公表している料金を請求でき,自動車製造業者・輸入業者などは支払い義務を負う(57条,自動車リサイクル法23条参照)。そして,自動車製造業者・輸入業者などは,自動車のユーザに,上記の料金とフロン破壊の費用として,あらかじめ定め,公表している料金を請求できることになっている(60条,この場合排出時に後払いということになるので,社会システムとしては「フロン券」購入と

いう複雑なシステムがとられることとなった。なお，自動車リサイクル法は，新車の購入時または車検時に費用を前払いで預託する制度となり，ユーザへの請求に代えて預託機関への求償の形がとられるため，この点の複雑さが緩和された，自動車リサイクル法76条参照)。これらの公表された料金が適切でない場合は，環境大臣と経済産業大臣が，その変更を勧告・命令できる（59・64条，自動車リサイクル法24条参照）。

　この法律は，そのほかに，何人も，みだりに特定製品に冷媒として充填されているフロン類を大気中に放出してはならないこと（65条），特定製品の製造・販売を行う者には製品への表示義務があること（66条），特定製品の整備時の遵守事項（67条），環境大臣と経済産業大臣のフロン類製造事業者への協力要請の責務（68条），国土交通大臣などの都道府県知事への自動車解体事業者などに関する情報提供措置の責務（69条），取締り権限のある都道府県知事や関係大臣の，事業者への報告徴収，立入り検査と資料提出要求の権限（71-73条）などが規定されている。さらに，関係大臣の情報公表，教育・学習の振興，研究開発の推進，情報交換の促進などの規定がおかれている。

　この法律は，廃棄物の適正処理のための規制法，リサイクル促進の法令，温暖化防止とオゾン層保護といった地球環境保全目的の規制法といった複雑な内容をもった実体法であり，法学的研究の対象として，興味深い内容をもっているものといえる。

2.5　海洋汚染防止と国内法

　海洋は地球環境の中でも，きわめて重要な要素であり，その健全性を保全することの意義は大きい。環境保全の観点からの海洋に関する国際的取組みは，「1954年の油による海水の汚濁の防止のための国際条約」（日本は1967年に加盟・批准）をはじめ，1972年の「廃棄物その他の物の投棄による海洋汚染の防止に関する条約」（いわゆるロンドン条約，日本は1980年に加盟・批准）などがある。

日本では，1970年12月に「海洋汚染及び海上災害の防止に関する法律」（海洋汚染防止法）を制定し，これらの条約に対する国内法を整備してきた。この法律によって担保されている国際条約としては，前述のロンドン条約のほかに，「1973年の船舶による汚染の防止に関する国際条約に関する1978年の議定書」（(MARPOL 73/78条約)，「1999年の油による汚染に関する準備，対応及び協力に関する国際条約」（OPRC条約）などがある。

海洋汚染防止法は，船舶からの油の海洋への排出の禁止（4条），油による海洋汚染防止のための設備の船舶への設置義務づけ（5条）などを定め，また船舶からの有害液体物質の海洋への排出の禁止（9条の2），有害液体物質による海洋汚染防止のための設備の船舶への設置義務づけ（9条の3）を定めている。なお，この禁止は，「未査定液体物質」（油，有害液体物質以外の液体物質で，海洋環境保全の見地から有害ではないと政令で定められた物質以外の物質）についても準用される（9条の6）。

以上の禁止には，例外があるが，有害液体物質の排出については，事前処理などについて海上保安庁長官の「確認」を受ける必要があるとされることもある（9条の3第4項）。このほか，船舶所有者は，油濁防止管理者，有害液体汚染防止管理者を船舶職員の中から選任すること（6条，9条の4）や，油記録簿，有害液体物質記録簿を備え付け，省令で定められた必要事項を記載すべきこと（8条，9条の5），未査定液体物質の船舶での運搬の際は事前に国土交通大臣へ届出をすべきこと（9条の6）などが定められている。

海洋汚染防止法は，このほか，船舶からの廃棄物の海洋への排出を禁止している（10条）。この禁止も例外があり，船舶の安全を確保し人命を救助する必要ある場合，船舶の損傷などやむを得ない場合，船員などの日常生活から生じるふん尿や汚水などを排出する場合，船舶の通常の活動に伴って生じる廃棄物を一定の制限のもとで廃棄する場合，公有水面埋立法に基づく埋立て場に排出する場合，「廃棄物の処理及び清掃に関する法律」（廃掃法）で海洋を投入場所とすることを許している廃棄物について環境大臣の許可を得て排出する場合などが，その例外とされている。

これらのうち，廃掃法で海洋投入を許している廃棄物については，これまでは海上保安庁長官の確認を必要とする場合があることが定められていたが，条約上の規制強化に伴い，2004年の法改正で，許可制に切り替えられた（10条の6-10条の11）。許可申請にあたっては，環境影響評価が義務づけられており，評価書等は公告・縦覧に付されて，公衆の意見提出ができることになっている。

この法律では，船舶所有者は，船舶発生廃棄物汚染防止規程を定めて掲示し，関係者に徹底させること（10条の2），国際航海にあっては船舶発生廃棄物記録簿を備え，省令で定める事項を記載すること（10条の3）などが義務づけられ，廃棄物の海洋投棄に常用する船舶については，海上保安庁長官の登録を受けなければならない（違反には罰則，また基準を満たさなくなった場合の登録取消処分もある）（11-15条）とされる。登録を受けた船舶は，廃棄物処理記録簿を備え，省令の定める事項を記載することも義務づけられている（16条）。

また，海域に設けられる工作物（海洋施設）や航空機から海域への油や廃棄物の排出（18条）も禁じられ，特に海洋施設については，設置の届出義務（18条の2），船舶に準じた油記録簿の備え付け，発生廃棄物汚染防止規程の制定などが義務づけられている（19条，19条の2など）。

2004年改正では，船舶および海洋施設での油，有害液体物質や廃棄物（油など）の焼却禁止が強化され（19条の26），船舶発生油以外の焼却は許されないことになった。このためにこれまでの例外的に許可される場合の手続き規定はすべて廃止された。また海洋施設の海洋での廃棄についても環境大臣の許可を要することになり，必要な規定が整備された（43条の3以下）。

このほか，この法律には，船舶内で生じた廃油の処理事業を行う事業者の許可制度（20条以下），海洋汚染や海上災害の防止措置として，船舶から油や有害液体物質，海洋環境に悪影響を及ぼすものとして政令で定められた貨物が海洋に排出された場合の船長の通報義務，防除措置義務など（38条以下）などについても規定されている。

2.6 有害廃棄物の越境移動防止,有害化学物質対策と国内法

2.6.1 バーゼル条約と国内法

　先進国から途上国に有害な廃棄物が輸出され,大きな国際問題を引き起こす例が重なった。このために,1989年に「有害物質の国境を越える移動及びその処分の規制に関するバーゼル条約」(わが国は1993年に加盟・批准)が締結された。この条約の国内担保措置として「特定有害廃棄物等の輸出入等の規制に関する法律(バーゼル法)」(1992年)が制定されている。

　また,OECD加盟国間でのリサイクル目的での廃棄物の国境を越える移動の手続きを定めた1992年の「回収作業が行われる廃棄物の国境を越える移動の規制に関する理事会決定」にも加入しており,必要な規制が行われている。

　いわゆるバーゼル法は,以下の物を「特定有害廃棄物等」として規制の対象としている。

① バーゼル条約付属書Ⅳに掲げる処分作業を行うために輸出入される物で,(a)条約付属書Ⅰにあげられ,付属書Ⅲのあげられる有害性をもつ物,(b)条約付属書Ⅱにあげられる物,(c)わが国が条約の手続きを経てこのほかに追加した物,(d)他の条約締結国が条約手続きを経て追加した物(当該国への輸出入に限って規制)

② 条約の手続きを経て,わが国と他の国との二国間あるいは地域的な協定などで規制対象としている(国内では政令で定める)物

　この法律は,経済産業大臣と環境大臣が,基本的事項を定めて公表するものとしており(3条),つぎに「特定有害廃棄物等」を輸出しようとする者は,外国為替および外国貿易法に基づく輸出の承認を受ける義務を負い,経済産業大臣は,承認申請があった場合に,環境汚染防止のために必要があると定められた「地域」向けの「物」(これらは環境省令,経済産業省令で規定)については,環境大臣に申請書の写しを送付して環境汚染防止の措置が講じられているかどうかの確認を受け,経済産業大臣はこの環境大臣の確認の通知があるま

2.6 有害廃棄物の越境移動防止，有害化学物質対策と国内法

では輸出の承認をしないことになっている（4条）。輸出承認がなされた場合は，輸出移動書類が交付され（5条），運搬はこの書類とともに行われなければならない（6条）ものとされ，マニフェスト制度は取り入れられている。

一方，「特定有害廃棄物等」を輸入しようとする者も，同様に，外国為替および外国貿易法に基づく輸入の承認を受ける義務を負い，環境大臣は必要な場合には，事前に経済産業大臣に意見を述べることができる（8条）。輸入承認がなされた場合にも，輸入移動書類が交付され（9条），運搬がこの書類とともに行われなければならないことも，輸出の場合と同様である（10条）。さらに，輸入された特定有害廃棄物等の譲渡・譲受や引渡し（占有移転）も輸入移動書類を添えなければならない（11条）。そしてこれらの廃棄物の処分を行う者は，引渡しを受けたとき，処分を実際に行ったときに，それぞれ輸入の相手方およびその原産地・船積地域・経由地の権限ある当局へ通知をしなければならない（12条）ものとしており，ここでもマニフェスト制度が厳しく実施されている。

経済産業大臣と環境大臣は，この法律に違反して特定有害廃棄物等の輸出入を行い，また不適正な運搬，処分を行った者に対する措置命令を行う権限（14条）のほか，報告の徴収（15条），立入り検査（16条）を行う権限を与えられている。なお，この法律は，違反者が措置命令に従わない場合に環境大臣などが違反者に代わって執行し，費用を徴収する「行政代執行」の規定をおいていないが，「行政代執行法」（1948年）の一般法理にゆだねることが可能であるからであるとされている。

なお，「廃棄物の処理及び清掃に関する法律」（1970年）も，これにあわせて，輸入された廃棄物を産業廃棄物として扱うことを定め（2条4項2号），廃棄物の国内処理が原則であること，国外で生じた廃棄物の輸入を抑制すべきことを原則として確認し（2条の2），さらに廃棄物輸入の環境大臣による許可制度（15条の4の3），一般廃棄物・産業廃棄物輸出についての環境大臣による「確認」制度（10条，15条の4の5）について定めている（なお，政令で定められる範囲の船舶や航空機の航行に伴って生じる廃棄物（航行廃棄物）

と，わが国に入国する者が携帯する廃棄物（携帯廃棄物），環境省令で定められるわが国から出国する者が携帯している一般廃棄物については，この規制から除外されている）。

2.6.2　有害化学物質対策と国内法
〔1〕　化学物質と地球環境保全

　有害化学物質は，環境中で分解困難なものは，長期間にわたって，人の健康やさらには生態系への悪影響を及ぼし，地球環境保全の見地からも無視できない。この問題についても，各国の個別の取組みには限度があり，国際的な協調のもとでの取組みが必要である。1992年のリオサミットでのアジェンダ21の19章でも，化学物質による環境リスクへの取組みへの課題が掲げられたが，UNEP, ILO, WHOを中心に，さらにFAO, UNIDO, OECDや各国政府，NGOなどが加わり，「化学物質の安全に関する政府間フォーラム（IFCS）が開かれるなどの取組みが進められている。OECDでは，化学品・農薬・バイオテクノロジーWGと化学品委員会合同の化学品合同会合のもとで化学物質管理の活動が進んでおり，既存の化学物質のうち高生産量化学物質（HPV）の点検や新規化学物質の届出・審査の各国による作業分担などが進められている。

　また，化学品の分類や表示の世界的調和システム（Globally Harmonized System of Classification and Labelling of Chemicals；GHS）についても国際的な合意がまとまり，2003年7月には国連から各国に対する勧告がだされた。

　化学物質に関しては，2001年に「残留性有機汚染物質に関するストックホルム条約」（POPs条約）が締結された。これは難分解性，生体内での高蓄積性，長距離移動性，人の健康や生態系に悪影響を有する物質として，アルドリンなどの農薬，DDT，ダイオキシン類，PCBなど12物質を対象に製造・使用の禁止や制限，輸出入規制，審査の強化，排出削減，その廃棄物の適正処理，在庫・貯蔵物の適正管理などを義務づけている条約であり，わが国は

2002年に批准し、条約は2004年に発効した。この条約の国内的な担保措置としては、わが国ではPCBによる大量の健康被害事件として大きな問題となったカネミ油症事件を契機に制定された「化学物質の審査及び製造等の規制に関する法律（化審法）」(1973年)、「ダイオキシン類対策特別措置法」(1999年)、「ポリ塩化ビフェニル廃棄物の適正な処理の推進に関する法律（PCB法）」(2001年)などをあげることができよう。以下では、このうち特に広域汚染防止に関連する化審法とPCB法について取り上げる。

〔2〕 **化審法による新規化学物質製造・輸入の規制**

化審法は、新規に製造あるいは輸入しようとする化学物質について、年間1トンを超えるものについて、製造・輸入の届出を義務付け、厚生労働大臣、経済産業大臣および環境大臣の事前審査を受けるものとしている。この審査のために事業者は、分解性・蓄積性・毒性についてのデータを添える必要があるが、2003年の法改正で10トンを超えるまではデータの提出義務が猶予され、すでにある知見に基づく確認を受けるだけで、製造・輸入ができることになった。審査の結果、環境中では分解しにくく、蓄積性が高く、人の健康を損ないあるいは「高次捕食動物」の生息・生育に支障がある長期的な毒性がある第1種特定化学物質に該当するとされた場合は、製造・輸入の許可を受ける必要があり、許可された物質についてはさらに政令で定める用途以外での使用が禁止される（ただし、実質的には、許可がされることはなく、製造・輸入禁止とされる）。また、難分解性であり、蓄積性がある化学物質で、人の健康や動植物の生息・生育に支障を生じるような長期毒性の疑いがある化学物質に該当するとされた場合には、第1種監視化学物質に指定される。そして指定された化学物質については毎年、前年度の製造・輸入量を経済産業大臣に届け出ることを義務づけられる。また、難分解性であることまでは明らかな化学物質で、人の健康に被害を生じる恐れがある長期毒性の疑いがあるものは、第2種監視物質、あるいは難分解性であることまで明らかで、「動植物」の生息・生育に支障を生じる恐れがある長期毒性を有する疑いがあるものは第3種監視物質とされて、同様に毎年、前年度の製造・輸入量を経済産業大臣に届け出ることを義

務づけられる。これらのいずれにも該当しない場合は，規制を受けることなしに製造・輸入が可能となる。

　この監視化学物質について，これらについて得られている知見や製造・輸入量からみて，環境汚染により，人の健康被害あるいは「生活環境動植物」への被害の恐れが見込まれ，第2種特定化学物質に指定するかどうかを判定する必要がある場合には，厚生労働大臣，経済産業大臣および環境大臣は，製造・輸入事業者に有害性調査を指示し，報告させることとなっている。そして，報告に基づいて行われる審査の結果，難分解性であって，人の健康や生活環境動植物の生育・生息に対する長期毒性の疑いがあり，製造，輸入，使用などの状況からみて相当広範な地域の環境において当該化学物質が相当程度残留しているか，または近くその状況に至ることが確実であると見込まれることにより被害を生ずる恐れがあると認められる場合には，第2種特定化学物質とされ，事業者には，毎年の製造・輸入予定量と，実績の届出義務が課されるとともに，予定量を超えた製造・輸入が禁じられるほか，必要な場合には，厚生労働大臣，経済産業大臣および環境大臣により，製造・輸入予定量の変更命令が出されることがある。

　製造・輸入量が毎年1トンまでの新規化学物質や，もっぱら輸出されたり原材料として他の化学物質に加工されるものは，関係大臣の確認を受けるだけで，製造・輸入することが許されている。また，審査の結果，問題がないと判断された新規化学物質は，その旨の告示が行われ，自由に製造・輸入できることになっている。

　2004年6月現在，第1種特定化学物質はPCBなど13物質，第2種特定化学物質はTBT化合物など23物質であり，このほかクロロホルムなどの762物質が監視（指定）化学物質とされている。

　また，化審法施行前から製造・輸入されていた既存の化学物質（約2万）に関しては，安全性点検を行い，必要な場合には規制対象に組み入れることとされている。

　2003年改正は，この化審法がこれまで，製造・輸入量1トンを基準として，

物質の有害性を基準に，許可・不許可と割り切って管理をしようとするものであり，現実のその化学物質の曝露量を勘案しなければ，健康へのリスクの評価ができないことを無視しているとの批判があった点を改めたものである。また，これまでは審査の基準が人の健康へのリスク要因としての難分解性，蓄積性および長期毒性のみであったことも疑問視されてきていて，国際的な基準からすれば生態系を視野に入れた新たな基準を取り入れるべき，とも指摘されていたことにこたえたものである（なお，2003年改正前は「監視物質」は「指定物質」と呼ばれていた）。

化学物質の管理は，このほかに，労働安全衛生法，毒物及び劇物取締法，農薬取締法，薬事法など，用途・分野別にさまざまであり，その総合化が必要との指摘もある。化学物質に関する国際的取決めとしては，このほかに「ロッテルダム条約（PIC条約）」（有害化学物質等の輸出に際しての事前通報承認制度を定めたもの）や，「船舶についての有害な防汚方法の管理に関する国際条約」（TBT条約）などもあり，今後，総合的な管理の必要性が増えていくことが考えられる。

〔3〕 **PCB法による使用済みPCBなどの保管の規制**

PCBは，難分解性の性状があり，人の健康や生活環境への被害を生じる恐れがあるとされ，化審法により，製造・使用が禁止されている。しかし，PCB本体やPCBを含む油，PCBが塗布され，付着し，あるいはPCBを封入した物が，廃棄物として回収されたまま長期間処分されないままの状態にあり，中には適正な管理がされないまま，紛失してしまっている例も少なくない，とされている。そこで，このような廃棄物の保管，処分について規制を行い，その処理のための体制を整備するため（1条1項参照）に，「廃棄物の処理及び清掃に関する法律」（廃掃法）の特別法として（1条2項参照），2001年にPCB法が制定された。

この法律では，上記のPCBなどで，廃掃法上の「廃棄物」にあたるものを「ポリ塩化ビフェニル廃棄物（PCB）」と呼び，(2条)，事業活動に伴って「ポリ塩化ビフェニル廃棄物」を保管する事業者は，自らの責任でこれを確実かつ

適正に処理すべき責務を負うものと定める（3条）。またPCBを製造した者やPCBが使用されている製品に製造者はPCB廃棄物の処理が円滑に推進されるように国や地方公共団体の施策に協力する責務を負う（4条）とする（そして，環境大臣はPCB製造事業者へ資金の出えんその他の協力を要請するなどに努め（15条），また，それぞれの業を所管する大臣に対して，PCBが使用されている製品の製造事業者がPCB廃棄物の適正処理のため都道府県などに対して協力するよう必要な措置を講じることを要請できる（13条）としている）。

環境大臣は，廃掃法の定める基本方針に即して「ポリ塩化ビフェニル廃棄物処理基本計画」を定めて公表し（6条），都道府県知事（あるいは政令市長）は「ポリ塩化ビフェニル廃棄物処理計画」を定めて公表する（7条）とされる。

PCB廃棄物を保管する事業者やこれを処分する者は，毎年，その保管や処分の状況をと都道府県知事（あるいは保健所を設置する市や特別区の市長・区長）に届出る義務を負い（8条），都道府県知事はこれを受けて，毎年，PCBの保管や処理の状況を公表するものとされる（9条）。

PCB廃棄物を保管する事業者は，政令で定める期間（15年）のうちに，自らがあるいは他に委託して，これを処分する義務を負う（10条）。また，環境省令で定める場合以外は，PCB廃棄物を譲渡し，あるいは譲り受けることを禁じられる（11条）。

都道府県知事は，PCB廃棄物を保管する事業者に，必要な指導・助言する権限があり（14条），また環境大臣と都道府県知事は，PCB廃棄物を保管する事業者が10条の期間内に処分しない場合は，期限を定めて処分するよう命じることができ（16条），この法律の施行に必要な範囲で事業者から報告を求め（17条），立入り検査を行いあるいは分析のためにPCB廃棄物を無償で収去させる（18条）ことができる（ただし，これらの命令などは，人の健康や生活環境への被害を防ぐために緊急必要がある場合に限って許されるとの制限が付されている（19条））。

なお、この法律に違反して、PCB廃棄物を譲渡しあるいは譲り受けた者や16条の命令に従わなかった者には、3年以下の懲役または1000万円以下の罰金が科せられ、保管や処分の状況報告義務に反し、あるいは、環境大臣などからの報告の要求や立入り検査などに応じなかった者にも罰則が適用される。

2.7　生物多様性の保全と国内法

2.7.1　生物多様性国家戦略

1992年のリオサミットでは、多くの国際的取決めが行われたが、「生物の多様性に関する条約」(1993年条約9号)はその中でも、重要なものの一つである。この条約は、具体的な行為義務を締約国に課しているとはいいがたい理念的な内容のものであるが、この条約の実施のために国内でとった措置や措置の効果を定期的に締約国会議に提出することは義務づけられている(26条)。

わが国では、前述のように、生物多様性の保全が環境保全の施策の策定・実施に際しての指針であることを環境基本法14条で明記しているほか、1995年には「生物多様性国家戦略」を策定した。この国家戦略は、5年をめどに見直しをすることを定めていた。さらに、2000年12月に前述のように、環境基本計画が改定され、第二次環境基本計画が策定、実施されることとなった。そこで、2001年3月からこの国家戦略についても見直しが開始され、2002年3月、地球環境保全に関する関係閣僚会議で、「新・生物多様性国家戦略」が承認された。

新・生物多様性国家戦略は、生物多様性の保全と持続可能な利用について、①人間生存の基盤、②世代を超えた安全性・効率性の基礎、③有用性の源泉、④豊かな文化の根源、⑤エコシステムアプローチの五つの理念を掲げ、①種、生態系の保全、②絶滅の防止と回復、③持続可能な利用の三つを目標としている。そのうえで、多様性が保全された結果としての国土の将来像、人々との関係、行動との関係をグランドデザインとして提示する。

つぎに、基本方針として、①保護地域制度強化、指定拡充、科学的データ

による保護管理の充実，絶滅防止や移入種問題への対応などの保全の強化，②自然の再生プロセスを人が手助けする形での，自然の再生・修復の推進，③里山の保全管理と生活・生産上の必要性を調整，NPO活動支援，地権者との管理協定，助成・税制などさまざまなしくみ・手法を検討，アセス制度も活用しての，持続可能な利用をあげる。施策の基本的視点としては，①科学的認識，②統合的アプローチ，③知識の共有・参加，④連携・共同，⑤国際的認識をあげ，これまで以上に，広がりと幅のある政策展開を目指している。

　新・生物多様性国家戦略は，国土の生物多様性をささえる骨格的構造として，「奥山自然地域」「里地里山等中間地域」「都市地域」「河川・湿原等水系」「海岸・浅海域・海洋」「島嶼地域」をあげ，さらに植生自然度別配慮事項を記述している点も新たな点である。そして，主要なテーマとしては，①重要地域の保全と生態的ネットワーク形成，②里地里山保全と利用，③湿地の保全，④自然の再生・修復，⑤野生生物の保護管理，⑥自然環境データの整備，⑦効果的な保全手法（環境アセスの充実，国際協力）をあげて具体的な取扱い方針を記述している。そのうえで，具体的施策の展開を記述，特に「生物資源の持続可能な利用」として遺伝子組換え生物の安全性確保などに関し，「バイオセーフティーに関するカルタヘルナ議定書」（2000年）のわが国での早期批准の必要性についても強調していた（後述2.7.3項参照）。

2.7.2　絶滅のおそれのある野生動植物の保護

〔1〕　ワシントン条約と国内法

　ゾウやトラなど絶滅のおそれのある野生動植物の保護のためには，生息地での保護だけでなく，それらの密猟，不法な採取などを防ぐために，その国際的な取引を規制することが効果的である。この場合の取引の規制は生きたままの個体や死体の取引に限られることなく，死体から取り出された器官，さらにはそれらを含めた加工品まで含めて規制が行われる必要がある。

　このような目的で1973年に「絶滅のおそれのある野生動植物の種の国際取引に関する条約」（ワシントン条約）（日本は1978年に批准）が締結された。

わが国は，この条約を 1980 年に批准したが，その国内措置のために，1987 年に「絶滅のおそれのある野生動植物の譲渡の規制等に関する法律」が制定された。その後，1992 年に国内での絶滅のおそれのある野生動植物の種の保存に関する施策を加えた法律として，「絶滅のおそれのある野生動植物の種の保存に関する法律」が新たに制定され現行法となっている。

〔2〕 絶滅のおそれのある野生動植物の種の保存に関する法律

この法律では「絶滅のおそれ」を，「野生動植物の種について，種の存続に支障をきたす程度にその種の個体の数が著しく少ないこと，その種の団体の数が著しく減少しつつあること，その種の個体の主要な生息地または生息地が消滅しつつあること，その種の個体の生息または生息の環境が著しく悪化しつつあること，その他のその種の存続に支障をきたす事情があること」と定義している（4条）。法律の保護対象は，①国内希少野生動植物種，②国際希少野生動植物種，③緊急指定種であり，これらを「希少野生動植物種」といい，①および②は，中央環境審議会の意見をきいて，政令で定められ，③は3年以内の期間を限って，環境大臣が指定できることになっている（5条）。

環境大臣は，希少野生動植物種保存基本方針の案を策定し，閣議決定を求め，公表するものとされる（6条）。そして，希少野生動植物種の個体やその器官，またそれらの加工品の所有者あるいはこれを預かったり借りたりしている占有者は，種の保存の重要性を自覚し，それらを適切に取り扱うことが義務づけられ（7条），環境大臣は，必要な場合にはこれらの所有者や占有者に助言，指導をすることができる（8条）。

まず，この法律では，国内野生希少動植物種の生きた個体は，許可なしには捕獲，採取，殺傷，損傷してはならないことにされており，また個体やその器官さらにはそれらの加工品についても，許可なしには譲渡，譲受け，引渡し，引取りが禁じられる（10, 12条）。またこれらの輸出入も許可なしにはできず（15条1項），販売，頒布を目的とする陳列も禁じられる（17条）。これらの禁止に違反した者は罰せられるほか，環境大臣は必要な措置命令をだすことができる（11, 14, 16, 18条）。なお，これらの禁止は，商業的に個体の繁殖をさ

せることができ，国際的に協力して種の保存が図るとされているもの（特定国内希少野生動植物）などについては例外が認められている。

つぎに，条約に基づく責務を果たすための規定として，国際希少野生動植物など国内希少野生動植物以外の希少野生動植物の個体やその器官あるいは加工品の輸出入には，外国為替および外国貿易法に基づく承認を要するものと定めている（15条2項）。そして，違法な輸入者に対しては，経済産業大臣による返送命令がだされ，さらに違法に輸入されたものであることを知りつつこれを譲り受けた者に対しても，経済産業大臣および環境大臣が同様の命令をだすことができ，これらの命令に従わない場合は，経済産業大臣や環境大臣が代わって返送したうえで，費用の全部または一部を違反者に負担させることができるという，「代執行」の規定などが置かれている（16，52条）。

そして，国際希少野生動植物種の個体などで，条約の要件を満たすものとして国内へ合法的に持ち込むことが認められたものの占有者は，環境大臣の登録を受けることができるものとし（20条），これらの個体などを販売，頒布する目的で陳列する場合には，登録票を備え付けること（17条），また他人に譲り渡す場合には，登録票を添えること（12条1項5号）を義務づけている。これらの登録は，環境大臣の登録を受けた機関が行うこととされ，登録機関の資格やその遵守事項，環境大臣による適合命令，手数料に関する規定も置かれている（23-29条，なお，この登録機関の制度は2003年の法改正で，従来の指定機関制度に代わって新設された）。

また，条約の要件を満たすものとしてわが国に持ち組むことが許され，製品の原材料として使用される国際希少野生動植物の器官や加工品について，年間に一定量以上を扱う者は，事前登録をすることが許されており（20条の2，20条の3），さらにこれらのもののうち，政令で定められる要件に該当するものを扱う事業（特定国際種事業）を営む者は，環境大臣および業種ごとに決められている主務大臣に届け出る義務を負わされている（33条の2）。これらの事業者は，原材料の入手先などを確認するなど法令の定める条項を遵守する義務があり（33条の3），また環境大臣および主務大臣は，これらの事業者に必要

な指示ができ，さらにその指示にも従わない者へは業務の停止を命令することもできる（33条の4）。この場合，特定国際種事業者として届出をした事業者は，環境大臣などの定めた規定に基づいて原材料が適正に入手されたものであることを証明する管理票を作ることができ（33条の6），これが添えられて譲渡された原材料であれば，前述33条の3の原材料入手事業者としての調査義務がつくされたことになるとされている。そして，製品の製造者は，個々の製品への管理票作成の手間をはぶくために，それが適正に入手された原材料に基づく製品であることの「認定」を環境大臣および主務大臣から受けることができ，認定を得た場合には認定済みであることを示す「標章」が交付され，製品に取り付けることができるものとされる（33条の7）。なお，この「認定」も関係大臣に登録した認定機関が代行することになっている。

　登録や認定は，2003年7月から1年の実績でみると，個体の新規登録が年間約12 413件，（大部分はアジアアロワナ），また譲渡の届出が14 598件，器官・加工品の新規登録が年間1 155件となっている。

　この法律は，このほかに，特定国内希少野生動植物の個体などの譲渡，引渡しなどを行う事業（特定国内種事業）を行う者の届出義務や，これらの者の遵守義務，関係大臣の指示，命令に関する規定，また国内希少野生動植物種の生息地などの保護のための土地利用規制（生息地保護地区，管理地区，立入制限地区，監視地区の設定やその管理）についての規定，国内希少野生動植物の保護増殖事業についての規定，また取締りに従事する国の職員や希少野生動植物保存推進員の委嘱などについての規定が置かれている。

2.7.3　遺伝子組換え生物の輸出入規制

　除草剤に強い耐性をもったダイズ，ナタネ，トウモロコシ，ワタ，あるいは害虫に強いトウモロコシ，ワタ，色変わりのカーネーションなど遺伝子組換え生物はすでに外国では商業栽培されており，有用物質を産出するカイコや環境浄化用微生物などを遺伝子組換えによって開発する研究も相当進んでいる。しかし，これらが環境中に持ち込まれた場合に在来の生態系に与える影響も考慮

される必要がある。1992年の「生物多様性に関する条約」は，バイオテクノロジーによって改変された生物による生物の多様性の保全やその持続可能な利用に悪影響を及ぼす可能性があるものについて安全な移送，取扱い，利用の手続きを定める議定書を検討することを定めていた（19条3項）。この規定を受け，2000年1月のカルタヘナでの生物多様性条約特別締約国会議において「バイオセーフティに関するカルタヘナ議定書」が採択された。採択までの間には，アメリカ，カナダなどの遺伝子組換え農作物の輸出国グループ，開発途上国グループ，EUといった利害の対立するグループ間の調整に時間がかかり，約4年の年月を要している。

この議定書は，現代のバイオテクノロジーによってもたらされた，生きている改変された生物（Living Modified Organism；LMO）について，議定書締約各国が，その開発，取扱い，運搬，利用，移送，環境への放出のよって生じる，人の健康や生物の多様性に対するリスクを防止し，減少させるために必要な規制を講じさせること，またその国境を越える移動についての国際的な手続きを定め，これを締約各国が遵守することを定めたものである。議定書では特に，生きている改変された生物に関する既知のあるいは潜在的なリスクの性質や規模に対応するための開発途上国の能力の限界を考慮し，その国境を越えた移動に際して，十分な情報提供が必要であることを強調している。

日本では2003年6月に「遺伝子組換え生物等の使用等の規制による生物の多様性の確保に関する法律」が制定され，議定書を批准することとなった。この法律は，最初に「生物」について，「一の細胞又は細胞群であって，核酸を移転し又は複製する能力を有するものとして主務省令で定めるもの，ウイルス及びウイロイド」をいうと定義する。ところで，ウイロイドとは現在知られている最小の病原体でウイルスのようにタンパクで包まれていない裸のRNAという核酸のみからなるもの，リンゴ，カンキツ類などの植物に感染増殖して病害を起こすことが知られている。そしてこのようなものまで「生物」に含めているのは，遺伝子組換え生物が環境中への拡散防止の措置を講じることなしに野放しに使用されて，生物多様性に悪影響を及ぼすことを防ぐために，規制を

行うことを目的とする議定書を受けた法律だからである。この法律ではさらに
① 細胞外で核酸を加工する技術，② 異なる分類学上の科に属する生物の細胞
を融合する技術，などの利用により得られた核酸またはその複製物を有する
「生物」を「遺伝子組換え生物等」と呼ぶことにしている。

　この法律では，遺伝子組換え生物等の使用に先立ち，使用形態に応じた措置
を実施することとしている。具体的には遺伝子組換え生物等を食用，飼料用そ
の他の用途での使用，栽培や育成，加工，保管，運搬，廃棄とこれら行為に付
随する行為（これを「使用等」という）を

　① 　第一種使用等，つまり環境中への拡散を防止しないで行う使用等
　② 　第二種使用等，つまり環境中への拡散を防止しつつ行う使用等

に区別する。そして，①の場合には，新規の遺伝子組換え生物等の環境中で
の使用等をしようとする者（開発者，輸入者等）に，事前に使用規定を定め，
生物多様性影響評価書を添付し，主務大臣の承認を受ける義務を負わせる。一
方，②の場合には施設の態様等拡散防止措置が主務省令で定められていると
きは，その定められた措置をとる義務を負わせ，定められていない場合は，あ
らかじめ主務大臣の確認を受けた拡散防止措置をとる義務を負わせている。そ
して，これらの義務に違反している場合には必要な措置命令が出されるほか，
環境の変化や科学的知見の充実などの理由で，生物多様性影響を防止するため
に緊急の必要がある場合や事故時の応急の措置が執られていない場合にも必要
な命令が出されることになっている。また遺伝子組換え生物等と知らないで輸
入するおそれが高い場合など一定の場合届出義務を課し，また検査を受ける義
務を課すこと，遺伝子組換え生物等の国内での譲渡に際して譲渡の相手へ文書
で法定の情報を提供すべき義務を課すこと，また輸出に際して相手方輸入国に
対して通告すべき義務などを課し，さらに違反した輸出者に対してその回収を
命じることができることなどを定めている。

2.7.4　外来種生物の輸入規制と駆除

　ジャワマングースが奄美大島，沖縄本島北部で希少な野生動物を捕食，飼育

下から逸出したカミツキガメによる人への咬みつきの危険，飼育下から逸出したアライグマが農作物を食害しつつ分布域を拡大など，最近，外来種生物による被害が改めて問題となってきている。

新・生物多様性国家戦略は，日本への外来種動植物の移入による多様性への影響・被害についての対策が必要であるとしていたが，これを受けて2004年5月に「特定外来生物による生態系等に係る被害の防止に関する法律」が制定された。この法律では，政令で指定された「特定外来生物」が規制対象となる。ここで規制の対象となる「生物」とは，卵，種子を含む生物の個体や，そのほか法律で規制する必要がある生物の器官である。むろん生きているものに限られる。そして海外からわが国に導入されることにより，その本来の生息地（生育地）の外に存在することとなる「外来生物」であって，わが国にその本来の生息地（生育地）をもつ「在来生物」とはその性質が異なっていて，そのために生態系や人の生命や身体，あるいは農林水産業への被害（生態系等への被害）を及ぼし，あるいはそのおそれがあると認定されたものが法律でいう「特定外来生物」である。この法律では，「遺伝子組換え生物等の使用等の規制による生物の多様性の確保に関する法律」とは法律の目的が違うので，同じように「生物」といっても，その定義や範囲は違うことに注意する必要がある。特定外来生物は飼養，栽培，保管あるいは運搬（飼養等）が原則的に禁止される（4条）。そして，これらの特定外来生物が，国内に意図的あるいは非意図的に持ち込まれたために生態系等への被害が生じていたりあるいは生じる恐れがあって，被害防止のために必要があると判断されたときは，主務大臣や国の関係行政機関の長が防除を行うことになっている（地方公共団体も，主務大臣などが公示した事項に適合するやり方で防除を行うことができ，この場合は主務大臣の確認を受ける手続きが必要とされている。また，これらの場合に他人の土地に立ち入ることができること，また原因となった行為をした者に費用の全部または一部を負担させることができることも定められている）（11-20条）。なお，学術研究などの必要があるときは例外的に許可を受けて飼養等ができるが，厳格な手続きや要件が定められている。また特定外来生物は許可を

受けた場合以外は，輸入，譲渡，引取りが禁じられ，許可された場所以外で「放ち，植え，まく」ことも禁じられる（5-10条）。

このほか，被害を及ぼすおそれがある疑いのある「未判定外来生物」（省令で定められる）を輸入しようとする者には，種類など省令で定められた事項についての届出義務があり，被害を及ぼすおそれがない旨の判定の通知を受けたのちでなければ，その輸入できないことにされている（21-23条）。また，特定外来生物あるいは未判定外来生物でないことが容易に確認できる生物（省令で定められる）もの以外の生物を輸入しようとする場合は，その生物の種類を証明する外国の政府機関が発行した証明書などを添える必要があること（25条）などが規定されている。

2.7.5 渡り鳥の保護，湿地の保護，世界遺産条約

わが国は，小さな体で，遠い海を越えて移動し，繁殖，子育て，越冬などをしている渡り鳥にとっては，渡りの途中の中継地や越冬地の環境が守られることが何よりも必要なことである。このためには関係各国の協力が不可欠といえる。このような中継地，越冬地として日本は重要な位置を占めている。このことから，古くから二国間条約の形で，渡り鳥の保護についての国際的取決めとこれに基づく国際協力が進められてきた（例えば，「渡り鳥及び絶滅のおそれのある鳥類並びにその環境の保護に関する日本国政府とアメリカ合衆国政府との間の条約」（1974年）「渡り鳥及び絶滅のおそれのある鳥類並びにその環境の保護に関する日本国政府とオーストラリア政府との間の協定」（1981年），「渡り鳥及びその生息環境の保護に関する日本国政府と中華人民共和国政府との間の協定」（1981年），「渡り鳥及び絶滅のおそれのある鳥類並びにその生息環境の保護に関する日本国政府とソビエト社会主義共和国連邦政府との間の条約」（1988年）など）。またこれと関連して，「特に水鳥の生息地として国際的に重要な湿地に関する条約」（ラムサール条約）（日本は1980年加入）があり，わが国もこれに加盟・批准している。現在では，これらの条約の国内法的担保は，「鳥獣の保護及び狩猟の適正化に関する法律」（2002年）や絶滅のおそれ

のある野生動植物の種の保存に関する法律その他の自然環境保護に関する諸法律によって十分に図られているとされており，特にラムサール条約についても，この条約の国内法的担保のための特別法は準備されていない。

このほか，「世界の文化遺産及び自然遺産の保護に関する条約」（世界遺産条約）（日本は1992年に加入）のうち，1995年に「世界遺産地域管理計画」が策定されており，自然遺産に関しては，「自然公園法」「自然環境保全法」などによって保全が進められている。

2.8 酸性雨（酸性降下物），砂漠化，熱帯林や南極環境の保全と国内法

これらの地球環境保全等の政策課題に関しては，わが国が直接にその保全等の支障の原因となる可能性が少ないこともあって，国内法としての対応をしているものは少ない。

2.8.1 熱帯林の保全と国内制度

熱帯林の保全については，わが国の木材輸入が，保全の支障の大きな原因となっていることが指摘されているものの，これに関してわが国は，具体的な法的義務を負う国際的取決めに参加していない（「すべての種類の森林の経営，保全及び持続可能な開発に関する世界的合意のための法的拘束力のない権威ある声明」（1992年），「1994年の国際熱帯木材協定」には1996年に加わっているが，これらは国内的な担保措置は不要である）。

国際的には，持続可能な森林経営を推進するためのさまざまな取組みが始まっており，違法な伐採について，輸入国の取組みが重要であることは「ソフトロー」としては確認されつつある。法的拘束力のある取決めに至る時期も遠くないものと思われる。

輸入木材へのラベリングのシステムを導入することによって，持続可能な森林経営をしている地域からの木材輸入を促進されるなどの国内的措置はさしあ

たり可能であり，必要性もあるのではなかろうか。さらに，わが国でも，温暖化対策としての森林管理の強化が必要であるが，このためには国内産木材の適正な利用促進も必要である。このような政策課題をも含め，今後，この分野での国内制度の展開には注目する必要があろう。

2.8.2　南極地域の環境の保全

1959 年に締結された「南極条約」（日本は 1961 年に加入）は，南極地域は，平和的目的のみに利用し，締約国はいずれも領土主権や領土に関する請求権を放棄することを定めている。この条約に基づいて 1991 年に「環境保護に関する南極条約議定書」が締結されたが，日本では，1997 年にその国内担保措置として，「南極地域の環境の保全に関する法律」が制定され，議定書を批准するに至った。

この法律は，日本国民，日本の法人のほか日本国内に住所を有する外国人と事務所を有する外国法人（その従業員が南極で活動をする場合に限る）に適用される。南極地域（南緯 60 度以南の陸域および海域）で科学的調査，観光その他の活動（南極地域活動）の主宰者，あるいは行為者に対する規制を加えるものであり，まず，環境大臣は，南極地域の環境保護のための「基本的な配慮事項」を定めて公表するものとされる（4 条）。そして，何人も南極地域活動を行う場合，環境大臣の確認を受けた「活動計画」に従う義務を負い（5 条，違反者には罰則がある），計画は法の定める基準（7 条）に適合していなければならず，その手続きの過程では議定書に定められた包括的な「環境影響評価書」の作成が必要とされる場合があるものとされている（8-9 条）。確認手続きが終わったとき，環境大臣は「行為者証」を交付するものとされ，南極地域での活動中はその携帯が義務付けられる（11 条）。

このほか，同法は南極地域での行為を制限しており，違反者には懲役 1 年または 100 万円以下の罰金が科せられる。禁止事項は

① 鉱物の探査や採掘（13 条）
② 生きていない哺乳綱・鳥綱に属する種の個体の持込み，南極哺乳類・鳥

類（環境省令で定められるもの）の捕獲等，生きた生物（ウイルスを含む）の持込み（14条）
③ 廃棄物（南極地域の陸域で発生し，または持ち込まれた固形状または液状の不要物）の処分（16条）
④ PCB等の持込み（18条）
⑤ 南極特別保護地域（議定書にもとづき環境省令で定められる）への立入り（19条）
⑥ 南極史跡記念物（議定書にもとづき環境省令で定められる）の除去・毀損・破壊（20条）

などである（むろん，学術研究調査などのための特例も定められていることはいうまでもない）。

なお，環境大臣はこの法律施行に必要な範囲で，立入り調査の権限（22条）や，違反者への行為中止や原状回復の命令を出す権限等（23条）があり，命令違反者には同じく罰則が適用されることになっている（なお，この法律は，1982年に制定された南極地域の動物相および植物相の保存に関する法律を強化したものであり，保護される哺乳類や鳥類の指定などについては同法の時代の指定が引き継がれている）。

引用・参考文献

1) 中央環境審議会：地球温暖化対策推進大綱の評価・見直しに関する中間取りまとめ（2004年8月）
2) 大塚　直：環境法，有斐閣（2002年）

3 環境政策の経済的手段
——環境税を中心に——

　環境政策において環境税や排出権取引制度などの経済的手段が注目を浴びている。理論的検討が活発化しただけでなく，特に1990年代以降，実際の政策手段として導入されてきていることが重要である。実施例が増加し，新たな知見が得られたことに加えて，理論的検討との相互交流も進み，環境政策の経済的手段に関する理論と政策が発展してきている。

　本章では，近年，環境政策の領域で世界的に導入が進み，中心的役割を果たしつつある環境税を取り上げる[†]。今日の環境税は，かつてピグーが提唱し，想定していた税から対象領域が広がるとともに，導入形態も多様化してきている。そのことは，既存の環境税理論の再構築を迫るとともに，新しい検討課題を改めて提起しているように思われる。そこで本章では，環境税の実際例を紹介しつつ，環境税をめぐる新たな動向と論点を整理・検討し，今後の課題を明らかにしたい。

3.1　環境税の規範理論

3.1.1　環境税理論の起源

　環境税の基本理念は，ピグー（A.C. Pigou）が著した『厚生経済学』（1920）の中ではじめて提示された。環境負荷を抑制するインセンティブをいわば制度的につくり出すという環境政策手段としての租税である。ピグーは，環境問題を生産や消費に伴う私的限界費用と社会的限界費用の乖離（かいり）によって発生する外部不経済の一形態として把握した。

[†] 直接規制や他の経済的手段の理論と実際例については，さしあたり章末の引用・参考文献（以下，単に文献という）の65)を参照されたい。

ある経済主体が環境問題を引き起こしながら活動しているとしよう。その場合，その経済主体にとっては最適な活動であっても，市場での取引きを通さずに他の経済主体に環境被害すなわち外部不経済を発生させるので，社会全体としては最適ではなくなる。このような現象は，資源配分メカニズムとしての市場機構のもつ欠陥の表れであり，「市場の失敗」と呼ばれる。そこでピグーは，この市場の失敗を補正し，外部不経済を内部化するための処方箋としての課税を提示したのである。ここで提示された政策目的の課税は，のちにピグー税（Pigouvian tax）と呼ばれ，環境税に関する議論の出発点となった。

ピグー税の機能を**図3.1**において説明しよう。図の縦軸には価格と費用，横軸には外部不経済を伴う財の生産量がとられている。この財の生産に伴う私的限界費用曲線はPMC，需要曲線はDで表される。市場にゆだねると，PMCとDとの交点E_0における生産量Q_0が均衡点として達成される。ところが，外部不経済が発生するので，この財の生産に伴う社会的費用は私的費用に外部費用を加えたものとなる。その結果，社会的限界費用SMCは私的限界費用PMCを限界外部費用分だけ上回ることになり，PMCよりも上方に位置することになる。これが私的限界費用と社会的限界費用との乖離である。そこで，最適生産水準Q^*における私的限界費用と社会的限界費用の差E^*E_1に相当する税額Tを財の単位生産当りに課税する[†]。これがピグー税である。税率T

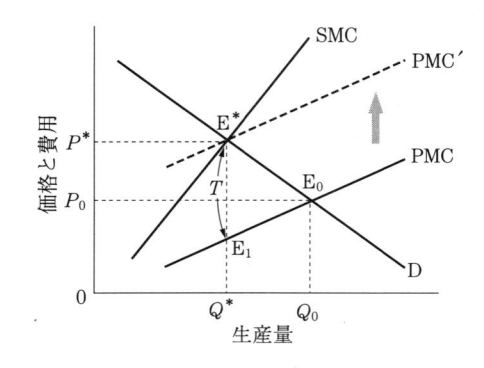

図3.1 ピグー税

[†] Ekins, P. は，このような税率決定方法を最適課税アプローチ（optimal approach）と呼んでいる（文献15）を参照）。

で課税されると，外部不経済を伴う財の生産に伴う PMC が PMC′ に上方シフトする結果，私的限界費用と社会的限界費用の乖離は埋められ E^* で一致し，財の生産量およびそれに伴う汚染量は Q_0 から Q^* の水準に抑制される。

ピグー税の導入によって，つぎのような意味での静学的効率性が達成される。すなわち，課税によって外部不経済の各発生源の限界削減費用が均等化されることを通じて，実現される環境水準すなわち最適汚染水準が最小の社会的費用で達成されるのである。ピグー税は，以上のような意味での効率的な環境制御を実現するための政策手段として考えられたのである。

3.1.2 環境税がもつ二重の性格

〔1〕 政策手段論としての展開―ピグー税の難点とボーモル・オーツ税―

ピグーが考案した外部不経済の概念とそれを内部化する政策課税の考え方は広く普及した。しかし，外部不経済の内部化という考え方は普及することになったが，ピグー税が実際に導入された事例はなかった。その主要な原因は，ピグー税はその実行が困難なことにある。なぜなら，ピグー税を実施するためには，図 3.1 の E^*E_1 で示される限界外部費用や限界削減費用を定量的に把握しなければならないが，その正確な定量化は方法論的にも確立されておらず，依然として容易ではない。そのため，最適税率を決定し，理論どおりのピグー税を実施することは，現段階では事実上難しい。

ピグー税の実行上の問題点を踏まえて，基準・価格アプローチと呼ばれる，より実行可能性の高い代替的な環境税の提案を行ったのが，ボーモル（W.J. Baumol）とオーツ（W.E. Oates）である。彼らは，環境政策の目標を最適汚染水準の達成に求めるのではなく，自然科学的知見などに基づく集合的意思決定過程を通じて定め，その環境水準を最小費用で実現する政策手段としての環境税を提唱したのである[8]†。

この税は，設定された環境基準を達成するために価格メカニズムを活用する

---

† 肩付き数字は，章末の引用・参考文献の番号を表す。

ということで基準・価格アプローチであり[†1]，提唱者の名にちなんでボーモル・オーツ税と呼ばれる。ボーモル・オーツ税は，ピグー税のもつ効率性のうち，最適汚染水準の達成という意味での効率性をあきらめる代わりに，個々の排出源の限界排出削減費用の均等化を通じて最小の費用で目標を達成するという意味での効率性の実現を図りつつ，実行可能性を高めた税といえる。導入が具体的に構想される環境税の多くはボーモル・オーツ税的なものである。

しかし，ボーモル・オーツ税にもつぎのような難点がある。第一に，ボーモル・オーツ税は，目標とする環境水準を実現するために，試行錯誤的に税率調整を繰り返し行い，最適な税率を見つけださなければならないという点である。政治的な問題になりやすい税率を頻繁に変更することは，現実の政策過程では容易ではないであろう。第二に，最初の試行で決定する税率に一定の根拠をもたせるためには，やはり排出削減費用関数を知る必要があるという点である。この関数の形状を知るためには，個々の排出者の限界排出削減費用関数を集計して社会的な限界排出削減費用関数を推計しなければならないが，現実には政策当局にそのような情報的基礎は備わっていない場合が多い。

以上のような問題はあるものの，ボーモルとオーツが提案した基準・価格アプローチが政策の立場からは実行可能性を高めた有用な環境税を提示したことの意義は小さくない。環境税の政策手段論は，ピグーが提唱した環境税の規範理論から脱却し，一歩前進したと評価することができる。

〔2〕 **租税論としての展開**

ボーモルとオーツが提案した環境税も環境政策の手段としての税であり，その理論的枠組みでは，環境税がもたらす税収とその使途への関心は薄い[†2]。ま

[†1] このアプローチは基準，例えば，人類生存と生活の質の維持に必要な環境水準[9]や最小安全基準[35]という，経済学的効率性とは別のロジックを租税政策の枠組みに持ち込むものである。なお，最小安全基準とは，生態系や枯渇性資源の保全を可能にするような具体的な基準を自然科学的知見に基づいて決定し，それを環境政策上の目標にするという考え方である。

[†2] 環境経済学の立場からその後，環境税の税収面の効果を検討したものとして，文献23），27），31），40）などがある。これらは，後述する二重の配当論に関する初期の研究成果でもある。

た，租税論では伝統的に，税の役割は政府が必要とする経費の財源を調達することにあると強調されてきた。

租税論の立場からは，環境税を環境分野における特別課徴金の現代的形態と位置づけることも可能である[48]。特別課徴金とは，例えば，下水道整備に伴う地価の上昇がその地域の土地所有者に期せずして特別の利益をもたらした場合に，その受益者（土地所有者）に課税し，その少なくとも一部を下水道の整備財源などとして社会に還元させるものである。この考え方を環境問題に適用すればつぎのようになる。社会の共通基盤たる環境に負荷を与えて便益を享受する経済活動を行っている経済主体は，環境を利用しつつ経済活動を行うことで特別の利益を得ていることになる。その結果，環境問題を解決するためには特別な対策が必要となり，同時にその対策にかかわる費用を賄う財源を確保する必要性が生じる。このような特別の対策を必要にした原因者あるいは特別の利益を享受した受益者に対して特別課徴金の現代的形態としての環境税を課税し，環境対策費用の負担をさせることは租税の公平性原則や公正観に合致する。言い換えれば，特別の利益を課税によって社会に還元しなければ，公平性が達成されないのである。

以上から明らかなように，環境税にはピグー税に端を発し，ボーモル・オーツ税の提案へと至った環境負荷を抑制する政策手段という側面と，伝統的な租税論に立脚した環境保全対策に必要となる経費の負担を原因者（受益者）からその寄与（受益）に応じて配分する財源調達手段という側面をあわせもつ二重の性格があると考えられる[56],[62]。さらに，現実の環境税に目をやると，その目的や導入形態は一様ではなく，ピグーやボーモルとオーツが想定していた税の枠組みを超えた形で導入されていることに気づかされる。

3.2 環境税の導入形態と環境効果

3.2.1 ピグー税の再生：イギリス埋立税

外部性評価の理論と手法の発展に伴って†，ピグー税のいわば再生を試みた

環境税の実例がある。それが，1996年10月にイギリスで導入された埋立税である[†1]。この税は，環境税制改革の枠組みの中で，社会保険料の引き下げと引き換えに温暖化対策税以外の税を導入した最初の事例でもある[19]。

〔1〕 背景と目的

埋立処分はイギリスで最も広く用いられている廃棄物処理方法であり，一般廃棄物（municipal solid waste）のおよそ8割が埋立処分されている。しかし埋立処分は，これまで処分場の維持管理や埋立廃棄物から発生するガスのモニタリングなど，長期的な問題を引き起こす可能性があると指摘されてきた[36]。イギリス政府は，1992年の環境白書の中で，これらの問題を解決するには多額の費用がかかることを明示し，廃棄物の発生抑制をはじめ，廃棄物をより環境に配慮した方法で処理する必要があることを示唆した。このことを具体化・確立したのが廃棄物管理ヒエラルキー（waste management hierarchy）[†2]であり，埋立処分はその最下位に位置づけられる。そのため，このヒエラルキーにおける上位レベルでの対応がより求められることとなった。同時に，規制措置のみでそれを推し進めることは不十分であることが認識され，「企業と環境の諮問委員会（ACBE）」の提唱により，埋立税導入に向けた調査がなされ，議論の口火が切られた。

イギリス埋立税の目的はつぎの2点である[26]。第一に，廃棄物の埋立処分に伴って発生する外部不経済を適切に価格に反映させ，より持続可能な廃棄物管理を促進する（廃棄物管理ヒエラルキーの上位レベルで対応される廃棄物の割合を増加させる）ことである[†3]。イギリスでは埋立処分が他のEU諸国に比べてきわめて安い費用で済み，同時に比較的利用しやすい処理方法であるために

---

† (前ページの脚注) 例えば，EC委員会（現EU委員会）は，種々の燃料サイクルに伴う外部費用をボトムアップ方式を用いて評価する最初の包括的な試みとして，1991年からExtern E（Externalities of Energy）と呼ばれる研究プロジェクトを推進している。このプロジェクトの研究成果は，Extern Eのホームページ（http://externe.jrc.es/）から入手できる。

†1 Ekins, P. は，イギリスの埋立税を外部性評価に基づいて税率を決定する，いわばピグー税を想定して導入された唯一の例であるとしている[15]。

†2 廃棄物管理ヒエラルキーとは，廃棄物最小化 ⇒ 再使用 ⇒ リサイクル ⇒ 再生利用という廃棄物処理の優先順位を示したものである。

過大となっているからである。

第二に，税収の大部分を雇用者の社会保障負担を軽減するために用いることである。このことによる労働費用の引下げが，雇用の増加に結びつくと期待されている。

〔2〕 制度の概要 ── 環境税制改革へのファースト・ステップ ──

イギリス埋立税は，認可された埋立処分場で処分されるすべての廃棄物に課税される†1。物質が廃棄物として課税されるかどうかは最初の生産者の意図に依存する。つまり，生産者が廃棄を意図して埋立処分（あるいは埋立処分を委託）する物質は廃棄物として課税されるが，中間処理（例えばリサイクルや焼却処理）によって化学的性質を変えた物質は最初の生産者の意図との関連性はもはやない（廃棄物ではない）と解釈され，非課税となる†2。課税方式は従量制であり，重量は通常，橋ばかり（weighbridge）†3 を用いて測定される†4。この税は，関税消費税庁（HM Customs and Excise）に登録・認可された埋立処分場の運営者（以下，処分業者）を通じて徴収される。処分業者は，四半期ごとに徴収された税の明細を報告し，記録・保管†5 しなければならない。

---

†3 (前ページの脚注) イギリス政府は，埋立税導入と同時に，より持続可能な廃棄物管理を促進するための具体的目標を明示した「国家廃棄物戦略（National Waste Strategy）」を打ち出している[26]。

†1 イギリスでは，廃棄物の定義を大枠では規制廃棄物（controlled wastes）と非規制廃棄物（non-controlled wastes）という二つのカテゴリーに分類している。前者は，1995年の環境法で修正された環境保護法（1990年制定）を根拠に規制される廃棄物のカテゴリーであり，家計廃棄物，商業廃棄物，産業廃棄物がこれに含まれる。このうち家計廃棄物と商業廃棄物は，一般廃棄物として定義されていることから，規制廃棄物はさらに一般廃棄物と産業廃棄物とに分類することができる。処理責任は，それぞれ地方自治体，排出事業者にある。他方，非規制廃棄物は規制対象外となる廃棄物のカテゴリーであり，これには農業廃棄物や採鉱廃棄物が含まれる。

†2 破砕，バリング，ソーティング，スクリーニングでは物質の化学的性質に変化はないので，生産者が廃棄を意図して処分する場合，廃棄物として課税される。

†3 車両・家畜・石炭などの重さを測る一種の大形台ばかり。

†4 橋ばかりのない処分場では，廃棄物の重量を計算する代替方法（例えば，貨物自動車やトロッコなどが積載できる最大許可重量を利用する，あるいは廃棄物の推定容量を重量に変換する方法など）が容認されている。

†5 支払税額，控除額，許可された場合に行う調整，受け入れた廃棄物の重量（トン数），そのトン数に帰する税率などを記録し，その記録は，6年間保管されなければならない。

基本税率は，導入時トン当り 7 ポンドであったが，99 年 4 月からトン当り 10 ポンド，その後 2004 年まで年に 1 ポンドずつ引き上げられ，最終的にはトン当り 15 ポンドとなる予定である。ただし，不活性廃棄物†はトン当り 2 ポンドの低税率が適用されている。なお，以下の項目は免税される。

- 浚渫によって内水および港から除去され，埋立処分される廃棄物
- 採鉱・採石活動に伴って生じ，埋立処分される廃棄物
- ペットの埋葬地
- 汚染地の浄化に伴って生じ，埋立処分される廃棄物
- アメリカ軍の廃棄物
- 埋立処分場の全部または一部を回復させるのに用いられる不活性廃棄物
- 過去および既存の採石場の盛り土に用いる不活性廃棄物

この税は，すべての企業に追加的な費用を課さない税収中立的な税制改革の枠組みで導入されたので，税収の大部分は雇用者負担分の社会保険料を 0.2% 引き下げるための財源に用いられ，埋立税導入に伴うインパクトを緩和しつつ，新規雇用の創出を促した。埋立税の導入は，イギリスの税体系を労働課税から汚染・資源利用課税へシフトさせていく，環境税制改革へのファーストステップとなったのである[41]。

〔3〕 税率決定方法と課税方式

まず，税を導入し，そののちに事後評価を繰り返して制度の再設計を行っていくデンマーク（2.2 節）とは対照的に，イギリスでは税導入までに三度の調査が行われ，最終的には異例の世論調査まで行われた。そのプロセスでの争点として以下の 2 点が興味深い。

第一は，埋立処分に伴い発生する外部性の測定が試みられ，その結果に基づいて埋立税の税率が決定されたことである。Environmental Resource Ltd による第一次調査（1992 年）では，経済的手段の検討が行われた。その結果，

---

† 不活性廃棄物は，汚染の原因となる生物分解を引き起こす（埋立処分時にガスを排出せず，地下水汚染の可能性もない）ことがない廃棄物である。具体的には，岩，コンクリート，煉瓦，表土，粘土などがこの廃棄物に該当する。

経済的手段（特に税・課徴金）は廃棄物処分に伴う外部性を内部化し，リサイクルの増加や廃棄物の最少化を通じて，埋立処分される廃棄物を減らす有効な手段であると結論された。Coopers and Lybrand による第二次調査（1993 年）では，まず廃棄物処分に伴う現在および将来の費用に焦点を当てるとともに，処理方法の選択に影響を与えているおもな要因を明らかにしている。そのうえで埋立税の可能性とその潜在的効果の評価が行われた。埋立税の根拠としては，埋立処分に伴う外部費用を反映すること，リサイクルや廃棄物最少化を促進すること，イギリスの埋立費用を他の EU 諸国と一致させることが挙げられた。また，埋立税の潜在的効果としては，短期的には競争的な代替処理方法が欠如しているために処分場に搬入される廃棄物量を著しく減らす効果があるとは考えにくいが，長期的には特に都市部で焼却処理へのシフトがあり得ると予測された。CSERGE らによる第三次調査（1993 年）では，埋立処分と焼却処理の外部性の経済的評価を行うためにその調査・定量化が行われ，それらの評価と埋立税との関連性について検討された。ここでいう外部性には，不快感（disamenity effects），CO_2 およびメタン排出による地球温暖化への寄与，焼却施設から発生する伝統的な大気汚染物質（SO_x，NO_x，微粒子）や有毒物質（ダイオキシンなど），埋立処分場での浸出液による被害，道路運搬に伴う汚染や事故が該当する[†]。また，この外部性は固定的外部性（fixed externality）と可変的外部性（variable externality）とに区別され，埋立処分と焼却処理に伴う外部性の経済評価が行われた。前者は広義には廃棄物量にも影響されるが，埋立処分場から発生する悪臭のように，処理施設の存在によってより影響を受ける外部性をいい，後者はガスの排出量（例えば，焼却廃棄物のトン当りの CO_2 排出量など）のように，処分される廃棄物量に直接的な関係がある外部性をいう。データや時間の制約上，埋立処分と焼却処理に伴う不快感すなわち固定的外部性を定量化・評価することが困難であるため，最終評価では可変

[†] 廃棄物から再生されるエネルギーが石炭によって発生するエネルギー（例えば，最も効率的でないタイプの発電）やそれに伴うガス排出を代替する場合は，外部便益としてこの評価に含まれた。

的外部性にのみ基づいた推計値が算出されるに留まった。その結果，エネルギー再生機能のある埋立処分場の外部費用をトン当り1〜2ポンド，エネルギー再生機能のない埋立処分場の外部費用をトン当り3.50〜4.20ポンド，エネルギー再生機能のある焼却施設はトン当り2〜4ポンドの純外部便益[†1]とそれぞれ推計され，埋立税の税率はトン当り5〜8ポンドの範囲になると結論された。これら三つの報告書で示された調査結果は，最終的な税率を決定する基礎となった。

　第二は，課税方式をめぐる議論である[†2]。1995年3月，関税消費税局[†3]は，埋立税導入に関する諮問書を廃棄物産業，利用者団体，環境団体，他の利害関係者に配布し，広くコメントを求めた。回答者720件のうち大多数が埋立税導入を支持したこともあり[†4]，議論の焦点はその是非よりもむしろ埋立税の課税方式を従価税とするか，従量税とするかという点に注がれた（諮問書で構想されていた埋立税案では処分価格の30〜50％が課税される従価税であった）。従価税は，当初，処分により費用のかかる「困難な」廃棄物であるほど高い税率が適用されること，土地が不足し，コミュニティへの影響が大きい場所ほど高い税率が適用されること，遵守費用が従量税の場合よりも低く，脱税を見つけやすいことなどがその根拠として主張されていた。しかしその一方で，従価税には多くの問題があることが指摘された。従価税は，埋立費用の高い（しばしば管理能力の高い）処分場に廉価な（しばしば管理能力の低い）処分場よりも高い税を課すことになる。また，処分価格には付加価値税（VAT）が課税されるので，その価格差はさらに大きなものとなる。そうした処分場間の価格差は，より高い環境基準を持つ処分場を不利にし，廃棄物が管理能力の低い廉価

[†1] ここで示されている「純外部便益」は，焼却施設の外部便益が外部費用を上回った結果であると推測し得るが，その厳密な定義は，入手可能な資料の範囲内では見いだすことができず，必ずしも明確でない。

[†2] 以下の議論は，文献34), 41)によるところが大きい。

[†3] 関税消費税庁が埋立税の責任を担う理由は，間接税の経験と付加価値税（VAT）を経た産業とのつながりにある[34)]。

[†4] 少数意見ではあったが，反対の理由としては，外部性評価の不備，競争力への影響などが指摘された[42)]。

な処分場に流出し,結果として環境汚染の潜在性を高め,廃棄物の長距離運搬を促しかねない。廉価な処分場への廃棄物の移動は埋立基準を引き上げる政府政策に相反することになり,廃棄物処分の地域的集中を促進し,税収の低下にもつながる。逆に従量税方式は,処分場間での価格差がより小さくてすみ,税収の予測がより可能となり,また測定用橋ばかりを用いれば不正行為や脱税の発生も少ないといった意見が取り入れられ,採用されるに至った。

〔4〕効　　　果

イギリスでは,埋立税導入後の1997年以降,認可された埋立処分場で処分される廃棄物の量が一貫して減少傾向にある(**図3.2**)。具体的には,図からも明らかなように,このような傾向のほぼすべてが不活性廃棄物によるもので[†],1997年から2001年の間にその処分量は約2千万トン(約56％)も減少している。

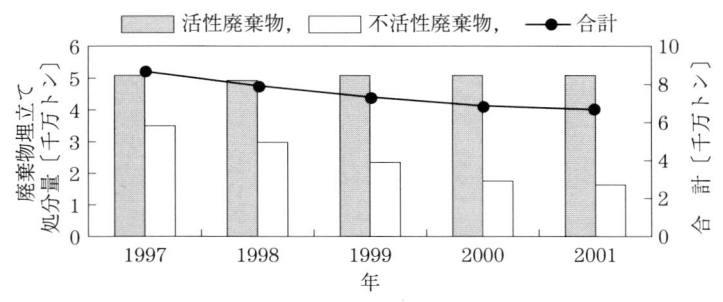

〔イギリス関税消費税庁ホームページ (http://www.hmce.gov.uk/about/reports/ann-report/p2.pdf) 掲載のデータより作成〕

図 3.2 イギリスにおける廃棄物埋立処分量の推移

ECOTEC[14)]は,そのおもな要因としてつぎの2点を指摘している。第一に,不活性廃棄物に対する埋立税率が相対的に高いという点である。不活性廃棄物は,埋立処分場自体のエンジニアリングに必要な物質でもあるために埋立税導

---

† 活性廃棄物の処分量は,1998年に前年比9.4％の減少を示したが,その後は大きな変化は見られない。この原因については,廃棄物の種類(家庭廃棄物,都市廃棄物,商業廃棄物,産業廃棄物,建設・解体廃棄物)別影響について分析・評価を行っている(文献14)の Ch.15 を参照)。

入以前の処分料金はわずかトン当り 0〜2 ポンドであった。そのため，不活性廃棄物に適用される埋立税率は絶対的には低いが，相対的には 100％以上の料金引き上げとなり，埋立処分量の抑制に著しい効果があったと指摘されている。第二に，埋立税の導入が建設・解体廃棄物のリサイクル・再利用を著しく促進したという点である。この種の廃棄物は，排出事業者が資源として用いることが比較的容易な場合が多いからである[1]。

3.2.2　ボーモル・オーツ的課税のダイナミズム：デンマーク廃棄物税

当初は個別の政策手段としてボーモル・オーツ税的に課税されていた環境税が，より総合的な政策体系の一部に位置づけられるようになり，その後さらに環境税制改革の枠組みに組み込まれていった事例（デンマークの廃棄物税）がある。

〔1〕　背 景 と 目 的

1980 年代中頃，1 人当りの廃棄物排出量がヨーロッパで最も多い水準に達したデンマークは，首都コペンハーゲンを中心に埋立処分場の逼迫，新規埋立処分地の確保難，焼却施設から拡散するダイオキシン問題など，深刻な廃棄物問題に直面していた。ちょうどその頃，OECD 諸国の間で，環境政策に経済的手段を用いることへの関心が高まっていたこともあり[†]，デンマーク環境保護庁（Danish EPA）は，1985 年に公表した「環境政策における経済的手段の可能性に関する報告書」の中で廃棄物税の導入可能性について詳細な検討を行った。その結果，廃棄物税は，1986 年 2 月に環境保護法（Danish Environmental Protection Act）の修正案に盛り込まれ，翌年 1 月に導入された。この税は，ボーモル・オーツ税的に課税し，深刻化する埋立処分場の逼迫を緩和し，焼却施設から拡散するダイオキシンを抑制することをねらいとしている[3]。企業にリサイクルや廃棄物低排出技術の採用を促し，両施設に搬入される廃棄物量を削減することが税導入の主たる目的である。また，環境省が 1989 年に「廃棄

---

† 環境政策における経済的手段の利用可能性をテーマに催された OECD の会議での議論については，OECD（文献 30））を参照。

物・リサイクル行動計画（Action Plan for Waste and Recycling）」を国会に提出して以来，廃棄物税はこの計画を推進するための不可欠な要素として位置づけられるようにもなった．

〔2〕 制度の概要と形成過程

デンマーク廃棄物税の最大の特徴は，後出の図3.3のように税率構造が連続的に変化していることである．以下では，その変遷を順次追っていく．

（a）**廃棄物税制の導入段階**　デンマーク廃棄物税は，自治体が登録している埋立処分場や焼却施設（以下，登録施設）で処理される廃棄物[†1]の重量に応じて課税される．納税義務者は排出者（自治体当局および事業者）である．システム執行の簡素化を理由に，導入段階での課税対象は，自治体が収集する廃棄物の受け入れ施設に搬入される廃棄物や自治体が運営する施設に直接搬入される産業廃棄物や商業廃棄物に限定され，不活性廃棄物やその他の民間埋立処分場に搬入される廃棄物は非課税とされた．また，再利用およびリサイクルされる廃棄物，有害廃棄物，医療廃棄物，圃場に散布できるクリーンな下水汚泥，フライアッシュ[†2]，クリーンな土壌，藁，木廃棄物などは免税される．導入時の税率は，トン当り40クローネの均一税率である．この税率は，建設・解体廃棄物の民間リサイクル施設やガラス回収スキームの収益性を確保するというニーズを反映したものであった[†3]．登録施設にいったん持ち込まれた廃棄物がその後再利用あるいはリサイクル目的で取り除かれる場合には，還付措置が適用される．この措置は

① 排出者にリサイクル目的の廃棄物を分別するインセンティブを促すこと
② 焼却施設ですでに課税された廃棄物が処理後再び別の登録施設（埋立処分場）で課税される二重課税を回避すること

を意図して設けられたものである．導入当初の税収は環境省の財源に繰り入

[†1] デンマーク廃棄物税は，家庭廃棄物と産業廃棄物を特に区別することなく，両方に適用される．
[†2] 燃焼ガス中に混入する石炭などの灰．レコード盤・煉瓦などの製造に利用される．
[†3] このとき，補助金なしで建設・解体廃棄物の回収・破砕を可能にするには，税率は少なくともトン当り30クローネが必要であると推定された（文献6）の Ch.3）．

られ，その一部は「リサイクルクリーン技術計画」の補助金スキームを賄うために用いられた。

　（b）　税率の引き上げと課税ベースの拡充　　1990年，廃棄物税の税率は130クローネに引き上げられ，同時に課税対象に民間の埋立処分場などを含めた課税ベースの拡充が行われた。この増税には，つぎのような背景があった。

　第一に，1989年に税導入後，はじめての事後評価がRENDAN（デンマーク廃棄物管理情報センター）によって行われ，廃棄物税が当初の政策目的を実現するには現在の税率では低すぎることが明らかになったという点である。この評価活動に伴い廃棄物部門（waste sector）の専門家の間で調査が行われ，廃棄物税が政策効果を発揮するためにはトン当り100クローネの税率が必要であることが指摘された。このことが，新税率決定の基礎となったのである。

　第二に，同年，環境省が廃棄物全体のリサイクル率を1996年までに54％に引き上げることを目標に打ち出した「廃棄物・リサイクル行動計画」を推進する原動力として廃棄物税を位置づけたという点である。税率の引き上げとともに行われた課税ベース拡充のおもな目的は，廃棄物税導入時に非課税対象であった処分場で埋立処分されていた建設・解体廃棄物のリサイクルを促すことであり，環境省はこの増税によって埋立処分からリサイクルに転じる建設・解体廃棄物の量を約100万トン（廃棄物総量の15％削減に相当）と見込んでいた。

　またこの年，リサイクルに伴って，発生する残留廃棄物（residual waste）の焼却処理あるいは埋立処分については，トン当り90クローネの割合でリサイクル会社に税還付するスキームが導入された。全額の還付が認められなかったのは，リサイクル会社が残留廃棄物の発生を可能なかぎり抑制するインセンティブを担保するためである。

　（c）　税率の引き上げと差別化　　1993年，廃棄物税の税率は再び引き上げられた。しかも埋立処分される廃棄物と焼却処理される廃棄物との間で差別化され，それぞれトン当り195クローネ，160クローネとなった[†]。このよう

[†] これに伴って，1992年の法改正でリサイクル会社の残留廃棄物に対して適用される還付の割合も，それぞれトン当り155クローネ，120クローネに引き上げられた。

に，廃棄物税の税率が処理方法別に適用されることになったのは，埋立処分のほうが焼却処理よりも処理費用が低いために，埋立処分量が増加するという状況の改善を求める省間委員会の要請に応じる必要があったからである[†1]。つまり，この税率差別化は，排出者に対して廃棄物処理方法を埋立処分から焼却処理へシフトさせるインセンティブ効果を意図している。

またこのとき，税率が差別化されただけでなく，さらに引き上げられたのは
① 1993年に財政法で廃止されることになったリサイクル計画の補助金スキームの効果を税の政策効果で部分的に補償すること
② デンマーク国内の処理費用を引き上げてドイツから持ち込まれる廃棄物を減らすこと[†2]

がその根拠であった。

（d） 環境税制改革　個人所得税の減税を主要目的としていた1993年税制改革は，その減税財源の約4分の1が廃棄物税を含む環境・エネルギー関連税からの税収増加分で賄われるように設計された。廃棄物税は，総合的な廃棄物政策の一部という位置づけに加えて，その環境税制改革の一環として組み込まれ，税収は一般財源化されることとなった。その結果，税率はさらに引き上げられ，埋立廃棄物にはトン当り335クローネ，焼却廃棄物にはトン当り210クローネとなった（1997年から実施）。ただし後者の税率は，焼却施設が最低10％の発電，あるいは発電と発熱を組み合わせたエネルギー再生機能を有する施設（デンマークのおもな焼却施設はこれに該当する）に搬入される廃棄物に適用されるものであり，そうした機能のない施設に搬入された廃棄物にはトン当り260クローネの税率が適用される[†3]。つまり，さらに細かく税率格差を設けることで，排出者により望ましい処理方法を選択させるインセンティブを

[†1] 廃棄物処理にかかる費用の格差は地域間で大きく異なる可能性はあるが，平均的には，埋立処分にかかる費用がトン当り170〜220クローネであるのに対し，焼却処理にかかる費用はトン当り320〜420クローネである。

[†2] しかし実際には，デンマークの総処理費用は，増税後もドイツの総処理費用を下回っていた。

[†3] この結果，埋立廃棄物と焼却廃棄物との税率格差は，1993年時点の35クローネから最大125クローネへと大幅に広がった。

与えることが意図されたのである†1。これらの税率は，**図3.3**のように1999年にさらに引き上げられている。

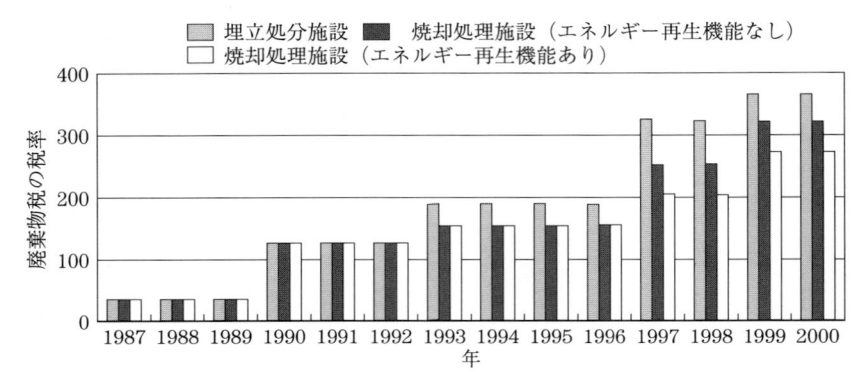

図3.3 デンマーク廃棄物税の税率構造の推移

〔Andersen and Dengs（2002）のFigure 1より作成〕

〔3〕効　　　果

デンマークでは，廃棄物税導入後の1987～1996年の間に，登録施設に搬入される廃棄物量が26％減少し，リサイクル率60％を達成した†2。この結果は，同時期に実施された他の政策との包括的な廃棄物政策によって得られた効果であると指摘されている5)。デンマーク廃棄物税の効果として最も興味深い点の一つは，廃棄物の処理方法の違いで税率格差を設けたことの効果である。税率を差別化し，処理費用の相対比を変化させることで，排出者がより望ましい処理方法を選択するように誘導しているのである。**表3.1**は，廃棄物税導入前後の廃棄物処理方法の変化を示したものである。この表から明らかなように，1985年に埋立処分および焼却処理された廃棄物の割合は，それぞれ39

---

†1　オーストリアの埋立税では，施設の処理技術の違いに応じた税率の差別化を採用し，より処理技術の高い施設での処理を促している。この税の制度の詳細・評価については文献14)のCh. 10.4を参照。

†2　デンマーク廃棄物税の効果についての詳細な分析・評価は文献6)を参照。また，この文献の要点部分を再度まとめ直した論文として文献4)，5)があり，さらに一部最新のデータに基づいて改訂された論文に文献3)がある。

表3.1 廃棄物処理方法のトレンド（1985年～1995年）

廃棄物処理方法	1985年		1995年	
	量〔千t〕	割合〔%〕	量〔千t〕	割合〔%〕
リサイクル	3 150	35	7 046	62
焼却処理	2 340	26	2 306	20
埋立処分	3 510	39	1 969	17
特殊処理	—	—	145	1
合　計	9 000	100	11 466	100

〔OECD（1999）のTable 4.2を一部加筆・補正して作成〕

%，26%であったのが，両処理方法の間に税率格差が設けられた翌々年の1995年には，それぞれ17%，20%と処理の割合が両者の間で逆転している。

3.2.3　明確な財源調達アプローチによる環境税：オランダ地下水税

環境税の発達史をさかのぼると，環境税は，環境負荷を抑制する政策手段というよりも，むしろ環境対策費用を原因者から，その寄与に応じて負担させる財源調達手段とみたほうが妥当な場合も少なくない（文献56)の第1章）。オランダの地下水税は，その典型例の一つである。

〔1〕　税の目的と税率決定方法

1995年，オランダの地下水税は，1992年の燃料環境税に関する予備的議論から環境税制改革へと発展するプロセスのなかで導入された。すなわち，税収中立的に税制改革を行うために，労働所得税などの減税と引き換える増税項目として，既存燃料税の引き上げ，廃棄物税，ウラン税といった新税とともに地下水税は選択・導入されたのである。本多 充は，財源調達を目的とした地下水税の導入が容易であった理由をつぎのように指摘している[45]。第一に，地下水の採取量に賦課するシステムがすでに県単位で課徴金（charge）という形で実行されているという経験があったことである。第二に，水道会社をはじめとする関係業界からの反発が比較的小さかったという点である。特に前者の点で，県が地下水の利用者や使用量をすでに把握していたことは，新税の導入に伴う税務執行上の費用が少なくて済むという意味で，税の実行可能性を高めたといえる。

また一方で，地下水税は，オランダの水管理政策の目的を実現するための一政策手段としても期待されている。Vermeed, W. と van der Vaart, J. は，オランダの水管理政策における地下水税の役割について，つぎのように指摘している[43]。第一に，将来の水供給を確保し，地下水の採取や飲料水の生産に伴う負の環境効果（例えば，土壌の乾燥，水の浄化に用いられる化学薬品の使用など）を緩和するために，より効率的な水利用を促し，水資源を保全するという点である。第二に，地下水を用いて生産された飲料水が浄水コストのかかる表流水を用いて生産された場合に比べて価格が低いため[†1]，そうした価格差を是正し，表流水よりも地下水から生産される飲料水を減らすという点である。しかし，オランダでは地下水管理は県の行政管轄下にあり，政策目的の達成はむしろ県に委ねられ，地下水税は環境税制改革に伴う減税に必要な財源を調達するという国家的目的を達成するための手段と位置づけられている。そのため，地下水税の税率は，必要な税収額から逆算して求めるという方法が採用されている[†2]。

〔2〕 制 度 の 概 要

地下水税は，地下水の採取量に応じて課税される。税率は，水道会社には標準税率の立方メートル当り 0.34 ギルダーが適用され，地下水を自家汲み上げする産業部門や農業部門には立方メートル当り 0.17 ギルダーの低税率が適用される。後者に低税率が適用されたのは，当時，それらの部門が国の節水政策に応じて多大な節水投資を行っていたことに配慮した（投資期間中の財政的負担を緩和する）ためである[43]。しかし，近い将来には後者の税率も段階的に引き上げ（工業用水については，2001年から引上げ），水道会社の税率との統一が予定されている。また，水道会社が浸透施設を用いて表流水を地下に浸透させる処理を行い，汲み上げた浸透地下水（infiltrated groundwater）は，砂丘や他の地質層を通じて浸透した表流水（砂丘水と呼ばれる）と認識され，立方

[†1] 地下水から生産される飲料水の平均費用が立方メートル当り1.5ギルダーであるのに対し，表流水を用いた飲料水は立方メートル当り 2.45 ギルダーと 1.6 倍になる[32]。
[†2] オランダでは，排水課徴金や燃料環境税もこのような方法で税率が決定されている[52]。本章では，この種の税率決定方法を「財源調達アプローチ」と呼ぶことにする。

メートル当り 0.055 ギルダーの低税率が適用される。地下水を自家汲み上げする産業・農業部門は，取水施設を設立する際に県への届出と県が発行する許可証を取得する必要がある。また，採取量を測定するメータの設置も義務付けられており，毎月の使用量を県に申告しているため[†1]，課税ベースとなる地下水の把握に大きな困難はない。県はこの申告に基づく使用量を国の税務当局に毎年報告し，国は請求書を発行して利用者に税の納付を求める。地下水管理に関する権限と責任は県にあり，その維持管理費用は各県の課徴金収入からそれぞれ捻出すべきとされている。そのため，税収は一般財源に繰り入れられ，地下水管理経費として特別に支出されることはない。

地下水税には，多くの免税措置が規定されている。その大部分は，以下のように納税者の数を可能なかぎり減らすという徴税技術上の理由によるものである[†2]。

① 土地への散水・灌漑に使用するために汲み上げる地下水量が年間4万 m^3 以下の場合
② 建設地での排水に要する地下水の汲み上げ量が4ヵ月以内に5万 m^3 以下の場合
③ ポンプ能力が1時間当り10 m^3 以下のものを使用している場合
④ 汚染された地下水の下水処理施設の場合
⑤ 非常事態（消防用，施設の一時的な冷却など）に使用する場合
⑥ スケートリンクのために汲み上げた地下水
⑦ 500 m 以上の深さでの干拓・採鉱に要する地下水

またさらに，環境への配慮という観点からつぎのような措置も規定されている。一つは，再利用が可能な容器（ソフトドリンクやビールの瓶など）の洗浄

[†1] オランダでは，一般家庭の水道メータが外部から確認不可能な屋内にあるため，一般家庭も通常，自己申告による使用量に基づいて水道料金を支払っている[45]。
[†2] しかし，これらの免税措置は，地下水税の潜在的な環境効果を制限し得ることに留意する必要がある。例えば，③は農業部門がいくつかの小規模ポンプを用いるインセンティブを与えると同時に，それらの能力低下，税収減，さらには地下水の利用抑制効果を減じることにもなり得る（文献14）の Ch. 6.2）。

に使用する場合，特別に税が還付されるというものである。もう一つは，汲み上げた地下水が冷暖房貯蔵計画（夏の冷房および冬の暖房の熱源として貯蔵する計画）に使用される場合である。これは，単に省エネに貢献するというだけでなく，地下水温が年間ほぼ一定という特徴を生かし，冷暖房の熱供給源として利用したのち，再び地下へ戻せば地下水量に全く影響を与えないという自然科学的根拠に基づいている。

〔3〕 効　　果

オランダ地下水税は，地下水と表流水（人為的に浸透させた地下水）との間に税率格差を設け，両者の価格差を縮小することが意図されている。そのため，水源の地下水依存率は，**図3.4**のように，地下水税が導入された1995年以降わずかながら減少し，逆に表流水依存率はわずかに増加してはいるが，いまだ地下水のほうが表流水よりも安価なため，水道水源のシフトを促すインセンティブは大きくはない。

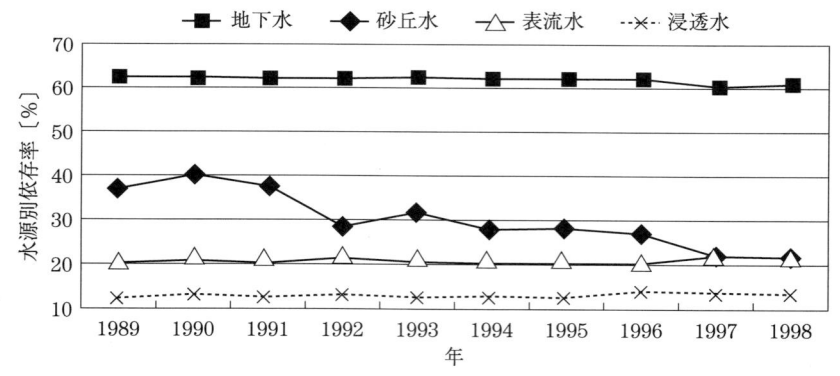

〔本多（2001）の表8に掲載のデータより作成〕

図3.4　オランダ水道水の水源別依存率の推移

地下水の使用量については，**表3.2**のように，家庭用で1.3〜8.0％，産業用で2.1〜12.6％の減少が見られる。しかし，家庭用水道水の使用量については，国の節水政策や節水形洗濯機やトイレなどの普及，個々の利用者の節水努力によるところが大きく，税や課徴金による効果とは考えられていない。この

3.2 環境税の導入形態と環境効果　　111

表 3.2　地下水税の価格および水使用量に及ぼす影響（1997年）

供給源	用　途	水使用量〔百万m³〕	価　格〔ギルダー/m³〕	価格上昇額(率)〔ギルダー〕(%)	価格弾力性	水使用量の減少量(率)〔百万m³ (%)〕
水　道	家庭用水	450	1.50	0.40　(27)	−0.05〜−0.30	6〜36 (1.3〜 8.0)
	産業用水	100	0.95	0.40　(42)	−0.05〜−0.30	2〜13 (2.1〜12.6)
自家採取	家庭用水	250	0.15	0.17 (113)	−0.05〜−0.30	14〜85 (5.7〜34.0)
	産業用水	25	0.10	0.17 (170)	−0.05〜−0.30	2〜13 (8.5〜51.0)

〔Vermeed and Vaart (1998) の Table 4.2.2 を一部加筆・補正して作成〕

原因については，つぎの3点が指摘されている[†1]。

第一に，水道利用者は，地下水のみの使用量を把握することができないという点である。水道水源は，基本的には地下水が優先的に利用されるが，不足分については表流水で補われるため，利用者は，消費した水道水のどれくらいが地下水であったかを把握できない。そのため，地下水税を通じて節水を促すメカニズムにはなり得ていないと指摘されている[†2]。

第二に，オランダ国民の多くが水道料金について「（課税後の金額でも）安い」と認識しているため，水道利用者に使用量削減を促すインセンティブ効果が機能していないという点である。しかし，水道料金には製造原価に地下水税，飲料水税，地下水課徴金，付加価値税といった多くの税・課徴金が含まれていることからすれば，水道利用者に取り立てて負担感がないという点には疑問が残る[†3]。

第三に，オランダ国民1人が1日当りに使用する水使用量が日本の3分の1であり，すでに限界まで節約されているという点である。それはすなわち，オランダ国民が水の使用量をこれ以上減らすための限界費用がかなり高く，現状よりさらに使用量を減らすよりもむしろ税の支払いを選択したことを意味すると解釈されている。

[†1] ここで挙げる3点は，いずれも本多 充による指摘・解釈に基づくものである[45]。
[†2] 地下水使用量分の把握が不可能であったとしても，節水をすれば税負担自体は軽減されるため，効果の程度はともかく節水の動機づけにはなっており，この点に限っていえば，必ずしも説得的な指摘とはいいがたい。
[†3] この点は，本多 充も疑問視しており[45]，オランダでは一家計が使用する水道水量の絶対値が低いため，かりに水道料金の単価が高くても総支払額が少なくて済むという意味では「安い」という認識も理解できる側面はあるとしている。

他方，自家汲み上げした地下水の使用量は，表3.2から家庭用で5.7〜34.0％，産業用で8.5〜51.0％と，水道水の使用量よりもかなり大きく減少している。Vermeed, W. と van der Vaart, J. では，価格弾力性の大きさについて，両者とも−0.05〜−0.30とかなりの幅で推計してはいたが，結果的に両者への効果にはかなりの差が生じた[43]。本多 充は，その理由について，第一に，地下水の自家汲み上げにかかる税・課徴金を合計した税負担が大きいこと（表3.2より，価格上昇が2倍以上になっていることからも明らかである）に加え，近い将来の税率引き上げが決定していること，第二に，地下水を自ら汲み上げて利用するために使用量を減らすインセンティブが多少働いていること，第三に，県が発行する取水許可証の存在などを指摘している[45]。

3.2.4　暗黙の財源調達アプローチによる環境税：ドイツ水資源税

水資源には，農業や産業，レクリエーションといった人間活動だけでなく自然生態系（究極的には地球上のすべての生命）をサポートする機能がある。ところが，水資源の利用価格には，そうしたエコロジカルな価値（ecological value）が正確に反映されているとはいえない。ドイツでも水の利用価格は，伝統的に自然の水循環から取水する費用や水を処理・運搬・配給する費用に基づいて決定され，そうしたエコロジカルな価値は反映されていない。このような「水価格の失敗（the failure of water prices）」に起因してしばしば引き起こされる過剰な採取活動や消費行動を抑制することが，ドイツ水資源税の基本的な目的である[22]。

ドイツでは，大部分の州†1が水の利用価格に水資源のエコロジカルな価値を反映させ，過剰な採取活動や消費行動の抑制を目的とした水資源税†2を導入している。しかし，そのようなインセンティブ効果は名目的な根拠にすぎ

---

†1　ドイツ連邦共和国憲法に従い，水管理に関する責任は州に賦与されている。
†2　ドイツ各州では，水資源税を示す用語が厳密な法的・経済的定義には従っていないため，税・課徴金・料金・賦課金といった異なる用語を用いている。しかし実際には，それらは，しばしば同義語として用いられ，明確な分類は困難であるため，ここでは一括して「税」という用語を用いる。

ず，財源調達を目的として導入されているケースも少なくない。

水資源税には排水課徴金が根拠としている連邦法などの統一的な法体系がなく，各州がそれぞれの州法に基づいて独自に課税している。以下では，その代表例として，バーデンヴュルテンベルグ州の水資源税を紹介する。

〔1〕 制度の概要とエコロジープログラム

水資源税を最初に導入し，水資源税のモデルケースとして他州が追随して導入する契機を与えたのは，ドイツ南西部に位置するバーデンヴュルテンベルグ州であった[†1]。同州が1988年1月に導入した水資源税は「水ペニヒ税（water penny tax）」と呼ばれ[†2]，地下水および表流水の取水量に基づいて水利用者に課税する従量制が採用されている。税率は，**表3.3**に示すように，水源や用途に応じて差別化した税率が適用される。表流水に対する税率が地下水よりも低く設定されているのは，オランダ地下水税と同様の理由で，地下水よりも表流水の利用を促すことが意図されているからである。熱ポンプ，冷却，灌漑に用いられる表流水に低税率が適用されているのは，それらの水は，一度利用されたのちに再び元に戻され，量的な変化はないためである。

表3.3 水ペニヒ税の税率構造

用　途	水　源〔マルク/m^3〕	
	表流水	地下水
公共上水道	0.10	0.10
熱ポンプ用	0.01	0.01
冷却用	0.01	0.10
灌漑用	0.01	0.10
その他	0.04	0.10

〔Kraemer（1995）のTable 16.1より作成〕

[†1] 2000年時点では，11州が水資源税を導入している。ただし，人口や面積の大きいノルトラインヴェストファーレン州やバイエルン州では導入されておらず，人口で見れば，課税対象となっているのは全国のほぼ半分になる[44]。

[†2] バーデンヴュルテンベルグ州は，当初，このように「税」として導入することを検討していたが，課税自主権に関する地方税法上の制約，財政調整上の不利益という事情から，最終的には「料金」として導入した（文献56）の第6章）。しかし，その性格・構造・機能からみれば，本章で定義する環境「税」として扱うことができるため，本章では「税」として論じることにする。

減免措置として，採取量が 2 000 m³/年未満の小規模採取者には免税，採取量が 2 000〜3 000 m³/年の小規模採取者には 50％の割引税率が適用される。また，連邦水管理法（Water Management Act）による認可を必要としない採取（実習・試験中の少量の一般使用，水の所有者・近隣者による少量の使用，農業排水，農場や農場飼育動物への使用——灌漑を除く）については課税の適用外となり，このほかにも薬効のある水源，漁業への使用などについて特別の免税措置もある。なお，税による競争力への影響を考慮し，水集約的な農業，林業，産業に対して 90％まで支払税額の割引が可能となっているが，その際には，利用可能なあらゆる節水措置をとること，地下水の使用を最少化することが適用条件として付されている。税収は一般財源に繰り入れられ，その使途に法律上の制約はないが，実際には徴税額の範囲内で**表 3.4** のエコロジープログラムと呼ばれる財政支出計画を賄う財源として用いられている。

水ペニヒ税は，法的には水資源の保全と可能な範囲内での地下水から表流水

表 3.4 エコロジープログラムの構造と収支の推移〔百万マルク〕

支出項目	1988 年	1989 年	1990 年	1991 年	1992 年*²
税収額 （環境省，農業省・経済省へ予算配分）	130.2	174.7	158.1	140.6	147.5
環境省予算	33.6	60.1	60.2	78.5	78.5
① 環境プロジェクトの促進	1.0	1.0	1.0	2.0	2.0
② ボーデン湖および地表水域における 　アシの保全と再自然化	2.5	4.5	2.9	3.0	3.0
③ 土壌保全	—	2.0	2.0	2.0	2.0
④ 地下水保全	—	1.5	1.5	1.5	1.5
⑤ 廃棄物処理基金*¹	13.0	15.0	15.0	15.0	15.0
⑥ 自然保護基金財団への助成金	—	5.0	5.0	5.0	5.0
⑦ 自然保護および景観保全	17.1	30.1	31.8	50.0	50.0
⑧ 広告キャンペーン	—	1.0	1.0	—	—
農業省および経済省予算	96.6	101.8	101.8	120.0	125.2
⑨ 農家への補償金額 　（ ）内は水ペニヒ税の税収に占める割合	57.1 (43.9%)	64.6 (37%)	66.9 (42.3%)	75.8 (54%)	85.8 (58%)
エコロジープログラムへの総支出額	130.2	161.9	162.0	198.5	203.7

*¹ 旧埋立地の補修工事（汚染水の地下水への漏れを防止する工事）の助成金
*² Kraemer（1995）の Table 16.7 から，1993 年の税収額は，140 百万マルクと推定
〔諸富（2000）の表 6-2 の一部を加筆・補正〕

への水源シフトを促す政策手段として根拠づけされているが、現実には税収の4割から6割を農家への補償金を賄う財源調達手段として注目を浴びた[67]。これには、同州政府が地下水保全のために特定集水域を設定して州内の農家の土地利用を規制し、さらに水質汚染の原因である硝酸塩を含んだ化学肥料や殺虫剤の使用を制限・禁止したことがその背景にある。つまり、そのような政策の実施によって、農家が被る生産性の低下、所得損失を補償すべきことが連邦水管理法の第五次改正法[†1]を根拠に主張され、その補償金の費用負担をめぐる論争へと発展していったことが水ペニヒ税導入の発火点であった[†2]。そしてその論争の結果が、「補償金支出のための財源調達手段（税収の特定財源化）」ではなく、名目上の「水資源保全を目的とした政策手段（税収の一般財源化）」である（文献37)のCh.4.2)。

〔2〕効　　　果

前出の表3.4で税収額の推移を見ると、税収は1992年に若干の増加は見られるものの、1989年をピークにほぼ一貫して減少傾向にある。Kraemer, R.A.は、この税収の減少を水ペニヒ税の水資源保全政策上の効果が水利用者の取水・利用行動に影響を与える十分強いものであったことを意味すると指摘している[22]。バーデンヴュルテンベルク州環境省は、特に産業用水が節水された理由として、生産プロセスで技術変化が生じたこと、水源に応じた差別税率によって、利用する水の供給源を地下水から表流水にシフトしたことの2点を挙げている。しかし一方で、水資源税が水利用者の取水・水利用行動に影響を与えるという効果に懐疑的な見解もある。Smith, S. は、各州の水資源税の価格シグナルが水利用者に有効に伝達されることを保証するには、つぎに挙げる点で既存の水資源税制をかなり修正する必要があるとしている[37]。一つは、ベルリ

---

†1　この改正法は1986年に連邦議会で成立し、その第19条第4項において、土地利用制限の実施によって経済的不利益を被る経済主体には補償を行うことを義務づけている（文献56)の第6章)。
†2　この論争は、なぜ農業に対して環境政策の基本原則である「原因者負担原則」ではなく、「受益者負担原則」の適用が正当化される場合があるのかを考える格好の素材を提供しており、たいへん興味深い。この論争の詳細とその考察については、文献56)の第6章を参照されたい。

ン市やヘッセン州を除く各州の水資源税の税率が低く，しかも多くの場合に水の用途に応じた差別税率が適用されていることである。水需要の価格弾力性は一般に低いので，税率（0.0028〜1.00マルク/m³の範囲で大部分の利用者は，0.15マルク/m³以下である）と水利用にかかる費用（産業用で平均2.47マルク/m³，公共上水道で平均2.96マルク/m³）とを比較すれば，水資源税が強い経済的インセンティブを与えるように設計されていないことは明らかである。もう一つは，水集約的な産業にしばしば大幅な減免措置が適用されていることである。これは，節水の潜在力が高いと想定される部門ほどこのような措置が適用されるケースがきわめて多いため，予期していた水資源保全政策上の効果を大きく低下させることになる。また他方で，地域によっては，水資源の採取量や使用量を削減することによって得られる環境効果が大きいかどうかが必ずしも明らかでないという意見もある。例えば，Klepper, G. は，「バーデンヴュルテンベルグ州では水不足はそれほど深刻な環境問題ではないため，そのような環境効果がこの地域住民にとって大きいものであるかは疑わしい」としている[21]。すでに見たように，バーデンヴュルテンベルグ州の水ペニヒ税導入の背景は，水量的な問題ではなく，水質的な問題と農業に対する補償問題であったことからも，このような指摘はある程度的を得たものであるように思われる。

3.3 環境税の発展方向

3.3.1 環境税を中心とするポリシーミックスの展開

　環境政策手段の多様化に伴って，政策目標の実現のために環境税と他の政策手段を組み合わせて活用するいわゆるポリシーミックスが進んでいる†。そのときの環境税は，政策手段ではあるものの，ピグー税やボーモル・オーツ税的なものではなく，その設計のあり方も他の政策手段との関係で影響を受けて変化する。単一の環境政策手段として導入される環境税とは期待される効果や役

---

† 地球温暖化対策のようなグローバルな課題については，国際的な政策・制度と国内的な政策・制度をいかに整合的に設計するかという問題もある。

割が同じとは限らないのである。以下では，まずポリシーミックス的な事例として，イギリス埋立税に含まれる政策パッケージを紹介し，つぎに温暖化対策税を中心とするポリシーミックスの典型例として，デンマークとイギリスの事例を紹介する。

〔1〕 **埋立税と環境保全を動機づけるスキーム［埋立税＋LTCS］**

すでに紹介したイギリス埋立税の税収の一部は，埋立税控除スキーム（Landfill Tax Credit Scheme；LTCS）を通じて，より持続可能な廃棄物管理を促進するという埋立税の目的を補完する環境プロジェクトへの投資財源として用いられている。LTCS は，処分事業者が ENTRUST[†1] に認定・登録された環境保護団体（environmental body）に自主的に寄付金を支出すれば，埋立税の年間総支払税額の 20％を上限として，関税消費税局に寄付金額の 90％まで税額控除を請求できるというシステムである。環境保護団体は，すでに存在，あるいはこの目的のために特別に設立された非営利団体であり，ENTRUST によって管理されている。寄付金を受領した環境保護団体は，つぎの「認定目的」の少なくとも一つに支出しなければならない[†2]。

① 土地の経済的・社会的・環境的利用を促進する再生，改善，回復，その他の事業。これには新しい野生生物の生息地や公立公園の創造が含まれる。

② 潜在的な汚染の防止・削減，あるいは過去の活動によって汚染された土地に影響を及ぼしている汚染を改善・緩和することを意図した事業。これには汚染地が含まれる。

③ 研究開発，教育，より持続可能な廃棄物管理方法についての情報収集・普及啓発。その目的は，より持続可能な廃棄物管理方法の利用を促進することである。これには廃棄物最少化・再利用・リサイクル・堆肥(たい)・エネルギー再生を目的とした研究，予備的計画（pilot scheme），実証プロジェ

[†1] 独立民間部門の団体で，正式名称は Environmental Trust Scheme Regulatory Body Limited である。

[†2] 環境保護団体は，処分事業者から受け取ったすべての寄付金額を ENTRUST に報告し，ENTRUST はその寄付金額を関税消費税局に報告しなければならない。

クト (demonstration project)，訓練計画 (training scheme) が含まれる。

④　環境保護のために埋立処分場の付近に公立公園や公共アメニティの維持・改善を供給。これには野生生物の生息地，保全区域，都市森林地，ポジティブな土地管理の創造が含まれる。

⑤　環境保護のために公衆に開かれ，埋立処分場付近にある宗教上・歴史上・建築上重要な建物や建造物の維持・修理・回復

⑥　環境保護団体の運営に必要な財政・行政・他の関連サービスの供給

　これらの目的の運営に関しては，つぎのような制限がある。①や②のもとでの再生や改善は，それがもし汚染活動を実行，あるいは故意に許した人の便益となるなら，認定目的とみなされない。また，埋立処分事業者が環境保護団体の事業から直接便益を受けてもいけない。もしその寄付金がそのとき認定された目的に支出されないなら，その控除は取り消される可能性がある。以上のスキームを適用した場合の埋立税は，最適な環境水準を効率的に達成するための税ではなく，むしろLTCSを通じた環境プロジェクトへの支出を動機づけることを目的に設計されている。言い換えれば，埋立税の効率性を犠牲にする代わりに，ある種の環境効果が担保されたことになる。そのため，埋立税とLTCSはパッケージになった一つの政策とみなすことができる。

　図3.5は，LTCSを通じた環境プロジェクトへの支出構造を示している。この図より，プロジェクト④への支出割合が最も大きいことがわかる。これは，どの環境保護団体（プロジェクト）に寄付金を支出するかを決定するのが処分業者であることに起因すると指摘されている[25]。プロジェクト④のように，処分場周辺の地域コミュニティの環境保全事業を支援することは，例えば，埋立処分場の拡大・新規立地許可を得やすくなるといった間接的な便益が期待されるからである。しかし，図に示すように，プロジェクト④はLTCS導入後，むしろ減少傾向にあり，逆にプロジェクト③は増加傾向にある。Grigg, S.V.L. と Read, A.D. によれば，プロジェクト③は，持続可能な廃棄物管理の促進に最も寄与し得るプロジェクトであるため，このような傾向は，

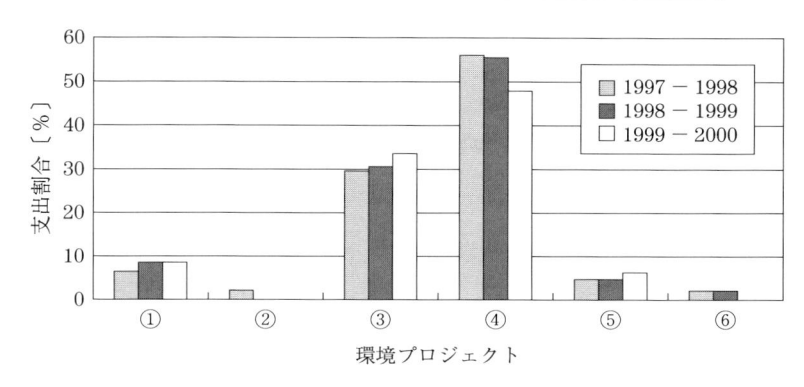

図3.5 環境プロジェクトへの支出構造

埋立税導入目的との整合性という意味で望ましい[18]。

〔2〕 **温暖化対策税を中心とするポリシーミックス**

地球温暖化の進行を防止するための手段として議論されている炭素税（CO_2 税）の導入例は，すでに欧州を中心に数多く存在する。一般に，炭素税の課税標準は炭素含有量であるが，それにエネルギーを含めた炭素・エネルギー税として導入している国もある。スウェーデン，ノルウェー，デンマーク，フィンランド，オランダの5ヵ国は，炭素税を1990年代初頭に導入した。最近では温暖化防止を目的にドイツで鉱油税の強化と電気税の新設，イタリアで炭素・エネルギー税†，イギリスで産業および商業用エネルギーの消費に課税する気候変動税（climate change levy）が導入されている。これらの税は，いずれも課税標準を炭素含有量におく炭素税とは異なる。しかし，温暖化ガス排出抑制に寄与するという意味では共通なので，以下では炭素税を含めて広く「温暖化対策税」と呼ぶことにする。

（a） **デンマークのポリシーミックス**［**温暖化対策税＋自主協定**］　温暖化対策税は，しばしば国際的に協調して導入されなければ国際競争力に影響を

---

† 具体的には，①気候変動の潜在的影響の程度を考慮に入れるため，鉱物油の炭素含有量およびその用途に基づく税率の調整を実施し，②燃焼プラントで用いられる石炭や他の燃料を既存のエネルギー税の課税対象に追加する，というものである。

及ぼすと指摘され，そのことが一国単独で導入することへの大きな障害の一つとなっている。温暖化対策税が全体として環境の改善に資するとしても，化石燃料集約的な産業には著しく重い負担が発生する可能性がある。確かに，後述するように税収中立的な環境税制改革の枠組みの中で温暖化対策税を導入すれば，マクロ経済的な影響は緩和できるが，分配問題はなお残る。化石燃料集約的な産業にとっては，温暖化対策税による負担増のほうが代替的に緩和される社会保障負担分よりも大きいからである。デンマークにおけるCO_2税の導入とそれに伴う一連の税制改革は，そのような競争力問題に配慮しつつ，化石燃料節約目標と雇用の改善を同時に実現するという難問に挑戦した試みとして興味深い。

　デンマークは1993年にCO_2税を導入したが，2005年までに88年レベルの20％のCO_2排出抑制という目標は達成できないことがわかり，1995年改革では環境・エネルギー課税が強化された。比較的野心的な温暖化ガス排出削減計画を持っていたデンマークは，いかにしてCO_2税の導入に伴う分配上の影響が化石燃料集約型産業に集中する政治的・経済的リスクを回避して競争力問題に対処し，環境政策上の効果を担保したCO_2税の制度設計を行うかを検討した。その結果，とられた方法が，税率の引き下げと協定制度を組み合わせるポリシーミックスである。デンマーク政府は，重工程（エネルギー集約的生産プロセス）ないし軽工程を有する企業に対しては[†1]，当該企業が政策当局との間で「エネルギー効率性改善に関する協定」を締結することを条件に税率を引き下げることを認めたのである[†2]。協定が締結されれば，重工程を有する企業は4年以内，軽工程を有する企業は6年ないしそれ未満の払い戻し期間にすべての投資プログラムに着手しなければならない。この協定が遵守されなければ，政府によって協定は破棄され，税率は元の水準に戻ってしまう。そのため，産業側には協定内容を遵守する動機づけが働き，企業がエネルギー節約を促進す

---

†1　軽工程を有する企業の場合，CO_2税の負担が当該企業の付加価値額の3％以上を占めていることも協定締結の条件となっている。

†2　2000年時点の税率で，重工程を有する企業はCO_2トン当り25クローネから3クローネ，軽工程を有する企業は90クローネから68クローネに引き下げられる。

るインセンティブを与え，CO_2 排出抑制に寄与している[†1]。しかしその反面，協定の有無で CO_2 税の税率が各企業間で異なることになるため，限界排出削減費用は均等化しなくなり，CO_2 の費用効率的な削減は期待できなくなる。

（b） イギリスのポリシーミックス［温暖化対策税＋自主協定＋排出権取引］ 2001 年 4 月に気候変動税を導入したイギリスは，エネルギー集約的な産業の国際競争力への影響を考慮し，デンマークと同様，「エネルギー効率性改善に関する協定（気候変動協定と呼ばれる）」を政府（環境交通地域省：DETR[†2]）との間で締結することを条件に，当該企業に対して 80％の税率引き下げを認めている。この協定の対象となるエネルギー集約的な産業は，「汚染防止管理規則 2000」の付則 1 第 1 部パート A 1 または A 2 の項目に記載されている活動を行っている部門で，主要なエネルギー集約的な産業部門はほぼ含まれている。各産業部門は，政府-業界団体間の協定【オプション 1】，政府-業界団体間（「上位協定」）および政府-個別企業間（「下位協定」）の協定【オプション 2】，政府-業界団体間および業界団体-個別企業間の協定【オプション 3】の 3 パターンの協定のうち一つを選択して締結することができる[†3]。協定上の目標は政府と業界団体の間で決定されるが，各産業部門の目標は各個別企業の潜在的なエネルギー効率性改善の評価に基づいたボトムアップ方式か，ベンチマーキング手法を用いたトップダウン方式で決定される。具体的には，産業側が以下の四つの目標のうち，いずれかを選択できる。

- CO_2 排出絶対量 ｝絶対量目標
- エネルギー消費絶対量
- 産出単位当りの CO_2 排出量 ｝原単位目標
- 産出単位当りのエネルギー消費量

[†1] 1995 年改革は 2005 年までに CO_2 排出量を 3.8％削減すると予測されており，そのうちの 2％は税による効果であると指摘されている[13]。

[†2] DETR の環境部局は，2001 年 6 月の総選挙以後に行われた省庁再編により，新たに設立された環境・食糧・田園省（DEFRA）に移転されている。

[†3] 現在のところ，オプション 2 を選択している部門がほとんどであり，オプション 1 は例がなく，オプション 3 はごく少数である[59]。

自主協定であるこの協定には法的拘束力がないため，締結者はいつでも協定から離脱できるが，その場合には税率の軽減は認められない。目標を達成できなかった場合も協定からの離脱は要求されないが，つぎの許可期間（翌年4月から2年間）まで税率の軽減は認められないため，産業側に目標を達成する動機づけが働き，CO_2排出抑制に寄与する。ところが，協定は政府と各業界団体あるいは各個別企業との間で相互に何の関連もなく締結されていくため，デンマークの事例と同じく，ある企業は協定上の目標を達成するのにきわめて高い費用を要することになるが，他の企業は相対的に低い費用で済むといったことが生じる可能性がある。

イギリスは，2003年に協定締結企業間で行うキャップアンドトレード方式の排出権取引制度を導入し[†1]，この問題の解決を図っている。排出権取引の実施により，当該企業は，総体として協定上の目標を最小の費用で達成することが可能になるからである。また，取引可能な排出権は，協定の締結を通じて配分されるため，排出権取引の実施につきまとう初期配分の問題も回避できる。ただし，これらの点を評価する際には，原単位目標の存在に留意が必要である。産出単位当りのCO_2排出量が削減されても，産出量が増大すれば，国内全体の排出絶対量は増大する恐れがあるからである[†2]。排出総量を増大させる可能性がある（原単位目標を選択した企業から絶対量目標を選択した企業への）排出権の移転を制限する「ゲートウェイ」が設けられているのは，そのような排出総量の膨張を阻止するためである。したがって，排出権取引の成否に悪影響を及ぼさずに初期配分問題を回避するには，排出削減目標を絶対量目標に限定した協定制度の構築が求められる[†3]。

[†1] 排出権取引制度への参加は任意であり，協定を締結していない企業でも排出削減目標の達成について政府との間で合意があれば，排出権取引制度に直接参加できる。また，ブローカーやNGOの参加も可能である。

[†2] イギリスのポリシーミックスについての詳細な経済学的分析については，文献55),58)を参照。

[†3] 実際，イギリスでも2008年のゲートウェイは閉鎖され，すべての企業が絶対量目標に移行することになる。

3.3.2 欧州諸国における環境税制改革の展開

〔1〕 環境税制改革の背景

これまで紹介してきた環境税に共通する特徴の一つは，州単位で導入されているドイツ水資源税を除くすべての事例が，**表3.5**に示すように，その導入時あるいはその後に何らかの税や社会保障負担の軽減とセットになって，税収全体が不変あるいは減少する税制改革の枠組みの中で実行されていることである。このような改革を各国が指向する背景としては，以下のような点が挙げられる。

第一に，経済のグローバル化やEU経済統合の進展に対応する税制改革の必要に迫られているという点である。経済のグローバル化やEU経済統合の進展

表3.5 欧州諸国の環境税制改革

国 名	実施年	増税項目	減税項目	実施時の形態
スウェーデン	1991 2000*	環境・エネルギー税（CO_2税，SO_2税を含む），付加価値税	個人所得税	税収減少
デンマーク	1993 1995 1998	CO_2税，SO_2税，その他の環境関連税（ガソリン，水，廃棄物，自動車），キャピタルゲイン課税	個人所得税 社会保障負担	税収中立
オランダ	1996	エネルギー・CO_2税（エネルギー規制税），地下水税，廃棄物税，ウラン税	個人所得税 法人利潤税 社会保障負担	税収中立
イギリス	1996 2001	埋立税 気候変動税	社会保障負担	税収中立
フィンランド	1997 1998	炭素税，埋立税 環境・エネルギー税，法人利潤税，不動産税（地方税）	個人所得税(州・地方税) 社会保障負担	税収減少
ノルウェー	1999	炭素税，SO_2税，ディーゼル油税	個人所得税	税収中立
イタリア	1999	炭素税	社会保障負担	税収中立
ドイツ	1999 2000	エネルギー税（ガソリン，灯油，天然ガス），電気税 自動車燃料税	社会保障負担	税収減少

* スウェーデンの改革の第二段階（2000年）では，温暖化対策税の強化による増収の大部分が労働者の継続的教育費を賄う財源に用いられ，経済の源泉を自然資源から人間のスキルへシフトさせていく改革（「グリーン・成人教育イニシアティブ〈green adult education initiatives〉」と呼ばれる）が図られている（Hoerner and Bosquet 2001, Ch. 2)。
〔Hoerner and Bosquet (2001) のTable 4.1およびSpeck and Ekins (2002) のTable 5.1のデータより，OECD (2002) の邦訳表2を加筆・補正〕

に伴って，資本や労働の移動性が高まり，1980年代以来，OECD諸国の間では高所得者層の個人所得税率や法人税率が大幅（1986年から1997年の間にそれぞれ平均10％超，約10％）に引き下げられる傾向にあり，それらに代わる財源として付加価値税（VAT）への期待が高まっていた（文献28)の邦訳第2章）。しかし，その税率が1990年代初頭にはすでにOECD諸国の間で最高水準に達していた北欧諸国やオランダでは，EU経済統合に対応する個人所得税減税の代替財源として，温暖化対策税を中心とする環境税が導入されることになったのである。

第二に，国民負担の追加的増大の極小化という点である。例えば，福祉国家を維持するために，すでに高水準の国民負担率を甘受している北欧諸国やオランダあるいは同負担率がすでに50％を超す水準に達しているドイツで，温暖化対策税のように比較的大きな税収をもたらすと見込まれる税を既存税体系上に追加的に導入することは容易ではない。そのため，総体として租税負担率を可能なかぎり引き上げない，あるいは引き下げる税制改革が要請されたのである。

第三に，「二重の配当」の可能性を示唆する理論的・実証的研究が蓄積されてきたという点である。「二重の配当」における第一の配当とは，温暖化対策税を中心とする環境税導入が外部不経済を内部化し，資源配分のゆがみを是正することで得られる厚生の改善である。そして，第二の配当とは，環境税収を用いて労働供給や貯蓄を阻害する所得税や資本課税などを減税し，その超過負担を取り除くことで得られる厚生の改善である。つまり，この「二重の配当」論は，環境税の税収を既存税制がもたらしている超過負担の軽減に振り向けることによって，経済全体の厚生水準を高める可能性を強調しているという意味で，効率性の観点から環境税制改革の根拠を提示しているのである[†]。環境税制改革に関するこれまでの実証研究では，二重の配当の存在を認めつつもその効果は限定されたものにすぎないとするやや否定的な結論が多く見られる

[†] 「二重の配当」論に関する研究は多数存在するが，さしあたり文献12),17)を参照。

が[†1]，今後より詳細な検討が必要であろう[†2]。

〔2〕 環境税制改革の特徴と目的

大枠では上述の内容を背景としているが，現実に進行している環境税制改革は，各国の税構造や政策の優先順位，実施時の経済的状況などを反映して多様である。一般に，環境税制改革は多目的となり，表3.5で示したように，制度のデザインも一様ではない。特に，税収の使途に着目すれば，税制改革に求められるものが各国で異なることがわかる。そのため，環境税制改革にはいくつかの類型があるといえるが，それらの要素は必ずしも相互に排他的ではないので，以下にその特徴を列挙してみよう。

第一は，個人所得税の減税を賄う代替財源として環境税の税収を用いる場合がある。例えば，スウェーデンの改革では，個人所得税の減税と間接税すなわち環境・エネルギー税や付加価値税の導入・強化がパッケージとなっているが[†3]，その背景には他の欧州諸国と比較して直接税の比率がかなり高く，特に個人所得税の限界税率が世界最高水準に達していたことがあった[†4]。デンマークでも個人所得税に対する依存度が他の欧州諸国よりも高かったことが1993年改革の引き金となっており，その減税財源が環境関連税やキャピタルゲイン課税の強化で賄われることになった[†5]。

第二は，環境税導入に伴う経済や所得分配への影響を緩和するためにその税

[†1] 例えば，文献24)を参照。
[†2] Bosquet, B. は，環境税制改革の効果を検証した56の実証研究から139のシミュレーション結果をサーベイしている[11]。その結果，改革のシナリオは所与として，CO_2 排出抑制効果についてはシミュレーション結果の84％が温暖化対策税未導入ケースと比べて0〜5％の範囲で減少，マクロ経済効果についてはシミュレーション結果の71％がGDPの-0.5〜$+0.5$％の範囲，雇用効果についてはシミュレーション結果の73％がプラスであることを指摘するなど，そのポテンシャルを積極的に評価する研究も少なくないことを明らかにしている。
[†3] 環境税などの間接税導入・強化に伴い強まる逆進性を緩和するために，同時に中・低所得者層への個人所得税には高い基礎控除も認められている。
[†4] 1989年当時，勤労所得者の80〜90％に73％，残りの高額所得者に85％という世界最高の限界税率（地方税率が30％の場合）が適用されていたが，1991年の税制改革によって，それぞれ約30％，約50％に劇的に引き下げられた。なお，スウェーデンの改革の詳細な分析・評価については，文献10)，39)，および46)の第5章を参照。
[†5] デンマークにおける1993年改革の詳細については文献7)を参照。

収を用いる場合である。例えば，オランダの改革では，税収中立の維持という観点から，企業に対して法人利潤税と社会保険料の雇用者負担分を，家計に対して個人所得税を減税するという形で税収がすべて還付されている[†1]。他方で，総体として税収が減少する改革を行っている国もある。特にフィンランドの改革では，州・地方税である個人所得税に雇用者負担分の社会保険料を加えた合計55億マルカの減税が行われたが，その財源の一部を賄うために国税である温暖化対策税と埋立税が強化されている点が特徴的である。またその後，改革の第二段階として行われた労働課税減税の財源が環境税の再強化と法人利潤税の課税ベース拡大で部分的に賄われたが，この改革によって中央・地方両政府間で税収不足を招き，地方税である不動産税も増税されることとなった[†2]。なお，この改革に伴う純税収の損失は，追加的な雇用増大による税収増によってカバーできると予期されている。

　第三は，環境税の税収を雇用の増加を目的とした社会保障負担の軽減に活用する場合である。深刻な失業問題に直面している欧州諸国では，近年，この種の改革が選択される傾向にある。減税項目に社会保障負担のみを選択しているイギリス，イタリア，ドイツの改革はその典型例であり，その雇用効果を改革の主要目的の一つとして明確に打ち出している[†3]。このうち，イタリアにおける改革は，温暖化対策税による初年度増収分の60.5％を南部貧困地域で新規雇用された労働に相当する雇用者の福利厚生負担分（3年間）と，転職する若手ビジネスマンの年金負担の半分を賄うために用いる独自の規定が加味されて

[†1] オランダの改革の詳細については文献2)，その分析・評価については文献43)，および46)の第6章を参照。

[†2] フィンランドにおける改革の第二段階は，業界団体や労働組合が1999年度中の賃金引き上げの制限を認める代わりに，政府は1998年に15億マルカ（GDPの0.25％），1999年に35億マルカ（GDPの0.5％）の労働課税削減に合意するという包括的な賃金協定の締結を機に行われた。

[†3] デンマークの改革やオランダの改革では，少なくともその実施段階では明示的な目的ではなかったが，改革の中で社会保障負担が軽減されている以上，イギリス，イタリア，ドイツ同様，雇用効果が期待されることはいうまでもない。また，個人所得税を減税項目として選択しているノルウェーでも，改革の前年まで社会保障負担が選択肢の一つとして提案されていたが，当時の失業率（約2.5％）が低かったことを理由に却下された。

いるという点で特に興味深い。

[3] **1980年以降の欧州諸国における税収構造のトレンド**

OECD諸国では，2000年時点で環境関連税からの税収が平均にしてGDPの約2％，総税収の約6％を占めるまでになり[†]，環境税は既存の税体系に明示的に位置づけられつつある。図3.6は，EU諸国全体のGDPに占める税収伸び率の推移を課税ベース別に示したものである。この図より，環境税収（エネルギー税収を含む）の割合は，1980年から1997年にかけて資本・労働・消費課税の税収割合よりも速いペースで上昇していることがわかる。特に，この間に上昇した労働課税の税収割合が7％であったのに対し，環境税収の割合は28％も上昇しており，税体系上で環境税の相対的ウェイトが高まっていることを示している。

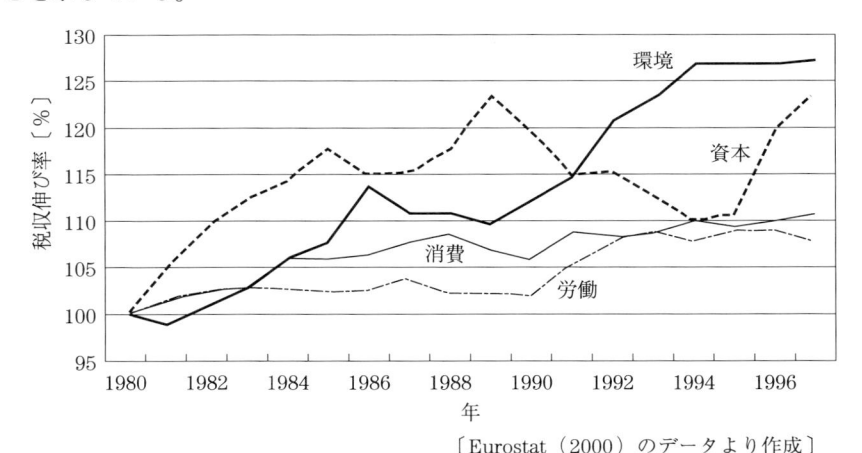

図3.6 EU諸国のGDPに占める税収伸び率の推移(1980-1997年) [1980年＝100]
[Eurostat（2000）のデータより作成]

このようなトレンドは，図から明らかであるように，特にEU諸国の間で環境税制改革が実施され始めた1991年以降により顕著に表れている。これは，環境税制改革が1980年代にEU諸国で変化し始めた税収伸長率のトレンドを加速化させた大きな要因の一つとなっていることを意味しているといえよう。

[†] 文献28)の邦訳第3章を参照。

3.3.3 日本における地方環境税論議

環境問題は，それぞれ固有の空間的範囲を有しており，局所的，地域的，全国的，さらには国際的なレベルでの環境税が考えられる。そのため，環境税は各層レベルでの発展が必要であったが，この種の議論はこれまで十分になされていなかった。しかし，日本における環境税論議は，最近では国レベルにおける地球温暖化対策税に関する議論もさることながら，地方財政危機の深刻化と2000年4月に地方分権一括法[†1]が施行されたことを契機に，地方環境税への関心が高まっていることにも一つの特徴がある。以下で紹介する三重県の産業廃棄物税（以下，産廃税という）や高知県の森林環境税はその典型例であり，それらは地方環境税の発展に寄与し得るいくつかの論点を提示している。

〔1〕 三重県産廃税と租税調和

（a） 背景と目的　　三重県の産廃税は，法定外目的税として創設された全国初の地方環境税である。三重県は，化学・石油製品といった素材産業や自動車関連産業を中心に県内総生産の占める製造業の割合が高く，生産工程から発生する産業廃棄物の割合が高い。そのうえ，地理的に中京圏と京阪神圏の中間に位置し，交通事情が至便であるため，近隣府県を中心に県外からの搬入量が多い[†2]。そのためもあって，最終処分場の残存容量も約2年と逼迫している（1996年度時点での予測）。さらに，大部分の産業廃棄物については適正に処分されているが，一部の排出事業者や無許可業者などによる不法投棄が後を絶たず，廃棄物処理に対する県民の不信・不安も大きい。このような状況のもと，不法投棄を監視し，適正処理を求める規制的手段のみに頼るこれまでの「許認可行政」から脱却し，それを補完するものとして，税を活用した経済的手段の可能性について検討されるようになった。その結果，産廃税が2002年

[†1] この法律の施行に伴い，法定外目的税という区分が新設され，従来法定外普通税の創設に際して必要であった自治大臣の許可が「同意を要する協議」に改正された。つまり，地方自治体が課税自主権を行使し，独自課税を導入する要件が緩和されたのである。

[†2] 1997年度の実績によれば，県外から搬入された産業廃棄物は87万t，県外への搬出量は約31万tであり，大幅な搬入超過となっている[50]。

4月に導入された。この税は，一般的な財源確保策ではなく，資源循環型社会の実現を目指す中で，従来の枠を越えた積極的な産業廃棄物政策の展開を図るための財源確保を目的とし，同時に産業廃棄物の発生抑制，リサイクル推進を促すインセンティブ効果が強く期待されている[47]。

（b）制度の概要　産廃税は，県内にある中間処理施設または最終処分場に最初に搬入された産業廃棄物の重量に応じて課税される。ただし，中間処理施設に搬入された産業廃棄物は，**表 3.6** に示す施設区分に応じた処理係数を乗じて重量が計測され，税が軽減される。

表 3.6　施設区分と処理係数

施設区分	処理係数
焼却施設または脱水施設	0.10
乾燥施設または中和施設	0.30
油水分離施設	0.20
上記施設以外の中間処理施設	1.00

〔三重県産廃税条例第 7 条〕

納税義務者は，産業廃棄物の排出事業者（県内外を問わない）とされ，申告納付が要請される。また，産業廃棄物が再資源化を促すために再生施設[†1]に搬入された場合や徴税コスト上の理由から年間排出量が 1 000 t に満たない場合には税が免除される。税率は，トン当り 1 000 円である[†2]。この税率の決定方法には，基本的には廃棄物施策にかかわる財政需要を賄うのに必要な税収額を県内の産業廃棄物埋立処分量で割り返して決定する財源調達アプローチが採用されている[†3]。

税率は最終的に，つぎの事項などを考慮したうえで決定される。

① 県内第三セクター（〈財〉三重県環境保全事業団）処理場の処理料金の

---

† 1　ここでいう再生施設とは，「中間処理により（出口ベースで）90 % 以上が再生品（有価物に限る）となる実績を有する施設」で，県内の中間処理業者からの申し出を受けて知事が認定を行うもの（個別認定施設）と施行規則で一括認定したもの（瓦礫類の破砕施設）がある[57]。

† 2　一見したところ均一税率となっているが，中間処理施設に搬入される産業廃棄物に処理係数を乗じて税が軽減されるため，事実上，最終処分場に搬入される産業廃棄物との間で税率が差別化されていることになる。

† 3　この時点では，税率はトン当り 1 000～2 000 円と算出されていた[57]。

加重平均が約 7 500 円であることから，その 2 割前後とすれば，処理費用と比べて著しく均衡を失することはない
② 当該税率が産業の収益性に与える影響度は，営業余剰に対して 0.06～0.12％と，経営に大きな影響を与えるような額にはなっていない
③ 当該税率に基づく税額は 20～30 km の輸送費用に当たると試算され，両者を比較した場合，税をきっかけに県境を越えて産業廃棄物が大量に移動する可能性は小さい

この税は，資源循環型社会を構築するための政策手段と位置づけられていることから，税収の使途もそのための経費に限定（目的税化）されている[†1]。具体的には，税の賦課徴収にかかる経費を除くすべての税収が

① 産業廃棄物の発生抑制，リサイクル，減量化等の研究・技術開発や設備機器の整備など環境の 21 世紀に通じる産業活動を支援するための補助金
② 処分場の円滑な確保を目指した廃棄物処理センターなど，最終処分場周辺の環境整備や不適正処理の監視強化対策経費

に用いられている。

「産業廃棄物税条例」では，こうした税収の使途も含めて，その施行状況や社会経済情勢の推移などを踏まえ，必要と認められるときは 3～5 年をめどに条例の規定を再検討する旨の付帯決議が付されている。

（c） 全国の動向と新たな課題　産廃税は，三重県のほかに岡山・広島・鳥取の中国三県と北九州市，青森・秋田・岩手の東北三県，他 11 県 1 市で導入がすでに決定しており，その後も 8 府県で条例案が可決される（いずれも 2004 年 7 月末現在）など，その動きは全国的に広がっている[†2]。しかしこのような全国的な動きは，租税外部性や二重課税の発生とその調整問題という新

[†1] 環境関連税に関する OECD/EU データベースによれば，目的税化された環境税の事例は多数存在し，18 ヵ国で 65 種類の税，23 ヵ国で 109 種類の料金および課徴金がある（文献 28）の邦訳第 1 章）。

[†2] 産廃税条例を可決した各地方自治体の担当者が制度の概要を解説した論文を集めたものとして「特集：全国で広がりをみせる産業廃棄物税；月刊廃棄物」2003 年 1 月号，各地の産廃税導入の動向や論点をはじめ，その影響や制度の比較といった視点から分析した論文集として「特集：産業廃棄物税；廃棄物学会誌」第 14 巻第 4 号がある。

しい課題を提起することとなった。つまり，産業廃棄物は県境を越えて広域的に移動・処理されることが多いため，産廃税の導入自治体から未導入自治体への産業廃棄物の移動すなわち租税回避行動を誘発する租税外部性や[†]，**表3.7**

表3.7 日本における産業廃棄物税の制度設計のおもな事例

導入自治体	三重県 滋賀県	中国三県 東北三県 奈良県	北九州市	福岡県
課税タイプ	排出課税	最終処分課税		焼却処理および最終処分課税
しくみ	排出事業者(申告納付)↓課税↓中間処理施設↓課税↓最終処分場(納税義務者)	排出事業者(納税義務者)↓中間処理施設(納税義務者)↓課税・課税↓最終処分場(特徴義務者)	排出事業者↓中間処理施設↓課税・課税↓最終処分場(納税義務者)	排出事業者(納税義務者)→他の中間処理施設(納税義務者)／他の中間処理施設(納税義務者)　税率 800 円/t　課税→焼却処理施設(納税・特徴義務者)　課税　税率 1 000 円/t　課税→最終処分場(特徴義務者)
課税客体	産業廃棄物の中間処理施設または最終処分場への搬入	産業廃棄物の最終処分場への搬入	産業廃棄物の最終処分場での埋立	産業廃棄物の焼却施設および最終処分場への搬入
納税義務者	排出事業者	排出事業者および中間処理業者	最終処分業者および自家処分業者	排出事業者・中間処理業者
徴税方法	排出事業者による申告納付	最終処分業者による特別徴収	排出事業者による特別徴収	中間処理業者および最終処分業者による特別徴収

〔導入自治体の各種資料より作成〕

[†] 三重県の場合，上述のように産業廃棄物の輸送コストと産廃税の税負担とを比較考慮したうえで税率が決定されているため，この問題が深刻化する可能性は大きくない。もちろん，県境から 20～30 km 以内の北勢・伊賀地域に位置するいくつかの最終処分場では産業廃棄物が越境流出する可能性はあるが，隣接する滋賀・奈良両県の最近の産廃税条例可決によって，そのような可能性は限定されつつある。またこのほか，税率が地方自治体ごとに異なる場合には，その税率の高低が産業廃棄物の自治体間移動を誘発し得るという問題もあるが，現在までに導入（が予定）されている産廃税の税率は，暫定期間中の北九州市（2006 年までトン当り 500 円で，以後は 1 000 円）を除くすべての地方自治体が同じ税率（トン当り 1 000 円）を設定しているため，いまのところこの問題が発生する可能性は小さい。

に示すように，各地方自治体の制度設計の違いから二重課税が生じてしまう場合がある[†1]。そのため，三重県以後に導入を検討・決定した地方自治体は，これらの問題を回避するために中国三県や東北三県のように近隣府県が協調して広域的に導入・課税する，あるいは滋賀県の課税免除ルールのように複雑な制度的工夫を行うといった租税調和（tax harmonization）が課題となる。この課題に対処可能な産廃税の制度設計を行っている各地方自治体の今後が注目される[†2]。

〔2〕 **高知県森林環境税と参加型税制**

（a） **背景と目的**　　高知県の森林環境税は，森林保全を目的とした全国初の地方環境税である。高知県では，山村における過疎化・高齢化の進行や木材価格の長期低迷などによって林業が衰退し，手入れが不十分な人工林が増加している[†3]。人手による管理が不可欠な人工林の密植が放置されたことによって，水源涵養機能の低下や土壌の流出，生態系への悪影響を及ぼすなど，県民の生活環境にかかわる問題が深刻化しつつある。

このような状況を背景に，高知県では2001年4月に「新税制検討プロジェクトチーム」を発足させ，同年10月には森林保全のための新税制として「水源涵養税（仮称）」の試案が作成・公表された[†4]。この税制案は，税収自体を目的とするものではなく

① 県民が広く薄い負担によって森林の重要性を認識する「県民参加による森林保全」
② 税収と支出の関係を明確にして行政と納税者との距離を近づけ，「地域

[†1] 例えば，ある排出事業者が産業廃棄物を三重県の中間処理施設に搬入・課税されたのち，その残留廃棄物を奈良県の最終処分場に持ち込んだ場合，ここで再び課税されるといった問題が発生しうる。

[†2] この課題に対処するために滋賀県と福岡県がそれぞれ採用している方法の利害得失を分析・評価したものとして，文献54)を参照。

[†3] 高知県は，県土の84%を森林が占める全国一の森林県であり，人工林率も全国で2番目の66%となっている。

[†4] 水源涵養機能の保全を目的とした，いわゆる「水源環境税」導入に向けた動きは，神奈川県をはじめ全国の地方自治体で広がりつつある。

の実情に即した政策を実現する」

という当初からの基本的指針を引き継ぎつつ再検討され，2003年4月に通称「森林環境税」として導入された．この税は，「県民参加による森林保全」の機運を高め，同時に公益上重要かつ緊急に整備を要する森林の混交林化を進め，森林の環境面の機能を保全することを目的としており，水源涵養機能だけでなく，森林の公益的機能全般の保全が期待されている[66]．

（b） 制度の概要 森林環境税は，試案の段階では水道課税方式と県民税均等割超過課税方式の二つの案が構想・検討されていたが[†]，この制度の目的が森林環境の保全であることから，直接的な水との結びつきよりも，幅広く県民に負担を求められるという公平性や課税事務が簡素で初期費用が少なくてすむという実務面が重視され，後者の課税方式が採用されている．この課税方式は現行の個人・法人県民税の均等割額に一定額を上乗せする超過課税であり，県内に居住・立地している個人および法人に対して，現在の年間均等割額に500円を上乗せして課税される．この税額は，アンケート調査の結果を参考にするとともに，広く薄くの基本的理念に沿って決定されたものであり，森林の荒廃を抑制するといった租税政策的な意図が税額に反映されているわけではない．税収は，森林の重要性を認識する広報・啓発活動など県民をあげて森林環境保全に取り組む「県民参加の森づくり推進事業」と水土保全林を対象に県が森林所有者との合意に基づいて強度の間伐を行い，森林の混交林化を促進する「森林環境緊急整備事業」という，ソフト・ハード両面にわたる事業の財源として用いられる．

なお，税負担の公平性の見地から，生活保護法による生活扶助を受けている人や障害者・未成年者・老齢者等で前年の合計所得が125万円以下といった担税力の乏しい人に対しては，従来の個人県民税均等割と同様，課税の免除が認められている．

（c） 参加型税制設計の試み 森林環境税の最も大きな特徴は，その導入

---

† 森林環境税（当時は水源涵養税）の試案の詳細とそれをめぐる議論の内容については高知県，文献51）を，またその評価については，さしあたり文献60）を参照．

根拠が環境税導入の根拠の一つとして一般に主張される原因者負担（あるいは受益者負担）ではなく，所得の多寡にかかわらず，等しい負担によって等しく森林環境の保全に参加するという，「参加原則」ともいうべき考え方に基づかれていることである。上述のように税額が一律500円に設定されたのも，この考え方が反映されたうえでの結果である[51]。森林環境税は，情報開示のもとで県民の参加を得ながら創設し，制度の運用の段階においても県民が参加できる「参加型税制」†と位置づけられているのである。高知県は，この参加型税制の理念を実現するために，つぎのようなしくみを設けている。

第一に，森林環境保全基金の設置である。これは，森林環境税の税収をすべて新たに実施する森林環境保全事業のための基金として積立て・充当し，その支出についても新たな予算科目を設けて既存事業と明確に区分することで，税収額とその使途に関する情報の公開を行っていくという試みである。森林環境税は，県民税超過均等割課税方式を採用しているために普通税であるが，このようなしくみを設けることで，実質的には法定外目的税と同様，支出計画と連動したしくみとなる。

第二に，森林環境保全基金運営委員会の設置である。これは，納税者である県民や学識経験者で構成した運営委員会を設け，事業プロセスを公開し，県民の意見を反映することで，透明性の確保や効率的な事業の執行を実現するという試みである。

この運営委員会は，具体的には，①効果的な事業案の検討，②適正かつ効率的な執行の監視，③制度改善への意見具申などのチェック機関としての役割が期待されている。税制の設計をはじめ，このような税収の使途決定からその事後評価に至る各プロセスへの参加を促す参加型税制の試みは，地方環境税の課税根拠という意味でも，説明責任や住民合意の形成という点からもその意義は小さくなく，今後の推移が注目される。

---

† 参加型税制については，文献62)および63)を参照。

3.4 総　　　　括

　本章では，環境税の理論的・政策的発展史を概括したうえで，現実の環境税がきわめて多様な形態をとっていることをまず確認した。そして，それぞれの環境税がどのような形で導入され，おのおのが環境政策上いかなる効果を発揮しているのかを検証・確認するとともに，環境税の発展方向について整理・検討してきた。結論的に重要なこととしてあげられるべき第一のことは，ピグーやボーモルとオーツが想定した環境税は，最適汚染水準あるいは所与の環境水準を費用効率的に実現するという，もっぱら効率性基準に基づく政策手段であったが，現実の環境税は，彼らが念頭にはおいていなかった要素をも組み込んで制度設計されているということである。具体的には，以下のような点が挙げられるが，それらは同時に環境税を効率性基準によってのみ評価することの限界をも示唆している。

　第一に，環境税の税率は，必ずしも環境政策を効率的に達成するという効率性基準のみに基づいた水準に決定あるいは構想されるわけではないという点である。環境税は二重の性格をもっているが，その税率決定は環境税導入において重視する目的によって，かなりの程度影響される。例えば，税率の決定方法に財源調達アプローチ（必要な財源を調達することを目的とするために，採用されるべき税率を財源調達額から逆算して求める方法）を採用しているオランダ地下水税や三重県産廃税はその典型であろう。

　第二に，環境負荷を与えている原因者を，環境政策上望ましいとされる選択肢に誘導する税率差別化の有効性と問題点についてである。税率を差別化することは，原因者間の限界削減費用の均等化条件を崩し，費用効率的な環境改善は達成されなくなる[†]。そのため，この種の税率差別化は効率的でないかもしれないが，効果が明確に見られたデンマーク廃棄物税と効果がわずかしか見ら

[†] このほか，税率の差別化という複雑さから，税務行政上の簡便さを損ない得るという実務面での問題もある。

れなかったオランダ地下水税の例からも明らかなように，適切な格差を設ければ，環境政策の実効性に一定程度寄与する可能性もある。つまり，効率的でないという理由だけで，環境政策という観点からも劣るとは一概にはいえないのである。

　第三に，減免税などの多くの特別措置が設けられていることをいかに評価するかについてである。この種の特別措置には，大別すると特に公平性の見地からポジティブなものとネガティブなものとがある。前者は，環境税がもたらす逆進性に配慮したものであり，例えば高知県の森林環境税で担税力の乏しい人々に非課税措置が設けられていることが挙げられる。後者には，環境税導入に伴う負担が大きい産業への影響に配慮したものと，徴税技術上の問題から納税者数を可能なかぎり減らす実務面への配慮とがあり，それぞれ例えばオランダ地下水税で地下水を自家汲み上げする産業・農業部門に軽減税率を適用している点や，ドイツ水資源税で小規模採取者への免税，三重県産廃税で免税点が設けられている点が挙げられる。これらの負担軽減措置は，環境税の政策効果を低下させてしまうが，前者は，環境税導入に伴い発生する逆進性を緩和するという意味で，公平性を高め得る。後者は，産業政策あるいは税務行政上の妥協点といわざるを得ない側面があり，税の導入に伴う国際競争力への影響や一部産業への過重な負担に配慮するものだが，公平性を満たさず，長期的には技術革新すなわち環境税の動学的効率性を阻害することにもつながりかねない。

　第四に，そもそも環境政策としてだけでなく，税収の使途にも最初から着目して導入されている環境税も少なくないという点である。例えば，三重県産廃税のように目的税化され，税収が環境関連経費の支出財源として用いられているケースもあれば，ドイツ水資源税のように一般財源化されていても，環境関連プログラムと連動するしくみとなって，実質的には目的税化されているケースもある。またこのほか，多くの欧州諸国の間で，温暖化対策税を中心とする環境税の税収が既存税減税の代替財源として，あるいは雇用の確保という他の経済政策上の目的を実現するために用いられているケースもある。現実の環境税は，政策手段としての税だけでなく，その税収が公共目的の財政支出計画と

連動した税も多いのである。

　以上の点に加えて，結論として重要なこととしてあげられるべき第二のことは，環境税をめぐる議論は，環境・経済・社会の持続可能性の同時達成を指向したアプローチの開発へと発展しつつあるということである。まず政策手段論という面での発展方向としては，つぎのことが指摘できよう。すなわち，現行の環境税を中心とするポリシーミックスは，環境税導入に伴う分配上の影響に配慮しつつ，環境政策の実効性を費用効率的に担保できる制度の構築を模索しているということである。例えば，デンマークやイギリスは，それぞれ温暖化対策税や埋立税の負担が特定産業に集中するリスクを協定や控除スキームとの組み合わせで回避する，すなわち産業の競争力・分配の公平性を維持しつつ，環境政策目標を達成し得るポリシーミックスの設計を試みている。また，イギリスの温暖化対策は，税・協定に加えて排出権取引制度を組み合わせることで，より費用効率的なポリシーミックスの再設計に挑戦している。つまり，環境税を中心とするポリシーミックスは，単に政策手段を相互補完的に組み合わせているだけでなく，環境・経済・社会の持続可能性の調和を図っているともいえよう。結果として，持続可能な社会の創造を指向する社会経済システムの構造改革につながるか否かは，環境税を政策手段体系の中にいかに適切に位置づけ，同時に設計された制度が示す方向性と課題をどのように評価するかが重要となる。ポリシーミックスのような政策手段体系の一部としての環境税は，すでに指摘したように，ピグー税やボーモル・オーツ税的な政策手段ではなく，期待される効果や役割も同じとは限らない。そうだとすれば，このときの環境税を，効率性基準によってのみ評価することがもはやほとんど意味をなさないことは明らかである。したがって，効率性以外にも，例えば一般に用いられる環境効果や衡平性，あるいは競争力への影響や実行可能性など，評価基準自体をいかに構築するかという課題が同時に問われなければならないだろう。

　一方，租税論という面での発展方向としては，つぎのことが指摘できよう。すなわち，現行の環境税制改革は，経済や所得分配への影響を考慮しつつ環境を改善し，雇用を増大させる税体系の構築を模索しているということである。

実際，環境税制改革の実施によって，税体系上で環境税の相対的ウェイトが高まり，政策目的の拡充・統合が進行しつつある。すでに見た欧州諸国の経験から，環境税制改革の目標が可能なかぎり国民負担率を不変ないし引き下げる形で，環境税の導入を含む既存の税体系全体を環境に配慮したものに変えていくとともに，雇用の確保という他の経済政策上の重要目標と矛盾することなく環境問題を解決することにあることがわかる。これらの目標には，経済のグローバル化やEU経済統合の進展への対応，国民負担率の極小化，失業問題の解消など，各国の税構造や政策の優先順位，実施時の経済的状況といった背景が反映されている。つまり，環境税制改革は，自然環境の持続可能性を低下させる要因を抑制する処方箋であることに加えて，経済や社会の持続可能性を高める戦略と政策を具体化し，持続可能な発展への道筋を示しているのである。環境税制改革が持続可能な社会に向けた制度的基盤を構築する原動力となり得るには，環境税が税体系上に適切に位置づけられなければならない。そのためには，まずどのような税体系を構想するのかを明確にしたうえで，環境保全という要素が租税原則にいかに適切に組み込まれるべきかが課題となる。

　持続可能な社会の創造という意味では，日本で地方環境税が導入され始めたことも，環境税制論議の発展にとって画期をなすものである。そもそも持続可能な発展は，それぞれの地域社会がもつ伝統文化，歴史的景観，地域固有の資源などを生かした内発的な発展のあり方を模索するものである[53],[61]。地方環境税は，そのための基盤をつくり，税源の一部を構成するものである。税制と地域環境政策を統合する，すなわち地方税も含めた税体系全体に環境配慮を組み込んだ「地方環境税制改革」が求められる[†]。

引用・参考文献

1) ACBE：*Resource Productivity, Waste Minimisation and the Landfill Tax*

[†] 米国では，近年，州単位で環境税制改革の具体化・提案がなされている[20]。その典型例であるミネソタ州の環境税制改革案の分析・評価については，文献49)を参照。

(2001)
2) Alblas, W.: Energy and Fiscal Reform in the Netherlands, in OECD, *Applying Market-Based Instruments to Environmental Policies in China and OECD Countries* (1997)
3) Andersen, M.S. and Dengs, N.: A Baumol-Oates Approach to Solid Waste Taxation, *Journal of Material Cycles and Waste Management*, Vol. 4, pp. 23-28 (2002)
4) Andersen, M.S.: The Danish Waste Tax: the Role of Institutions for the Implication and Effectiveness of Economic Instruments, Andersen, M.S. and Sprenger, R.U. (eds), *Market-Based Instruments for Environmental Management*, Edward Elgar, pp. 231-259 (2000)
5) Andersen, M.S.: Assessing the Effectiveness of Denmark's Waste Tax, *Environment*, Vol. 40, No.4, pp. 10-15, 38-41 (1998)
6) Andersen, M.S., et al.: The Waste Tax 1987-1996: an ex-post evaluation of incentives and environmental effects, *Working Report from the Danish Environmental Protection Agency (DEPA)*, No. 1997, Copenhagen (1997)
7) Andersen, M.S.: The Green Tax Reform in Denmark: Shifting the Focus of Tax Liability, *Environmental Liability*, Vol. 2, Issue 2, pp. 47-50 (1994)
8) Baumol, W.J. and Oates, W.E.: The Use of Standards and Prices for Protection of the Environment, *Swedish Journal of Economics*, LXX III, pp. 42-54 (1971)
9) Baumol, W.J. and Oates, W.E.: *Economics, Environmental Policy and the Quality of Life*, Prentice-Hall, Englewood Cliffs, N.J (1979)
10) Bohm, P.: Environment and Taxation: The Case of Sweden, OECD, *Environment and Taxation: The Case of The Netherlands, Sweden and The United States*, pp. 51-102 (1994)
11) Bosquet, B.: Environmental Tax Reform: Does it Work? A Survey of Empirical Evidence, *Ecological Economics*, Vol. 34, Issue 1, pp. 19-32 (2000)
12) Bovenberg, A.L.: Green Tax Reforms and the Double Dividend: an Updated Reader's Guide, *International Tax and Public Finance*, Vol. 6, No. 3, pp. 421-443 (1999)
13) Dansih Energy Agency: *Green Taxes for Trade and Industry: Description and Evaluation* (2000) (http://www.ens.dk/graphics/Publikationer/Energibesparelser UK/Green-tax-uk-rap.PDF)
14) ECOTEC: *Study on the Economic and Environmental Implications of the Use of Environmental Taxes and Charges in the European Union and its Member States: Final Report* (2001)
15) Ekins, P.: Survey: European Environmental Taxes and Charges: Recent

Experience, Issues and Trends, *Ecological Economics*, Vol. 31, Issue 1, pp. 39-62 (1999)

16) Eurostat : *Structures of the Taxation Systems in the European Union 1990-1997*, Catalogue No. KS-28-00-147-EN-C (2000)

17) Goulder, L.H. : Environmental Taxation and the Double Dividend: A Reader's Guide, *International Tax and Public Finance*, Vol. 2, No. 2, pp. 157-183 (1995)

18) Grigg, S,V.L. and Read, A.D. : A Discussion on the Various Methods of Application for Landfill Tax Credit Funding for Environmental and Community Projects, *Resources, Conservation and Recycling*, Vol. 32, pp. 389-409 (2001)

19) Hoerner, A.J. and Bosquest, B. : *Environmental Tax Reform : European Experience*, Center for a Sustainable Economy, Washington DC (2001)

20) Hoerner, A.J. and Erickson, G.M. : Environmental Tax Reform in the States : A Framework for Assessment, *State Tax Notes*, Jury 31, pp. 311-319 (2000)

21) Klepper, G. : On the Use of Economic Instruments in the Environmental Policy of Germany, *mimeo*, Kiel Institute for World Economics (1992)

22) Kraemer, R.A. : Water Resource Taxes in Germany, Gale, R. and Barg, S. (eds.), *Green Budget Reform*, Earthcan Publications, pp. 231-241 (1995)

23) Lee, D.R. and Misiolek, W.S. : Substituting Pollution Taxation for General Taxation : Some Implications for Efficiency in Pollutions Taxation, *Journal of Environmental Economics and Management*, Vol. 13, pp. 338-347 (1986)

24) Majocchi, A. : Green Fiscal Reform and Employment : A Survey, *Environmental and Resource Economics*, Vol. 8, pp. 375-397 (1996)

25) Morris, J.R. and Read, A.D. : The UK Landfill Tax and the Landfill Tax Credit Scheme : Operational Weaknesses, *Resources, Conservation and Recycling*, Vol. 32, pp. 375-387 (2001)

26) Morris, J.R., et al. : The UK Landfill Tax : An Analysis of Its Contribution to Sustainable Waste Management, *Resources, Conservation and Recycling*, Vol. 23, pp. 259-270 (1998)

27) Oates, W.E. : Pollution Charges as a Source of Public Revenues, Giersch, H (ed.), *Economic Progress and Environmental Concerns*, Springer-Verlag, pp. 135-152 (1993)

28) OECD : *Environmentally Related Taxes in OECD Countries : Issues and Strategies* (2001)(天野明弘 監訳・環境省環境政策局環境税研究会訳:環境関連税制――その評価と導入戦略――, 有斐閣 (2002)

29) OECD : *Environmental Performance Reviews: Denmark* (1999)

30) OECD：*Environment and Economics*（1985）
31) Pearce, D.W.：The Role of Carbon Taxes in Adjusting to Global Warming, *Economic Journal*, Vol. 101, pp. 938-948（1991）
32) Perdok, P.J. and Wessel, J.：Netherlands, Correia, F.N.(ed) *Institutions for Water Resources Management in Europe*, A.A. Balkema pp. 327-447（1998）
33) Pigou, A.C.：*The Economics of Welfare*, London：Macmillan（1920）（気賀健三 他訳：ピグウ厚生経済学（改訂重版）（全4冊），東洋経済新報社（1995）
34) Powell, J. and Craighill, A.：The UK Landfill Tax, O'Riordan, T.(ed), *Ecotaxation*, Earthscan Publications, pp. 304-320（1997）
35) Randall, A. and Farmer, M.C.：Benefits, Costs, the Safe Minimum Standard of Conservation, Bromley, D.W.(ed.) *The Handbook of Environmental Economics*, Blackwell, pp. 26-44（1995）
36) Read, A.D., et al.：Landfill as A Future Waste Management Option in England：The View of the Landfill Operators, *Geographical Journal*, Vol. 164, No. 1, pp. 55-66（1988）
37) Smith, S.：*Green Taxes and Charges: policy and Practice in Britain and Germany*, The Institute for Fiscal Studies（1995）
38) Speck, S. and Ekins, P.：Evaluating Environmental Taxes: Recent Experiences and Proposals for the Future, Clinch, J.P.(eds.) *Greening the Budget*, Edward Elgar, pp. 87-106（2002）
39) Sterner, T.：Environmental Tax Reform in Sweden, *International Journal of Environment and Pollution*, Vol. 5, No. 2/3, pp. 135-163（1994）
40) Terkla, D.：The Efficiency Value of Effluent Tax Revenues, *Journal of Environmental Economics and Management*, Vol. 11, pp. 107-123（1984）
41) Turner, R.K., et al.：Green Taxes, Waste Management and Political Economy, *Journal of Environmental Management*, Vol. 53, pp. 121-136（1998）
42) Turner, R.K. and Brisson, I.：A Possible Landfill Levy in the UK：Economic Incentives for Reducing Waste to Landfill, Gale,R., Barg,S. and Gillies,A.(eds.), *Green Budget Reform：An International Casebook of Learning Practices*, Earthscan, London, pp. 191-201（1995）
43) Vermeed, W. and van der Vaart, J.：*Greening Taxes：The Dutch Model*, Kluwer Law International（1998）
44) 赤穂敏広, 杉本達治：フランス，ドイツにおける環境税制について, 地方税, 7月号, pp. 10-43（2000）
45) 本多 充：オランダにおける地下水環境税・料金の研究, 地域公共政策研究, No. 4, pp. 86-102（2001）
46) 藤田 香：環境税制改革の研究――環境政策における費用負担――, ミネルヴァ書房（2001）

47) 居戸利明, 福井敏人：産業廃棄物税の創設に込めたもの, 地域政策 —— あすの三重, No. 1, pp. 24-32（2001）
48) 池上　惇：租税論からみた環境税, 水情報, Vol. 13, No. 1, pp. 6-9（1993）
49) 川勝健志：地方環境税制改革の意義と課題, 日本地方財政学会 編, 地方財政のパラダイム転換, 勁草書房（2004）
50) 県税若手グループ研究会：産業廃棄物埋立税（試案）（2000）
51) 高知県：森林環境保全のための新税制（森林環境税）の考え方（2002）
   (http://www.pref.kochi.jp/ken/etc/sinzei/jpgetc/kanngaekata.PDF)
52) 真子幸夫：オランダの環境税, 環境情報科学, Vol. 24, No. 2, pp. 82-86.（1995）
53) 宮本憲一：環境経済学, 岩波書店（1989）
54) 諸富　徹：産業廃棄物税の理論的根拠と制度設計, 廃棄物学会誌, Vol. 14, No. 4, pp. 182-193（2003）
55) 諸富　徹：環境税を中心とするポリシー・ミックスの構築 —— 地球温暖化防止のための国内政策手段 ——, エコノミア, Vol. 52, No. 1, pp. 97-119（2001）
56) 諸富　徹：環境税の理論と実際, 有斐閣（2000）
57) 長崎敬之：産業廃棄物税の創設と施行後の状況, 廃棄物学会誌, Vol. 14, No. 4, pp. 202-208（2003）
58) 岡　敏弘：温暖化国内政策手段の比較と評価 —— 排出権取引の可能性 ——, 三田学会雑誌, Vol. 94, No. 1, pp. 105-123（2001）
59) 大塚　直, 久保田泉：気候変動に関するイギリスの諸制度について—— 協定・税・排出枠取引, 環境研究, No. 122, pp. 123-132（2001）
60) 清水修二：「地下水税」の可能性と検討課題, 熊本地下水研究会, 地域の歴史的遺産を活用した地下水保全システムの研究, pp. 184-198（2001）
61) 植田和弘他 編著：接続可能な地域社会のデザイン, 有斐閣（2004）
62) 植田和弘：環境資産マネジメントと参加型税制, 地方税, Vol. 54, No. 2, pp. 2-6（2003）
63) 植田和弘：環境資産・地域経済・参加型税制, 神奈川県：参加型税制・かながわの挑戦〜分権時代の環境と税〜, pp. 179-185, 第一法規（2003）
64) 植田和弘：環境税, 植田和弘, 岡　敏弘, 新澤秀則 編著：環境政策の経済学, pp. 113-127, 日本評論社（1997）
65) 植田和弘, 岡　敏弘, 新澤秀則 編著：環境政策の経済学, 日本評論社（1997）
66) 山中　寛：高知県における森林環境税創設の取り組み——参加型税制の実現に向けて——, 高知県税務課 新税制検討プロジェクトチーム（2003）
67) 山崎広道：環境税序説——ドイツの場合——, 税法学, No. 507, pp. 16-31（1993）

4 地球環境保全のための地方自治体や民間企業の動き

4.1 新しいガバナンスの形態

4.1.1 「統治」vs「自治」から「ガバナンス」へ

　近年，人々の行動を規律するためのルールづくりをだれが行うのかという点について，認識の変化が生まれてきている。地球環境の保全のために地方自治体や民間企業がどのような役割を果たすべきかというテーマを論述するために，まず，政府，特に中央政府の役割の変化を明らかにしておくことが必要であろう。地方自治体や民間企業に新しく与えられることとなる役割は，変容する中央政府の役割の裏返しとして記述されることとなるからである。

〔1〕　「統治」と「自治」

　従来，政策は政府が行うものであるという認識が一般的に見られていた。為政者は政府であり，民衆は統治されるものという認識である。行政法においては，従来，行政が行政たる所以(ゆえん)は公権力にもとづく行政行為の発動であるという考え方に基づき，行政を分析してきた。公権力を有する者としての政府とその発動を受ける民衆という考え方がその背景にあるのである。

　政府による統治という概念の対極にあるのが，自治という概念である。民衆自身が自らを律するためのルールづくりを行うのが自治である。そこには，民衆に対峙(じ)し，それを統治する主体としての政府は存在しない。統治が成立すれば自治は存在せず，自治が成立すれば統治は存在しないといった考え方があったのではないか。

1970年代の市民参加論は，まさに「統治」から「自治」を奪い返そうとする試みとして市民参加をとらえていたと考えられる。

奥田道大は，1960年代後半から見られるようになってきた市民参加について，次の三つの段階で把握しようとしている。

第一に，行政が決定事実の具体的内容に関する情報の周知に努力し，行政と住民の間のコンフリクトを最小限に調整する参加方式である。

第二に，行政の決定過程に住民をコミットメントさせる方式（例示的には，各層代表の審議会方式，市民委員会方式，行政と住民との対話集会，さらに一歩すすめて関係地域団体，住民運動体との交渉によるコミットメントの制度的保障）である。

第三に，行政の決定過程に住民をコミットメントさせるだけでなく，決定に伴う管理・運営権限をも住民に委譲するという参加方式である[1]。

このように，市民参加を進めていけば，「自治」に行き着くと考えていたのである。

同様のとらえ方は，当時から日本でもよく紹介されたアーンスタインの市民参加の八階梯にも見られる。これは，市民参加の深度をつぎの八つの段階で把握しようとするものであった。

① 操作（manipulation）　② 治療（therapy）
③ 情報提供（informing）　④ 相談（consultation）
⑤ 懐柔（placation）　⑥ パートナーシップ（partnership）
⑦ 権限委譲（delegated power）　⑧ 自主管理（citizen control）

ここに，①と②の段階は，参加とはいえず，③〜⑤を形式参画の段階とし，⑥〜⑧を市民パワーの段階と呼んだのである[2]。ここでも，究極の段階を自主管理つまり自治ととらえているのである。

このような考え方は，市民参加が，代議士制に基づく間接民主主義を否定するものではないかという根強い疑念を抱かせることとなった。いまでも，円卓会議などを行うと，議会軽視もはなはだしいといった意見が議員側から出されるのは，このような考え方が背景にあるのではないか。

また，そもそも市民参加が求める「自治」が可能ではないのではないかという論調も現れた。例えば，高寄昇三は，「参加民主主義が代議制の虚構を批判し，自ら主権者として直接参加機能を拡大していこうとする方向は理念として正当であっても，果たして現実の政治作用として有効かつ適切に決定機能を発揮できるかどうか，いいかえれば代議制にとって代わるだけの成熟さと精巧さがあるかどうかきわめて疑わしい」，と論じている[3]。

1970年代の市民参加論は，その究極のスタイルである「自治」を，議会制民主主義とどのようにして整合させるのかという点を明確にできなかった。「自治」を究極の目標とする市民参加論は，「統治」の側にその合理性を理解させることが困難だったのである。

〔2〕「自治」と「統治」を統合する「ガバナンス」

1990年代になって，「ガバナンス」という用語が使われるようになってきた。国連高等難民弁護官事務所の緒方貞子は，「ガバナンス」とは「自治」と「統治」とを統合する概念であるとしている。従来の「統治」と「自治」の二分法を乗り越え，社会の規律を形成する主体とプロセスを「ガバナンス」という用語で総合的に理解し，政府も市民もガバナンスを担う重要な主体であるととらえるようになったのである。

これによって，政府以外の主体がどのようにガバナンスに参画していくのかという問題設定が可能となった。また，市民参加についても統治から自治へといった対立形の図式ではなく，市民がガバナンスの一部を担うといった補完形の図式で考えることができるようになってきたのではないか。

このようななかで，ガバナンスにおける近年の動きは，つぎの二つの視点で把握することができるように思う。

第一に，細分化されたガバナンスの実施という視点である。一握りの政治家や官僚が社会のあり方を規定するような政策を立案し，それを「上から」実現していくというような進め方から，地方自治体や民間企業といった多様な主体がそれぞれの守備範囲で社会的な役割を認識し，それぞれが主体的に「下から」実施していくという考え方が重要視されるようになってきた。これに伴っ

て，補完性原理という考え方が見られるようになってきている。

第二に，全体のガバナンスへの構成員の参画強化という視点である。従来から，社会の構成員としての国民は，議員や首長を選出することを通じて，全体の政策形成に参画してきた。しかし，近年は，代議士を通じて間接的・全般的に政策形成に参画するのみならず，個別の問題に関して具体的に政策形成に参画するルートがさまざまに用意されるようになった。この点に関しては，協働原則という考え方が現れるようになった。

以下の項では，このようなガバナンスの新しい動きのそれぞれを詳しくみることとする。

4.1.2 ガバナンスの細分化
〔1〕「中央集権」から「地方分権」へ

中央政府がさまざまな政策を立案し，決定し，実行していくことは，産業政策を効率的に実施し，社会的なインフラストラクチャーを全国的に一定のレベルまで普及させるという意味では，効果的であったが，経済社会が成熟化していくにつれて，その弊害が目立つようになってきた。

例えば，補助金行政は，画一的に補助金交付基準を運用することによって，地域の行政ニーズに合致しない，全国どこにいっても同じような箱物を各地に設置することにつながった。補助金の交付という裁量を中央政府に与えることは，中央政府が地方自治体よりも優位に立っているような錯覚を双方に与えることとなった。

また，立法に関しても，先占論に基づき地方条例の制定権限を狭く解釈する考え方が残っており，地方自治体を萎縮させる傾向にある。先占論とは，法律が規定している事項については，地方自治体が条例で規定することはできないとする考え方である。ナイーブな先占論では，法律の規定を勝手に自治体条例で強めることもできないし，弱めることもできないということとなる。学説としては，法律の趣旨に応じて，ナショナルミニマムを定めることが明らかな法律の規定については，地域の実情に応じて強めることも可能であるという考え

方や，法律の趣旨と異なる趣旨で条例を作るのであれば，同じ対象について条例で規律することができるという考え方が現れるようになってきたが，中央官庁，なかでも事業所管省庁と呼ばれる官庁においては，なお，ナイーブな先占論が根強く残っているところである．

経済社会が成熟した現在において，地域に応じた行政を推進していくうえで，行きすぎた中央集権国家は弊害のほうが大きいとして，地方分権が進められるようになってきた．

1993年に衆参両議院で地方分権の推進に関する決議が行われて以降の10年間で，急速に地方分権が進められてきた．1995年には地方分権推進法が成立し，地方分権推進委員会が発足した．同委員会は，3年間で5次にわたる勧告を行い，その成果は，1999年の地方分権の推進を図るための関係法律の整備等に関する法律（地方分権一括法）に結実した．地方分権一括法では，都道府県知事などを国の機関の一部であるかのように取り扱う機関委任事務を廃止し，地方自治体の事務を法定受託事務と自治事務に区分するなど，地方自治体への権限の委譲を図った．

2001年には，地方分権推進法が失効し，地方分権推進委員会も解散することとなった．その後継組織として，地方分権改革推進会議が設置され，さらに分権改革を進めていく作業が行われている．

特に，税源・財源問題が喫緊の課題である．この点について，分権改革推進会議から「三位一体の改革についての意見」が2003年6月に出されている．そこでは，「国庫補助負担金の廃止・縮減」，「地方交付税総額の抑制」，「地方への税源移譲」の三つを一体として進めていくという考え方が示された．しかし，現状では，地方への税源移譲よりも補助金・交付金の縮減が先行しており，地方自治体の不満は高まっている．

このような中央集権から地方分権へという流れは，細分化されたガバナンスの実施という動きの一環として把握することができる．つまり，ガバナンスを全国一律で実施するのではなく，地方ごとに細分化されたガバナンスを実施していこうとする動きである．

〔2〕 民間主体による自主的な環境管理の広がり

　細分化されたガバナンスの実施という際には，地方自治体のみならず，民間主体によるガバナンスの実施という観点も含まれている。

　民間主体もそれぞれの影響力を行使できる範囲においてそれぞれにルールを設定し，それを運用している。民間企業であるならば，就業規則をはじめとするさまざまなルールを設定し，従業員にその履行を求めている。同業種の集まりである業界団体が一定の目標と行動基準を策定し，構成員にその履行を求める場合もある。住民の側でも，マンションの管理組合や町内会など，さまざまな場面でルール設定が行われている。このように一定のルールを決めてそれを履行させるプロセスは，ガバナンスにほかならない。

　1970年代に整えられた公害関係法律は，国が規制基準を決めて，すべての民間主体にその履行を求めるという形式をとっていた。この形式では，中間段階における目標設定などの裁量は存在しない。業界団体や企業などが自主的に目標やルールを設定するという場面はみられないのである。この場合，ガバナンスは細分化されていない。

　一方，現代の環境問題には，二酸化炭素の排出量やごみの排出量の抑制のように，その解決のためには，通常の事業活動や社会生活のあり方を見直す必要がある問題がみられるようになってきた。通常の事業活動や社会生活のあり方を見直すために，行為規制を適用することは困難である。規制基準を定めることが難しいうえ，そもそもそれを履行させるためのしくみが見あたらない。このため，このような問題の解決に当たっては，税・課徴金，環境情報の公開など，事業者や家計が自主的に環境管理を行うよう，促進し，誘導していく政策が必要とされているのである。

　この場合には，事業者や家計において，自主的に何をすべきかを検討する余地が存在する。そうして，その内容をルール化して，それぞれの守備範囲内で通用させるという場面が想定できるのである。このようにして，ガバナンスは民間の主体の中に細分化されていく。

[3] 自主的アプローチの動き

　自主的環境管理を促進させるための政府の政策としては，税・課徴金などの経済的手法，環境情報を流通させる情報的手法に加えて，民間主体と個別に合意を図りながら，民間主体の環境管理を進めようとする合意的手法も挙げることができる。

　合意的手法は，民間主体がどのような行動を行うのかについて，その主体と事前に合意することを通じて，その実行を求める手法である。合意するか否かは，民間主体の自由意思に委ねられるが，ひとたび合意された場合，合意内容を実行する責任・責務が生ずることになる。

　具体的には二種類の合意的手法が存在する。

　第一に，自主参加による公的スキームである。これは，環境行政機関などの公的主体が作成した基準や規格（環境改善目標，技術，経営管理）を達成することを，企業が自主的に同意するしくみである。

　例えば，環境マネジメントシステムの国際規格である ISO 14001 はこの典型例である。これは，1996 年に国際標準化機構が策定した国際規格で，企業が計画（plan）-実行（do）-点検（check）-見直し（act）という一連の PDCA サイクルを備えつつ環境管理を行っているかどうかを第三者機関が認証するものである。ISO 14001 を取得するかどうかは，各事業者に委ねられているが，ISO 14001 を取得する場合には，国際規格の要求事項を満たす必要があるのである。

　第二に，自主協定である。これは，公的主体（国レベル，地方レベル）と民間主体との間での協議を踏まえて作成された契約を指す。契約に同意するか否かは，双方の自主的な判断に委ねられる。

　日本の各地方自治体が新規の工場進出などの際に，自治体と工場の間で，あるいは住民も交えて締結する公害防止協定は，自主協定の典型的な例といえる。どのような項目の公害防止対策を実施し，どのような目標を採用するかは，協定の当事者間で話し合って決められることとなる。日本の公害防止協定は，地域レベルの取組みであるが，オランダなどでは，国と業界の間で自主協

定を締結する方法が多用されている。

自主協定と自主参加による公的スキームとを比較すると，自主協定が個別的できめ細かな対応ができるが，締結に至るまでの費用は高くなるであろう。

〔4〕 補完性原理

さて，ガバナンスの細分化を支える理念が補完性原理（サブシディアリティ原理：subsidiarity principle）である。

補完性原理とは，下位の行政単位で処理できる事柄はその行政単位に任せ，そうでない事柄に限って，より上位の行政単位が処理することとすべきという考え方である。また，この原則は，個人で処理できる事柄は個人に任せ，そうでない事柄に限って政府が処理すべきという，官民の役割分担原則として解釈することもできる。

補完性原理の端緒は，1931年に法王ピオ11世が回勅『クアドラゼジモ・アンノ』において示した考え方であるといわれている。この回勅では，「個々の人間が自分の努力と創意によって成し遂げられることを彼らから奪い取って共同体に委託することが許されないのと同様に，より小さく，より下位の諸共同体が実施，遂行できることを，より大きい，より高次の社会に委譲するのは不正であると同時に，正しい社会秩序に対する重大損害かつ混乱行為である。けだし，社会のあらゆる行為は，その機能と本性ゆえに，社会体の成員たちに補助を提供せねばならず，彼らを破壊し吸収するようなことは決してあってはならないからである。したがって，国家の最高権力は，もし自らかかわっていると本来の任務への精力集中を著しく妨げるような副次的業務，問題の処理を，より下位の諸グループに任せるべき[4]」と述べられている。

補完性原理は，欧州連合の在り方に関する議論の中で注目を集めることとなった[5]。1987年7月に発効した『単一ヨーロッパ議定書』では，まず環境条項に補完性原理が取り入れられた。つまり，「共同体は個々の域内諸国の水準よりも共同体水準のほうが1項に掲げる目的をより適切に達成できる限りにおいて，環境に関する行動をとる」（第130r条第4項）とされた。そして，1992年のマーストリヒト条約では，第3b条において，補完性原理が共同体の行動

範囲を規定する原則として位置づけられることとなった。このように，補完性原理は，欧州連合の役割分担を明確にするために用いられ，世界の注目を浴びるに至ったのである。

日本の分権論議において，補完性原理という用語が初めて用いられたのが，2001年6月に公表された「地方分権推進委員会最終報告」である。最終報告では，今後，「欧州先進諸国に普及しつつある補完性原理を参考にしながら，市区町村，都道府県，国の相互間の事務事業の分担関係を見直し，事務事業の移譲をさらに推進すること」を提言した。このとき，補完性原理とは，「事務事業を政府間で分担するに際しては，まず基礎自治体を最優先し，ついで広域自治体を優先し，国は広域自治体でも担うにふさわしくない事務事業のみを担うものとする」という考え方とされている。

地方分権推進委員会の後継組織である地方分権改革推進会議では，推進委員会の最終報告の提言に沿って，補完性原理を全面にうたいつつ，事務事業の地方への移譲をさらに推し進めようとしているところである。

補完性原理に従って，官民の役割分担や公共部門内の役割分担を見直していくと，民間でできることは民間に委ね，地方自治体でできることは自治体に委ねるという方針が導かれることとなる。これが，ガバナンスの細分化につながるのである。

4.1.3　全体のガバナンスへの構成員の参画

もう一つの動きが，全体のガバナンスへの構成員の参画である。つまり，公共部門がルールを作る際に，さまざまなステイクホルダー（利害関係を有する者）を参画させるという動きといえる。

〔1〕　市民参加の方法の変化

従来から，社会の構成員としての国民は，議員や首長を選出することを通じて，全体の政策形成に参画してきた。選挙権の行使という形態に加えて，議会に直接請求するルートも認められていた。

国会に直接国政に対する要望を提出するルートとしては，請願と陳情の二種

類が用意されている。請願は，憲法第16条において国民の権利として位置づけられており，議員の紹介によって誰でも提出することができることとなっている。国籍や年齢の制約は存在しない。請願については，文書に記録されるとともに，会議に付するか否か，採択するか否か，内閣に送付すべきか否かの審査が行われることとなる。陳情は，議員の紹介なく行うことができる。陳情は，議長が必要と認めたもののみ，関連委員会に参考送付されることとなる。

地方自治体においては，条例の制定または改廃の要求（地方自治法第74条），監査の請求（同法第75条），議会の解散の請求（同法第76条），議員や首長の解職の請求（同法第80条，81条）がそれぞれ認められている。条例の制定等の要求や監査請求のためには，有権者の50分の1の署名を必要とし，議員や首長のリコールのためには，有権者の3分の1の署名を要する。

しかし近年は，これらの法定の直接参画手段のみならず，個別の問題に関して具体的に政策形成に参画するルートがさまざまに用意されるようになった。

例えば，審議会・検討会において市民委員枠を設けること，市民参加形のシンポジウム・ワークショップ・円卓会議などを開催すること，政策案の公開と意見提出からなるパブリックコメント制度を導入すること，公聴会やアンケートを実施して市民の意見を随時把握すること，個別事案ごとに住民投票を実施することなどが，広がりつつある。

このうちパブリックコメント制度については，国では，1999年の閣議決定によって，規制の制定または改廃にかかわる意見提出手続が導入された。これは，行政機関が政令や規則などを定める場合に，政策案を公開し，1ヵ月程度の期間を区切って意見を求める制度である。さらに，政策提言をメールなどで随時受け付けている省庁も多い。地方自治体においても，同様の制度が広がっている。

また，個別の案件について住民投票を行う自治体も見られるようになった。現在のところ，投票結果がそのまま議会の意思決定を拘束するような住民投票は行われていないが，住民投票条例の中にあらかじめその旨を明らかにした条項を設け，法的拘束力の伴う住民投票を行うことも可能である。

意見を把握するためのしくみの広がりと軌を一にして，政策提言などに関する行政情報が，一般国民に対して公開されるようになってきた。1999年には行政機関の保有する情報の公開に関する法律が制定されるなど，国や地方自治体の行政情報を公開するための制度が定着するようになった。また，法令情報検索システム，国会議事録，各種審議会などの議事録・資料・報告書，各種白書などが，インターネット上で簡単に入手できるようにもなっている。

このようにして，広範な市民参加を得てルール作りをしていこうとする動きが進展しつつあるところである。

〔2〕 協 働 原 則

市民参加の広がりは，1970年代の市民参加論にあるような，統治から自治を取り戻すといった流れとはなっていない。公と民を対立関係にあるととらえるのではなく，協働関係にあるととらえる考え方が一般的になりつつある。

新しい市民参加を支える概念が協働原則である。この原則は，公共主体が政策を行う場合には，政策の企画，立案，実行の各段階において，政策に関連する民間の各主体の参加を得て行わなければならないという原則である。

協働原則は，ドイツにおいて，いち早く取り入れられた。1976年の連邦政府の「環境報告書」で，予防原則，原因者負担原則と並んで協働原則が定式化されたとされている[6]。協働原則は，さまざまに定義されてきたが，「少なくとも，① 環境問題の解決には，あらゆる主体の責任分担と協力が不可欠であり，環境保全は国家だけの任務ではないこと，② それゆえ，社会的諸勢力が環境政策上の意思形成プロセスへ早期に参加する必要性があること，③ しかし，環境保全に関する国家の基本的な責任は放棄し得ないこと，については争いがない[7]」とされている。

環境政策に対する市民参加の必要性については，国際的にも認知されつつある。国際的な文書の中では，1992年のリオ宣言が市民参加の必要性と重要性を盛り込んでいる。「環境問題は，それぞれのレベルで，関心のあるすべての市民が参加することにより最も適切に扱われる。国内レベルでは，各個人が，有害物質や地域社会における活動の情報を含め，公共機関が有している環境関

連情報を適切に入手し，そして，意思決定過程に参加する機会を有しなければならない。各国は，情報を広くいきわたらせることにより，国民の啓発と参加を促進し，かつ奨励しなくてはならない。賠償，救済を含む手法および行政手続きへの効果的なアクセスが与えられなければならない（第10原則）[8]」

日本国内では，1994年の環境基本計画（第一次）において定められた四つの長期目標の一つとして「参加」が盛り込まれている。環境基本計画では，「循環」，「共生」という長期目標を達成するために，「日常生活や事業活動における価値観と行動様式を変革し，あらゆる社会経済活動に環境への配慮を組み込んでいくことが必要である」とし，「あらゆる主体が，人間と環境との関わりについて理解し，汚染者負担の原則等を踏まえ，環境へ与える負荷，環境から得る恵みおよび環境保全に寄与し得る能力など，それぞれの立場に応じた公平な役割分担のもとに，相互に協力・連携しながら，環境への負荷の低減や環境の特性に応じた賢明な利用などに自主的積極的に取り組み，環境保全に関する行動に参加する社会を実現する」とうたっている[9]。

このような協働原則の内容をより詳細にしたものとして，横浜市の例がある。横浜市では，1999年3月に「横浜市における市民活動との協働に関する基本方針（横浜コード）」を策定した。横浜コードでは，市民活動と行政が協働するに当たっての六つの原則として

① 対等の原則（市民活動と行政は対等の立場にたつこと）
② 自主性尊重の原則（市民活動が自主的に行われることを尊重すること）
③ 自立化の原則（市民活動が自立化する方向で協働をすすめること）
④ 相互理解の原則（市民活動と行政がそれぞれの長所，短所や立場を理解しあうこと）
⑤ 目的共有の原則（協働に関して市民活動と行政がその活動の全体または一部について目的を共有すること）
⑥ 公開の原則（市民活動と行政の関係が公開されていること）

を掲げている。なお，この六つの原則は，2000年3月に策定された「横浜市市民活動推進条例」にも盛り込まれている。

〔3〕 **新しい市民参加と地球環境保全**

　近年，地球温暖化，ごみの量の増大，自動車排ガス汚染など，通常の社会経済活動に起因する環境問題が多く見られるようになった。通常の経済社会活動に起因する環境問題に対処するためには，事業者の製品開発，製造方法 (process and production methods) の選択や，市民のライフスタイルの選択という場面から見直していくことが必要であり，事業者や市民が主体的に問題の解決に向けて取り組むようになることが不可欠となる。このため，公共主体も，従来のように役所が決めたとおりにやらせるという政策立案の方式ではなく，事業者や市民と協働して問題解決に取り組むという協働原則に則った政策立案の方式に切り替えることが必要となったのである。

　また，協働原則は，民間主体の立場からみると，公共主体による判断の限界を補うことができるというメリットがあろう。

　第一に，行政主体が十分な情報に基づき合理的な判断を行わない恐れがある。まず，行政主体が十分な情報を有していない場合がある。特に，環境問題は多岐にわたっており，その被害情報は問題の現場において得られる。一方，発生源情報は，生産工程などの技術的専門的情報を把握する者によって保有されている。それぞれ，行政主体が当然に有している情報ではない。また，十分な情報を有していても行政主体が合理的な判断を行わない場合もある。このため，行政主体が失敗しないように監視するしくみが必要となる。

　第二に，行政主体が合理的な判断を行っても，その判断にかかる時間的視野が狭い可能性がある。行政主体の時間的視野は，トップの在任期間，その担当官が異動するまでの期間，予算の期間などによって制約を受ける。一方，近年，環境問題の対策に要する時間的視野が次世代あるいはもっと先の世代まで広がる場合が現れてきた。行政主体の時間的視野よりも環境問題の時間的視野のほうが長い場合，十分に対応が行われないこととなる可能性がある。

　第三に，行政主体が合理的な判断を行っても，その判断にかかる空間的視野が制約されている可能性がある。行政の管轄区域が環境問題の広がりに対応しているとは限らない。行政の管轄区域と環境問題の広がりにずれが生ずる場合

には，行政主体がその解決に向けての十分な権限を持たない場合や，解決に向けての十分なインセンティブを持たない場合が想定できる。

環境NGOは，第二，第三の問題を補うという観点で積極的な存在意義を見いだすことができると考えられる。行政主体が受ける時間的空間的制約を離れて，環境問題の時間的空間的広がりを客観的に把握したうえで，その対応を提言する主体としての役割が，環境NGOに与えられているのである。

4.2　地球環境保全と地方自治体

4.2.1　地球環境問題に関する地方自治体の役割

〔1〕　地球環境保全を巡る国の取組の始まり

地球環境保全は，1980年代後半に環境政策の対象として認識されるようになった。まず，オゾン層の破壊に対する対策が講じられた。1985年にオゾン層の保護のためのウィーン条約が，1987年にはオゾン層を破壊する物質に関するモントリオール議定書が採択された。日本においても，これらの条約・議定書の履行のため，1988年に，特定物質の規制等によるオゾン層の保護に関する法律（オゾン層保護法）を制定した。

また，並行して，地球温暖化に関する国際的取組みも本格化し，1985年にオーストリアのフィラハで地球温暖化に関する最初の国際会議が開催され，温暖化に関する研究成果が整理され，その防止策の検討が必要であるとの認識が広がった。これを受け88年にUNEP(国連環境計画)とWMO(世界気象機関)の共催により気候変動に関する政府間パネル(IPCC)が設置された。

このような国際的な動きに対応するために，1989年に地球環境問題に関する関係閣僚連絡会議が発足した。この第1回会合に提出された政府資料には

① オゾン層の破壊　　② 地球温暖化　　③ 酸性雨
④ 有害廃棄物の越境移動　　⑤ 海洋汚染　　⑥ 野生生物の種の減少
⑦ 熱帯林の減少　　⑧ 砂漠化　　⑨ 開発途上国の公害問題

の九つが地球環境問題の典型例であるとされた。

その後，1993年に環境基本法が制定され，地球環境保全が定義されることとなった。環境基本法第2条第2項では，「地球環境保全」とは「人の活動による地球全体の温暖化またはオゾン層の破壊の進行，海洋の汚染，野生生物の種の減少その他の地球の全体またはその広範な部分の環境に影響を及ぼす事態にかかわる環境の保全であって，人類の福祉に貢献するとともに国民の健康で文化的な生活の確保に寄与するものをいう」と定義されている。ここで，地球環境保全は，環境の保全の一部として定義されていることに留意したい。

そして，環境基本法では，「地球環境保全が人類共通の課題であるとともに国民の健康で文化的な生活を将来にわたって確保する上での課題であること及び我が国の経済社会が国際的な密接な相互依存関係の中で営まれていることにかんがみ，地球環境保全は，我が国の能力を生かして，及び国際社会においてわが国の占める地位に応じて，国際的協調の下に積極的に推進されなければならない」とし（第5条），積極的に地球環境保全に取り組むことをうたった。

なお，地球環境保全に関連する法制度一覧を**表4.1**に示す。

表4.1 地球環境保全に関連する法制度一覧

1987年	絶滅のおそれのある野生動植物の譲渡の規制等に関する法律
1988年	特定物質の規制等によるオゾン層の保護に関する法律
1992年	絶滅のおそれのある野生動植物の種の保存に関する法律
	特定有害廃棄物等の輸出入等の規制に関する法律
1993年	エネルギー等の使用の合理化及び再生資源の利用に関する事業活動の促進に関する臨時措置法
1997年	南極地域の環境の保護に関する法律
1998年	エネルギーの使用の合理化に関する法律の一部を改正する法律
	地球温暖化対策の推進に関する法律
2000年	国等による環境物品等の調達の推進等に関する法律
2001年	特定製品に係るフロン類の回収及び破壊の実施の確保等に関する法律
	ポリ塩化ビフェニル廃棄物の適正な処理の推進に関する特別措置法
2002年	電気事業者による新エネルギー等の利用に関する特別措置法
2003年	遺伝子組換え生物等の使用等の規制による生物の多様性の確保に関する法律

〔2〕 **地方自治体による地球環境保全に関する取組みの始まり**

このような国の動きに呼応して，地方自治体においても，地球環境保全に取り組む団体が見られるようになった。

4．地球環境保全のための地方自治体や民間企業の動き

　1990年2月時点で，すでに北海道，東京都，神奈川県，山梨県，長野県，愛知県，三重県，名古屋市の8団体が，地球環境問題に対して総合的に取り組むための庁内の連絡・協議組織を設置していた。

　また，北九州市が1987年から国際協力事業団の環境保全関係の集団研修を受け入れるなど，地方自治体レベルで環境に関する国際協力を実施する動きも始まった。

　1989年6月には，首都圏の六都県市首脳会議が「首都圏環境宣言」を公表した。その中では，東京大都市圏が「旺盛な生産・消費活動を通じて地球規模の環境問題と深くかかわっている」とされ，「今後とも，公害防止対策の一層の推進を図るとともに，省資源，省エネルギー型の都市構造と都市活動を目指すことにより，快適な地域環境を創造し，これらを通じて地球環境の保全に貢献する必要がある」と述べられている。

　また，同年には，東京都が，「東京都における地球環境問題への取組み方針」を公表している。そこでは，「地球環境問題に対する取組みは，国際間の協力等国の取組みが基本となるものであるが，東京都は，当面，この問題に対して，つぎに示すような考え方に基づき取り組んでいく」としてつぎの4点を掲げている。

① 公害防止対策・緑の保全・創出などの対策を一層推進し，省資源・省エネルギー形の都市構造を目指すことにより，地球環境の保全に貢献する
② 国の地球環境保全施策に他の自治体などと連携しつつ協力する
③ 開発途上国などへの技術協力などを国などと協力しつつ行う
④ 地球環境問題の解決に向けて，都民と事業者などに協力を求めていく

　環境庁（当時）では，1989年11月に「地方公共団体による地球環境問題への取組みに関する検討会」を設置し，1990年8月に報告書を公表した。報告書では，地方自治体による取組みの方向としてつぎの5点を掲げている[10]。

① 地球環境保全に配慮された都市づくり，地域づくり。エネルギー，人の移動・物流，廃棄物処理，水利用，緑地保全というそれぞれの観点から，都市の構造自体を環境負荷の少ないものに変えていく必要がある。

② 地球環境保全に配慮したライフスタイル，社会経済活動の具体化を目指し，住民や企業が地域で行う取組みを支援・誘導。正しい認識を広め，住民や企業に対して指導・要請を行うことが，地方自治体に期待される。
③ 地方自治体による率先垂範。事業者としての地方自治体が，フロン回収，省資源・省エネルギーの徹底，低公害車の導入，緑化推進など，自ら率先して環境保全のための取組みを行うべきである。
④ 地球環境保全にかかわる調査研究や観測監視の推進。地方の環境研究所などが国際的・学際的な研究計画に参画したり，広域的な地球環境モニタリングに参加したり，地域における環境中の濃度などの実態を把握したりすることが期待される。
⑤ 環境分野における開発途上国に対する援助。開発途上国に人材を派遣すること，研修生を受け入れること，開発途上国の環境計画の策定を支援すること，姉妹都市などに対して地域レベルでの協力を行うことなどが期待される。

この文書は，かなり早い段階で地方公共団体の役割を整理したものであるが，この文書における整理は現在も参考となるであろう。

〔3〕 ローカルアジェンダ 21

1992 年に開催された環境と開発に関する国連会議（United Nations Conference on Environment and Development；UNCED；地球サミット）では，持続可能な発展の具体化に向けて，リオ宣言とアジェンダ 21 を採択したが，その中で，ローカルアジェンダ 21 の策定を世界の地方自治体に呼びかけることとなった。

アジェンダ 21 の第 28 章「アジェンダ 21 の支持における地方公共団体のイニシアティブ」では，「アジェンダ 21 で提起されている諸問題および解決策の多くが地域的な活動に根ざしているものであることから，地方公共団体の参加および協力が目的達成のための決定的な要素である」とし，「1996 年までに，各国の地方公共団体の大半は地域住民と協議し，当該地域のための「ローカルアジェンダ 21」について合意を形成すべきである」と提言している。ただし，

アジェンダ21では，ローカルアジェンダ21の策定プロセスについて，「協議と合意形成の過程を通じて，地方公共団体は市民や地域社会，産業・商業団体から学び，最善の戦略を策定するために必要な情報を得ることになろう」と述べているものの，ローカルアジェンダ21の内容や項目については具体的に述べられてはいない[11]。

〔4〕 **環境基本法のもとでの地方自治体の役割**

1993年に制定された環境基本法では，「地方公共団体は，基本理念にのっとり，環境の保全に関し，国の施策に準じた施策及びその他のその地方公共団体の区域の自然的社会的条件に応じた施策を策定し，及び実施する責務を有する（第7条）」とされている。具体的に明記されていないが，先に触れたように，地球環境保全は環境の保全の一部であることを勘案すれば，地方公共団体は，国の施策に準じて，あるいはその区域の自然的社会的条件に応じて地球環境保全に関する施策を実施する責務を有することが規定されていると解釈することができよう。ただ，地球環境保全に関して地方自治体が何をすべきかは具体的に示されていない。

ただし，国際協力については，第34条第1項に，具体的な条文がある。同項では，「国は，地球環境保全等に関する国際協力を推進する上で地方公共団体が果たす役割の重要性にかんがみ，地方公共団体による地球環境保全等に関する国際協力のための活動の促進を図るため，情報の提供その他の必要な措置を講ずるように努めるものとする」と規定されている。つまり，地域レベルの国際協力が重要であることが明示されているのである。

同法に基づき第一次環境基本計画が1994年に，第二次環境基本計画が2000年にそれぞれ策定されている。これらの環境基本計画でも，地球環境保全に関する国と地方自治体の役割分担は明確にはなっていない。

第二次環境基本計画では，重点的な施策として，「地域づくりにおける取組みの推進」を掲げ，「今日の環境問題は，交通に起因する環境問題，地球温暖化問題，環境保全上健全な水循環の確保，騒音・振動，悪臭問題，ヒートアイランド問題，光害問題，廃棄物・リサイクルなどの物質循環にかかわる問題，

生物多様性の保全などに見られるように，地域における取組みがきわめて重要」である旨を指摘している。地球温暖化の問題が，地域における取組みが必要な課題として例示されている点に注意したい。そして，課題として

① 関係者が共通の方向性をもって自らの行動に環境配慮を織り込んでいくための，関係者共通の指針となる考え方が十分に確立しているとはいえないこと
② 取組みの基礎となる情報の共有化や推進メカニズムなどについても十分とはいえない状況にあること

の2点を指摘している。

このため，地域づくりに関係する各主体が，環境から見た持続可能性を目指す視点を共有し，つぎの点に配慮しながら，地域づくりにおける環境配慮の織り込みを進めるべきであるとしている。

① 生態系の持つ多様な機能の維持，増進
② 自然環境と生産，生活を一体的にとらえた取組み
③ 地域内資源の活用と地域内循環の尊重
④ 自然資源などの環境保全機能にかかわる受益と負担のあり方の見直し
⑤ 地域における情報の共有化と社会的合意の形成
⑥ 開発行為に対する慎重な姿勢の保持

4.2.2 地球環境保全のための地方自治体の取組み
〔1〕 計 画 の 策 定

環境基本法の制定と環境基本計画の策定を契機として，地方公共団体において，環境についての基本理念を明らかにした総合的な地域環境計画の策定が進んでいる。2003年版環境白書によると，2001年度末現在で，都道府県・政令指定都市のすべてでこのような環境計画が策定されており，市町村では，426団体において策定されるに至っている。

また，アジェンダ21に従ってローカルアジェンダ21を策定する自治体も広がっている。環境庁は1994年6月に「ローカルアジェンダ21策定に当たって

の考え方」を，1995年6月には「ローカルアジェンダ21策定ガイド」を公表し，策定支援を進めており，その後策定状況の調査を定期的に実施している。

環境省の調査によれば[12]，2000年には，すべての都道府県でローカルアジェンダ21を策定済みとなり，近年では，市町村レベルでの策定が進んでいるところである。2003年3月1日現在，策定済みである地方自治体は，47都道府県，12政令指定都市，318市区町村である。ただ，この調査では，環境基本計画に類する計画や地球温暖化防止計画など個別分野の計画もローカルアジェンダ21としてカウントされている。

都道府県・政令指定都市におけるローカルアジェンダ21，環境関連計画の名称を表4.2に示す。アジェンダ21を呼称している計画を策定している団体は，15道県（北海道，青森県，福島県，埼玉県，神奈川県，岐阜県，静岡県，愛知県，三重県，滋賀県，鳥取県，香川県，高知県，宮崎県，沖縄県），5政令指定都市（札幌市，名古屋市，京都市，大阪市，北九州市）である。このうち，北海道，埼玉県，滋賀県，鳥取県の4道県は，ローカルアジェンダ21のほかに，環境基本計画もしくは環境総合計画を策定している。

〔2〕 率 先 実 行

事業者としての地方自治体が率先して地球環境保全に取り組むという率先実行は，地球温暖化対策推進法やグリーン購入法といった法制度に規定されることによって，半ば義務的に進められてきた。

1998年に制定された地球温暖化対策の推進に関する法律では，都道府県および市町村は，「当該都道府県及び市町村の事務及び事業に関し，温室効果ガスの排出の抑制等のための措置に関する計画を策定するものとする」（第8条第1項）とされた。これに応じて，すべての都道府県と1017市町村で計画の策定が行われている（2003年10月1日現在：環境省調べ）[13]。

また，2000年には，国などによる環境物品などの調達の推進などに関する法律（グリーン購入法）が制定され，「都道府県及び市町村は，毎年度，物品等の調達に関し，当該都道府県及び市町村の当該年度の予算及び事務又は事業の予定等を勘案して，環境物品等の調達の推進を図るための方針を作成するよ

表 4.2 都道府県・政令指定都市におけるローカルアジェンダ 21, 環境関連計画の名称

北海道	北海道地球環境保全行動指針（アジェンダ 21 北海道）
	北海道環境基本計画
青森県	あおもりアジェンダ 21（青森県地球環境保全行動計画）
岩手県	岩手県環境基本計画
宮城県	宮城県環境基本計画
秋田県	秋田県環境基本計画
	温暖化対策美の国あきた計画
山形県	山形県環境計画
	環境やまがたアクションプラン
	山形県環境基本計画
福島県	福島県地球環境保全行動計画「アジェンダ 21 ふくしま」
茨城県	地球温暖化防止行動計画
	第 2 次ごみ減量化行動計画
	緑のいばらき推進計画
栃木県	栃木県地球温暖化対策地域推進計画
群馬県	群馬県環境基本計画
	群馬県地球温暖化対策推進計画
埼玉県	埼玉県環境基本計画
	HOT な地球を救うホットな行動プラン（彩の国ローカルアジェンダ 21）
千葉県	千葉県地球環境保全行動計画
	千葉県地球温暖化防止計画
	千葉県資源循環型社会づくり計画
東京都	東京都環境基本計画
神奈川県	ローカルアジェンダ 21 かながわ
新潟県	新潟県地球温暖化対策地域推進計画
富山県	富山県地球環境保全行動計画（地球にやさしいとやまプラン）
石川県	石川県環境基本計画
	石川県地球温暖化対策地域推進行動計画
	リサイクル型社会構築行動計画
	環境にやさしい石川創造計画（いしかわグリーンプラン）
福井県	福井県環境基本計画
山梨県	「環境首都・山梨」づくりプラン
	山梨県地球温暖化対策推進計画
長野県	長野県環境基本計画
岐阜県	岐阜県地球環境保全行動計画（ぎふアジェンダ 21）
静岡県	新ふじのくにアジェンダ 21（静岡県地球温暖化対策地域推進計画）
愛知県	あいちアジェンダ 21
三重県	アジェンダ 21 みえ
滋賀県	地球環境保全のために＜アジェンダ 21 滋賀＞
	滋賀県環境総合計画
京都府	京と地球の共生計画（京都府地球環境保全行動計画）
大阪府	豊かな環境づくり大阪行動計画
兵庫県	新兵庫県環境基本計画
奈良県	奈良県環境総合計画

表 4.2 （つづき）

和歌山県	和歌山県環境基本計画
鳥取県	鳥取県環境基本計画
	とっとりアジェンダ 21
	鳥取県地球温暖化防止推進計画
島根県	島根県環境基本計画
岡山県	岡山県環境基本計画
広島県	エコネット 21 ひろしま
山口県	山口県環境基本計画
香川県	香川県地球環境保全行動指針（アジェンダ 21 かがわ）
愛媛県	えひめ環境保全指針
	愛媛県地球温暖化防止指針
徳島県	徳島県地球環境保全行動計画（〜明日（Earth）の環づくり 2010〜）
高知県	ローカルアジェンダ 21 高知
福岡県	環境いきいき共創プラン
佐賀県	佐賀県環境基本計画
長崎県	長崎県地球環境保全行動計画
熊本県	熊本県環境基本指針・環境基本計画
	熊本県地球温暖化防止行動計画
大分県	大分県地球環境保全行動計画
宮崎県	ひむかアジェンダ 21
鹿児島県	鹿児島県地球環境保全行動計画
沖縄県	おきなわアジェンダ 21
札幌市	ローカルアジェンダ 21 さっぽろ（北国のエコアクションさっぽろ）
仙台市	仙台市地球温暖化対策推進計画
	仙台市環境基本計画（杜の都環境プラン）
千葉市	千葉市環境基本計画
横浜市	横浜市環境管理計画
川崎市	川崎市の地球温暖化防止への挑戦（地球環境保全のための行動計画）
名古屋市	なごやアジェンダ 21
京都市	京のアジェンダ 21
大阪市	地球環境を守る身近な行動指針（ローカルアジェンダ 21 おおさか）
神戸市	新・神戸市環境基本計画
	神戸市地球環境市民会議市民行動計画
	神戸市地球温暖化防止地域推進計画
広島市	できることから始めよう地球のために！「地球にやさしい市民行動計画」
	広島市環境基本計画
福岡市	環境にやさしい都市をめざす福岡市民の宣言
	環境にやさしい都市をめざす福岡市民の行動計画
	第 2 次福岡市地球温暖化対策地域推進計画
北九州市	アジェンダ 21 北九州

〔環境省 2003 年「ローカルアジェンダ 21」策定状況等調査結果〕

う努めるものとする」と規定された（第10条第1項）。

この規定に従って，地方自治体においてグリーン購入が広がりつつある。環境省の調べによると，都道府県・政令指定都市では，98.3％が全庁で組織的にグリーン購入に取り組んでおり，多くの部署で組織的に取り組んでいるという回答を加えると，すべての都道府県・政令指定都市でグリーン購入が行われている状況である。一方，区や市の50.4％が，町村の14.9％が，それぞれ全庁で組織的に取り組んでいると回答しており，規模の小さな自治体ほど取組みが遅れている状況となっている（2003年1月〜2月調査）[14]。

〔3〕 **モデル都市づくり**

地球環境保全に配慮した都市・地域づくりについては，さまざまな省庁がモデル事業への補助政策を行ってきた。環境庁（当時）は，1989年の環境白書で「エコポリス」を提唱し，翌年，エコポリス計画策定への補助を実施した。また，建設省（当時）は，1993年度から環境共生モデル都市（エコシティ）の指定を進め，都市整備事業による補助，都市環境計画に基づく下水道や都市緑化等所管公共事業の重点的実施，融資税制，都市計画などによる規制誘導などを活用して，その推進を図っている[15]。環境共生モデル都市として，2001年までに，**表4.3**に示す20都市が指定された。

表4.3 環境共生モデル都市一覧

北見市，帯広市，山形市，盛岡市，いわき市，大宮市，越谷市，所沢市，船橋市，横浜市，長岡市，魚津市，富士市，浜松市，名古屋市，大阪市，木津町，福山市，高松市，北九州市

さらに，1997年から，地域においてゼロエミッション形の町づくりを進めるエコタウン事業が開始されている。これは，都道府県または政令指定都市が作成する計画について，環境省と経済産業省が共同で承認し，その計画の中核的な事業へ支援策を講ずるものである。2003年11月現在で**表4.4**に示す19地域が承認されている。

表4.4 エコタウン計画承認地域一覧

1997年度	長野県飯田市，川崎市，北九州市，岐阜県
1998年度	福岡県大牟田市，札幌市，千葉市
1999年度	秋田県，宮城県鶯沢町
2000年度	北海道，広島県，高知県高知市，熊本県水俣市
2001年度	山口県，香川県直島町
2002年度	富山県富山市，青森県
2003年度	兵庫県，東京都

〔4〕 環境研究・技術開発

地方自治体レベルの環境関係の研究所としては，昭和40年代に公害研究を主たる目的として設置されたものが多いが，滋賀県琵琶湖研究所，長野県自然保護研究所など，地域の特徴に応じた研究所も存在する。

2003年に全国69の地方の環境研究所を対象として国際環境研究協会が行った調査[16]によれば，2003年度に地方環境研究所で働く1580人の技術系職員のうち，76人が地球環境に関する研究を行っていた。地球環境に関する研究の内容としては，酸性雨に関するテーマが多く，ほかに，二酸化炭素の排出と森林吸収に関する研究等が行われている。また，モニタリングなど，地球環境分野の業務を行っている研究機関は53機関である。

〔5〕 国 際 協 力

地方自治体における環境国際協力のメニューとしては，海外からの研修員の受け入れ，海外への専門家の派遣，環境に関する国際会議の開催，環境に関する国際機関の設置・連携，姉妹都市などとの環境交流などが挙げられる。

特に，北九州市は，過去の著しい産業公害を克服してきた経験を途上国に伝えるため，環境国際協力室を設置し，アジアを中心とした環境国際協力を積極的に推進してきており，日本の自治体として初めて国連環境計画から「グローバル500」の表彰を受ける（1990）など，国際的に高い評価を得ている。

日本は，産業公害の克服などの観点で，途上国の参考となる貴重な経験を有しているが，その経験の多くが地方自治体に蓄積されている。今後とも，積極的に地方自治体レベルの環境国際協力を推進していくことが求められている。

4.2.3 地方自治体の取組みにおける課題
〔1〕 計画の実効性
多くの自治体が計画を策定しているが，実行手段が具体的でなく計画の実効性に疑問がある計画が多い。

一般に，計画（plan）-実行（do）-点検（check）-見直し（act）という一連のPDCAサイクルが動いて初めて効果を発揮するものである。PDCAサイクルが動くためには

① 達成されたかどうかが検証可能な目標の設定
② 目標達成のためのスケジュールの設定
③ 目標達成のための手段の設定
④ 目標達成のための役割分担の内容とそれを実行するための手段の明確化
⑤ 目標達成の確認手段の設定

の5点を満たすように計画を策定しなければならない。

しかしながら，これまで策定されたローカルアジェンダ21を概観すると，市民や事業者に期待する事項を明確にはしているものの，それを実施させるための具体的な手段を明らかにしていないものが多い。市民や事業者といった役所の外の主体に役割分担を求める際には，なんらかの政策手法を用いて，それらの主体に働きかけを行うことが不可欠である。計画に記載しただけで実行に移されるわけではない。

〔2〕 施策の総合性
自治体内において，部局間の調整が十分に行われておらず，計画や施策の総合性が保たれていない場合がある。

例えば，自治体によっては，基本計画やローカルアジェンダ21に加えて，温暖化防止などの部門別計画を策定しているところがある。それぞれに市民や事業者の役割が書かれているが，単独の計画でさえ市民や事業者に十分に周知することが困難であるにもかかわらず，いろいろな計画にそれぞれ重複を含みながら市民や事業者の役割が記載されており，きわめてわかりにくい。

また，都市計画部門と環境部門の縦割りの弊害も大きい。環境負荷の少ない

街づくりを推進していくには，都市計画を活用していくことが不可欠であるが，環境部局が作成する個別の計画に，都市計画が連動することはまれである。

担当部局ごとに完結する計画を策定するのではなく，全庁的に作成した全体の計画に目標を記載し，その目標を実施するために各担当部局が役割分担することが必要であろう。

〔3〕 行政間の調整

自治体間，あるいは国と自治体の間の役割分担が十分に明確になっていない。まず，都道府県の計画と政令指定都市を含む市町村の計画が有機的につながっているかというと，必ずしもそうではない。やはり，それぞれに県民・市民や事業者の役割が同じような形で掲載されており，都道府県と市町村の役割分担を意識して書いている場合はほとんどない。

また，国の施策をそのまま転記して事足れりとしているような地方の計画もある。例えば，ある自治体においては，地球温暖化防止計画に，地域の事業者の削減量の見通しを掲載する際に，国の温暖化対策推進大綱が想定する削減量を，地域産業の全国シェアで割り戻して算出している。ここには，自治体独自の政策を行おうとする意図が見受けられない。

なお，この自治体の場合，市民の削減量は，市民アンケートをとって，温暖化のための行動をとると回答した市民の数に応じて算出するという方法を採用していた。この場合，目標達成を国の施策や市民の自覚にすべて委ねることになってしまっており，かりに，目標が達成されたとしても，国や市民の手柄であって，その市の政策によるものではない。このような「計画」は，とても行政の計画とは呼べないであろう。

やはり計画の策定に当たっては，その地方自治体が実施できる政策は何であるかを十分に認識した上で，その政策によって達成できる範囲で目標を設定すべきであろう。

〔4〕 補完性原理の貫徹

上記のような混乱が生じている理由として，まず，国自身の方針が明確にな

っていないことを指摘することができよう。補完性原理に照らして考えれば，市町村や都道府県にまず施策の実施を委ね，なお，施策を実施する必要のある分野に絞って，国が政策を行うという姿勢が必要である。

例えば，各自治体の施策の状況を把握しつつ，地域間の施策のばらつきをなくしていくための政策は，国でないと実施できないだろう。また，都道府県を越えて移動する製品やリサイクル品などに関する政策を講ずることは，国でないとできないだろう。さらに，輸入されるような物品に関する政策も，国が行うべき事項であろう。政策手段としては，法律を作成したり，税法を変えたり，全国的に実施されるべき準則を示したり，条約交渉を行ったりすることは，国でないとできない事項である。

しかし，家庭における省エネルギーを働きかけたり，緑化を進めたり，環境負荷の少ない街づくりを進めたりといった政策は，まず，基礎自治体が行うべき政策である。環境省の若手事務官が「こまめちゃん」というキャラクターを作って週末ごとに普及啓発に回っているということを聞いたことがあるが，明らかにその事務官は自らが行うべき職務をわきまえていないといえる。そのようなことは，国の事務官が行うべき仕事ではない。

また，補助金によって施策を広げていくという手法は，中央官庁に大きな裁量が残る手法であり，地方分権の主旨を踏まえると，徐々になくしていくべき手法といえる。このため，エコシティやエコタウンのように国が関与しつつモデル事業をすすめるという施策は，徐々に，権限と財源や税源を移譲し，地域において自発的に環境負荷のすくない街づくりが行われるように促す施策に切り替えていくべきである。

〔5〕 **実効性のある政策手法の開発**

また，計画の実効性に欠けると思われる計画が数多く作られる背景には，自治体において，市民や事業者の通常の行動に影響を及ぼしうる政策手法の開発が遅れているという事情を指摘することができる。

従来，公害防止対策などの場面では，規制的手法が多用されてきた。つまり，行政が，一定の基準や禁止事項を示し，守られていない場合には罰則・過

料などをもって対応する手法である．この手法は，あるべき状態を行政が決めることができるとともに，規制遵守のための監視体制を構築できる場合に適用できるものであり，通常の社会経済活動を変えていこうという政策課題に適用することは難しい．

一方，パンフレットを作製したり，講演会を開催したりといった，普及啓発活動にも限界がある．もともと関心を持っている市民や事業者は，これらの活動に反応するかもしれないが，普及啓発活動は，そもそも関心を持たない層を振り向かせるだけの力をもっていない．

したがって，市民のライフスタイルを変えたり，事業者のビジネススタイルを変えたりするためには，規制的手法と普及啓発手法の中間領域に当たる政策手法を開発する必要がある．例えば，つぎのような手法が挙げられる．

① 排出量に応じてごみ処理費用の一部を徴収する「ごみの有料化」や，活動に応じて公的施設などで使用できる地域通貨を支払うことなどの経済的手法
② 各事業所からの二酸化炭素排出量を公開させるといった情報的手法
③ 個別に協定を結んだり，行政が用意する一定のプログラムに自主的に参加を求めるなどの合意的手法

そして，このような新しい手法を組み合わせて達成できると見込まれる目標を計画に掲げることが必要であろう．

4.3 民間企業と地球環境保全

4.3.1 民間企業に求められる新しい役割
〔1〕 地球環境保全のための事業者の役割

地球環境の保全という課題は，人間の経済活動が有限な環境の中で営まれていることを改めて自覚させることとなった．そして，有限な環境の中では，無限に物理的に成長することができないという事実から，従来の経済パターンを変える必要があるという判断されるようになってきた．

1992年のUNCED（地球サミット）の際に採択されたリオ宣言では，第8原則として，「全人類が持続可能な開発とより高度な生活水準を達成するために，各国は持続不可能なパターンの生産と消費を縮小，廃止し，適切な人口政策を推進すべきである」と述べ，従来の生産と消費のパターンを見直すことを求めている。

同じく地球サミットで採択されたアジェンダ21においては，第30章において，持続可能な開発に果たすべき産業界の役割をつぎのように規定している。「製品の全寿命を通じて，より効率的な生産プロセス，予防戦略，よりクリーンな生産技術や生産方法によって，廃棄物を最小化し，あるいは廃棄物を排出しないようにすることによって，多国籍企業を含めた商業と工業の政策や運営は資源利用や環境への影響を小さくするのに大きな役割を果たすことができる」。そして，「多国籍企業を含めた商業と工業は環境管理を企業の最優先事項として，また持続可能な開発における最も重要な要素として認識しなければならない」と指摘している[17]。

つまり，製品のライフサイクルにわたる環境影響をつかさどるとともに，生産工程における環境影響を削減できる主体として，企業が率先して環境管理を進めるべきだということである。その後，おおむねこの方向で，民間企業の取組みが進められてきたといえるのではないか。

1993年に制定された日本の環境基本法では，事業者の責務として

① 事業活動に伴って生ずるばい煙，汚水，廃棄物などの処理その他の公害を防止し，または自然環境を適正に保全する責務である。

② その事業活動にかかわる製品その他の物が廃棄物となった場合に，その適正な処理が図られるように必要な措置を講ずる責務である。

③ その事業活動にかかわる製品その他の物が使用され，または廃棄されることによる環境への負荷の低減に資するように努めるとともに，その事業活動において環境への負荷の低減に資する原材料，役務などを利用するように努める責務である。

④ 環境の保全に自ら努めるとともに，国または地方公共団体が実施する施

策に協力する責務である。

の4点を挙げている（第8条）。ここでも，自らの活動に伴う環境負荷のみならず，製品のライフサイクルにかかわる環境負荷を減少させるために取り組むべきであることが述べられている。

〔2〕 初期の取組み

1992年の地球サミットの開催は，環境に関する世間の関心を高め，さまざまな方面で企業の環境管理を推進させることとなった。

同年に英国規格協会（BSI）が世界で初めての環境マネジメントに関する規格（BS 7750）を制定した。この規格が，後にISO 14001のひな形となる。

日本では，経団連が「経団連地球環境憲章」を制定したのが，1992年である。同年の10月には，環境庁（当時）が「環境にやさしい企業行動指針（案）」を公表する一方，通商産業省（当時）は産業界に対して「環境に関するボランタリープラン」の策定要請を行った。翌年2月には，「環境にやさしい企業行動指針」が公表されるとともに，6月にはISOで環境マネジメントに関する国際規格の策定作業が開始された。

そして，1995年にはEUエコマネジメント監査規則（EMAS）が制定され，翌96年にはISO 14001が制定された。このように，環境管理に関する企業の行動規範が整っていったのである。

4.3.2 民間企業をとりまく主体からの環境圧力

企業を取り巻くステイクホルダ（利害関係者，7.7.1項参照）としては，行政，顧客，取引先，株主（投資家），銀行（融資者），労働者，地域住民などさまざまな主体を挙げることができる。近年，これらのステイクホルダからの環境保全上の圧力を高めるための施策が強化されつつある。

〔1〕 グリーン購入

顧客の観点からみると，製品を環境面から評価して，環境に良い製品を優先的に購入しようというグリーン購入の動きが広がっている。

特に，2001年4月に「国等による環境物品等の調達の推進等に関する法律

（グリーン購入法）」が施行されたことが大きな影響をもたらしている。この法律は，国の各機関や独立行政法人，特殊法人にグリーン購入を義務づけるものである．具体的には，政府が定める基本方針に掲げられた特定調達品目について，毎年度調達目標を設定して，優先的に購入し，その結果を公表することを求めている．特定調達品目は，2003年2月末には**表4.5**に示す15分野にわたる176品目に上っている．

表4.5 グリーン購入法特定調達品目の分野と品目数(2003年2月末現在15分野176品目)

①紙類（9品目），②文具類（鉛筆など72品目），③機器類（いす，机など10品目），④OA機器（コピー機など11品目），⑤家電製品（冷蔵庫など5品目），⑥エアコンディショナー等（2品目），⑦照明（2品目），⑧自動車等（3品目），⑨制服・作業服（2品目），⑩インテリア・寝装寝具（カーテンなど7品目），⑪作業手袋（1品目），⑫その他繊維製品（集会用テントなど3品目），⑬設備（太陽光発電システムなど4品目），⑭公共工事（セメントなど41品目），⑮役務（省エネルギー診断など4品目）

〔2〕 取引先の環境面からの選択

いろいろな取引先を選ぶ際に，企業を環境面から評価する動きも活発に広がりつつある．特に，このことは，大企業が下請け企業を選ぶ場合，公共団体が業務委託を行う企業を選ぶ場合に多くみられる．例えば，家電・自動車などのメーカは，下請け企業に対してISO 14001の取得を求めて，ISO 14001取得工場で生産された製品であることを主張するようになっている．

取引先に対して環境配慮を求めているかどうかについては，環境省の環境報告書ガイドラインや，GRI（Global Reporting Initiative：地球報告発議）の持続可能性報告書ガイドラインといった環境報告書のガイドライン（4.3.4項参照）でも，記述が求めるようになってきていることから，このような動きがさらに広がるであろう．

〔3〕 投資先・融資先・貯蓄先の選択に当たっての環境配慮

投資家が投資先を選ぶ際に，環境対策を考慮するケースもみられるようになってきた．例えば，1999年には，環境面での実績を考慮して投資先を選ぶことを明らかにした投資信託（エコファンド）が日本に登場した．株価の全般的な低迷のなかで，これまでのところ必ずしもよい業績を挙げているとはいえな

いが，市場全体の中では健闘していると評価されている。

　また，銀行などが融資先を選択する際にも，環境面でのチェックが欠かせないようになってきた。2002年に土壌汚染対策法が成立し，汚染土壌の浄化を土地所有者の責任で行わなければならない可能性がでてきたため，土地取引にあたって，土壌汚染の状況を開示することが求められるようになった。

　消費者が，貯蓄先を選ぶ際にも，環境面での選択が行われる可能性がある。例えば，集めた金銭を環境に配慮した企業に融資することをうたう銀行や金利の一定率を環境団体などに寄付することをうたう貯蓄商品がある。このとき，環境に関心のある消費者は，若干金利が安くとも，このような銀行や貯蓄商品を選択することになろう。

〔4〕 環 境 格 付 け

　このように，環境面で企業を選択する場面が増えるとともに，企業を環境面から格付けする会社や団体が現れるようになった。このような「環境格付け」には，投資情報会社が多数参入してきている。1995年に設立された投資に関する調査・アドバイザリー会社であるイノベスト（Innovest）は，環境要因を組み入れた企業評価モデルエコバリュー21を開発し，環境格付け情報を大手金融機関に販売している。また，ドイツのエコム・リサーチ（Oekom Research AG）は，1989年に設立され，1993年から環境格付け調査を開始した。1994年には機関投資家向けの環境レーティングサービスを開始している。

　日本でも，2001年に設立された「環境経営格付機構」は，2003年3月に，国内の製造業約100社を対象にした最初の環境格付けを公表している。この格付けでは，「情報開示と説明責任」「地球温暖化」「企業倫理」などの20の項目について，4段階で評価するものである。また，トーマツ環境品質研究所では，企業の環境報告書の格付けを開始した。今後，このような動きは，さらに広がっていくものと考えられる。

4.3.3 ISO 14000 シリーズ

〔1〕概　　要

　民間企業の取組みとしては，環境負荷の少ない製品開発と，企業活動自体からの環境負荷の削減の双方を挙げることができる。そして，これらを進める観点から，国際標準化機構において，環境管理に関する一連の国際規格（ISO 14000 シリーズ）が整備されている。

　ISO 14000 シリーズとは，ISO（国際標準化機構）が定める環境管理に関する一連の国際規格である。**表 4.6** に示すような種類がある。

　ISO 14000 シリーズは，前年の地球サミットでテーマとされた環境と経済の統合のための具体的な取組みの一つとして，1993 年に策定作業が開始された。六つの副委員会（SC）が設置され，同時並行的に作業が進められた。ISO における国際規格の策定作業は，各国に一つずつ認められた ISO の会員団体（日本は，日本規格協会）からの推薦で，関連業界に所属する企業，関係の学識経験者，政府職員，NGO などが参加して行われる。ISO 14000 シリーズについては，当初は，欧州市場に輸出する家電・自動車などのメーカが中心となって対応していた。

　副委員会の中で，環境マネジメントシステム（SC 1），環境監査（SC 2），環境パフォーマンス指標（SC 4）のそれぞれが，事業活動の本体に関連する環境マネジメント規格である。SC 1 で環境マネジメントの手順を決め，SC 2 ではその監査の主体や方法を定める。環境マネジメントの効果を測定する物差しとして，SC 4 で環境パフォーマンス指標を検討するという構成である。一方，環境ラベリング（SC 3）とライフサイクルアナリシス（SC 5）が，製品の評価に関する規格である。SC 6 は全体の用語の統一を図る委員会である。

〔2〕環境マネジメントシステムに関する国際規格

　ISO 14000 シリーズの中で唯一，規格に沿っているかどうかを第三者機関によって認証するしくみとなっているのが，ISO 14001 である。環境 ISO 取得といわれることがあるが，これは EMS の国際規格（ISO 14001）の要求事項を満たしていることについて審査登録機関の認証を取得することを指す。

表 4.6　ISO 14000 シリーズ一覧

① 環境マネジメントシステム：EMS（SC 1）

| ISO 14001 | 環境マネジメントシステム；仕様及び利用の手引（1996.9） |
| ISO 14004 | 環境マネジメントシステム；原則，システム及び支援技法の一般指針（1996.9） |

② 環境監査及びこれに関連する環境調査：EA（SC 2）

ISO 14010	環境監査の指針；一般原則（1996.10）
ISO 14011	環境監査の指針；監査手順；環境マネジメントシステムの監査（1996.10）
ISO 14012	環境監査の指針；環境監査員のための資格基準（1996.10）
ISO 14015	環境マネジメント；用地及び組織の環境アセスメント（EASO）(2001.11)

③ 環境ラベリング：EL（SC 3）

ISO 14020	環境ラベルと宣言；一般原則（1998.8）(2000.9；第二版)
ISO 14021	環境ラベルと宣言；自己宣言による環境主張（タイプⅡ）；用語と定義シンボル，試験検証手法（1999.9）
ISO 14024	環境レベルと宣言；第三者認証による環境ラベル（タイプⅠ），原則と実施方法（1999.4）
ISO/TR 14025	環境ラベル；環境情報表示（タイプⅢ）；原則と実施方法（2000.3）

④ 環境パフォーマンス評価：EPE（SC 4）

| ISO 14031 | 環境パフォーマンス評価（1999.11） |
| ISO/TR 14032 | 環境パフォーマンス評価事例集（1999.11） |

⑤ ライフサイクルアセスメント：LCA（SC 5）

ISO 14040	ライフサイクルアセスメント；原則及び枠組み（1997.6）
ISO 14041	ライフサイクルアセスメント；インベントリ分析；一般（1998.10）
ISO 14042	ライフサイクルアセスメント；影響評価（2000.3）
ISO 14043	ライフサイクルアセスメント；解釈（2000.3）
ISO/TR 14047	ライフサイクルアセスメント；影響評価事例集（作業中）
ISO/TS 14048	ライフサイクルアセスメント；データフォーマット（2002.4）
ISO/TR 14049	ライフサイクルアセスメント；インベントリ分析；特定（2000.3）

⑥ 用語と定義（SC 6）

| ISO 14050 | 用語と定義（1998.5）(1999.12 追補)(2002.5：第二版) |

⑦ その他

ISO/TR 14061	森林団体が ISO 14001 及び ISO 14004 を活用するための情報（1998.12）
ISO Guide 64	製品規格に環境側面を導入するための指針（1997.3）
ISO/TR 14062	製品の設計及び開発への環境側面の統合（2002.10）
ISO 14063	環境コミュニケーション；ガイドラインと例示（作業中）
ISO 14064	気候変動（作業中）

注：ISO/TR は技術報告（technical report），TS は仮規格的な技術仕様
〔(財) 日本規格協会ホームページ（http://www.jsa.or.jp/iso/iso14000.asp）および国際標準化機構ホームページ（http://www.iso.ch/iso/en/iso9000-14000/iso14000/）参照〕

ISO 14001 では，事業者内部において環境マネジメントを行うための一連の手続きを規定している。具体的な要求事項としては
① 最高経営層が組織の環境方針を定めること
② 環境方針と整合的な環境目的（環境方針から生じる全般的な環境の到達点）と目標（環境目的を達成するために設定される詳細なパフォーマンスの要求事項）を定めること
③ 環境目的と目標を達成するための環境マネジメントプログラム（組織の各部門と階層における責任，達成手段とスケジュールを含む）を定めること
④ これらを実施し運用すること（人員と資金の確保，訓練・教育，内外でのコミュニケーション，マニュアル化とその管理など）
⑤ 定常的に監視・測定を行うための手順（定期的な監査など）を確立し，実施すること
⑥ 経営層が定期的に環境マネジメントシステムを見直すこと

の六つが求められている。これら要求事項を満たせば，計画（plan）-実行（do）-点検（check）-見直し（act）という PDCA サイクルが事業者内で機能していることが保証されることとなる。

ISO 14001 を取得するかどうかは各経営組織の自主的判断に委ねられている。ただし，取引先からの要請，社会的アピール，取得に伴う経済的メリットなどから，日本において急速に広がり，全世界の認証数の約 4 分の 1 が日本で取得されている状況である。

なお，ISO 14001 は，事業者に環境管理のしくみが備わっていることを保証するが，その事業者が他社より環境上のパフォーマンスが良いことを保証するものではないことに留意したい。また，ISO 14001 では，環境情報を公開することを求めておらず，外部に提供する環境情報の確からしさを確認するためのしくみも決められていない。

〔3〕 **エコラベルに関する国際規格**

ISO 規格では，環境ラベルはつぎの三つに分類されている。

① 第三者認証による環境ラベル（タイプⅠ）
② 自己宣言による環境主張（タイプⅡ）
③ 環境情報表示形の環境ラベル（タイプⅢ）

タイプⅠ形の環境ラベルは，環境保全型商品と認められるものに第三者機関がマークをつけるものである。世界で最初のエコラベルは，1978年に始まった西ドイツ（当時）のブルーエンジェル制度であるが，これはタイプⅠに分類される。日本では，ブルーエンジェル制度を参考として，1989年に財団法人日本環境協会がエコマーク制度を開始した。これは世界で2番目のエコラベルである。同協会におかれた検討会が，エコマークにふさわしい商品類型と審査基準を定め，その類型に合致する個別の製品を認定する。認定基準の審査に当たっては，例えば表4.7に示すようなマトリックスを用いて，製品のライフサイクルにわたる環境影響を考慮することとなっている。

表4.7 エコマーク認定基準を定める際に考慮されるマトリックス

環境負荷項目	商品のライフステージ					
	資源採取	製造	流通	使用消費	廃棄	リサイクル
1 資源の消費						
2 地球温暖化影響物質の排出						
3 オゾン層破壊物質の排出						
4 生態系への影響						
5 大気汚染物質の排出						
6 水質汚濁物質の排出						
7 廃棄物の発生・処理処分						
8 有害物質などの使用・排出						
9 その他の環境負荷						

タイプⅡは，独立した第三者の認証を必要としない環境主張を指す。タイプⅡに関するISO規格では，まず，自己宣言において，「あいまいなまたは特定されない主張」（例：環境に安全，環境に優しい，地球に優しい，無公害，グリーン，自然に優しい）や「持続可能性の主張」をしてはならないとしている。また，特定のマークの用法を規定する。特定のマークとしては，現在のところメビウスループ（図4.1）のみが取り上げられており，リサイクル可能あるいはリサイクル材料含有率の主張にだけ用いることができるとされている。

図 4.1　メビウスループ

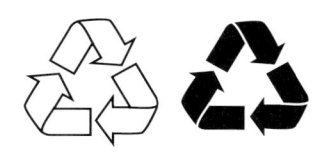

また，規格は，つぎの 12 の用語の定義と使用の際の要件を定めている。
① コンポスト化可能　　② 分解可能　　③ 解体容易設計
④ 長寿命化商品　　⑤ 回収エネルギー　　⑥ リサイクル可能
⑦ リサイクル材料含有率　　⑧ 省エネルギー　　⑨ 省資源
⑩ 節水　　⑪ 再使用可能および詰め替え可能　　⑫ 廃棄物削減

タイプⅢの環境ラベルとは，商品の環境情報を数値で示すものである。日本では，社団法人産業環境管理協会が 2002 年 6 月から開始したエコリーフ環境ラベルがこのカテゴリーに該当する[18]。このタイプのラベルは食品につけられている栄養成分表示のように，商品の環境情報を数値で示すものである。ただし，栄養成分表示に比べると，環境情報の場合，情報の項目がかなり多いため，エコリーフでは，具体的な情報はホームページに掲載し，商品にはホームページアドレスと情報番号を掲示する形をとっている。

4.3.4　事業者の行動に関する任意のガイドライン

2000 年に入って，環境の配慮した事業活動を促進する施策の一環として，環境省が事業者に対してさまざまなガイドラインを示すようになった。これらのガイドラインは，民間企業の委員が検討会に参加するなど，産業界と協働しつつ作成されていることが特徴である。

〔1〕　**環境パフォーマンス指標**

事業者の環境保全対策のパフォーマンスをどのような物差しで測るのかを示すものが，環境パフォーマンス指標である。環境省は「事業者の環境パフォーマンス指標ガイドライン」を 2001 年に公表し，2003 年に改訂した。各事業者が自主的にこのガイドラインに従って自らの環境パフォーマンスを測定し，また，内部の意思決定や外部への情報提供に用いることを想定している。

環境パフォーマンス指標がみたすべき要件としては，① 適合性（ニーズに適合すること），② 比較可能性（他の事業者などとの比較が可能となること），③ 検証可能性（客観的立場から検証できること），④ 理解容易性（わかりやすいこと）の四つが掲げられている。

また，2003年の改訂版から，事業者が使用する物質やエネルギー（インプット）と，排出する不要物や製品（アウトプット）を量的に把握することを，各業種に共通するコア指標として設定することとなった。具体的には

① 総エネルギー投入量，② 総物質投入量，③ 水資源投入量，④ 二酸化炭素などの温室効果ガス排出量，⑤ 化学物質排出・移動量，⑥ 総製品生産量または総製品販売量，⑦ 廃棄物等総排出量，⑧ 廃棄物最終処分量，⑨ 総排水量

の九つの指標である。これらを記録すれば，事業活動への物質的な投入量と事業活動からの産出量を把握することができることとなる。

〔2〕 **環 境 会 計**

環境会計とは，環境にかかわる事象を認識・測定・評価し，それを伝達する行為である[19]。環境会計に関するガイドラインが公開されたことを契機に，自主的に環境会計を取り入れる事業者が増えつつある。

1999年3月には，環境庁「環境保全コストの把握に関する検討会」が「環境保全コストの把握および公表に関するガイドライン中間取りまとめ」を公表した。この段階では，環境保全コスト（環境保全のための投資額と費用額）の把握という貨幣計算レベルを中心とした環境会計を想定しており，第三者が負担するいわゆる社会的費用の増減は，当面含めないこととされた。

2000年5月には，環境庁「環境会計システムの確立に関する検討会」が「環境会計システムの確立に向けて（2000年報告）」を公表した。この報告では，貨幣情報のみではなく，物量単位で測られる環境保全効果情報も視野に置くこととされた。

さらに，2002年3月に環境省が「環境会計ガイドライン（2002年版）」を公表している。これは，環境会計の外部報告の基本となる事項や開示項目などを示すものであり，個別の環境保全コストの内容をより精緻化するものである。

これらの環境会計ガイドラインによる記述される内容を**表 4.8**に示す。

表 4.8　環境会計ガイドラインによる記述内容

コスト面（貨幣単位） ＜環境保全のための 　投資額・費用額＞ ① 事業エリア内コスト ② 上・下流コスト ③ 管理活動コスト ④ 研究開発コスト ⑤ 社会活動コスト ⑥ 環境損傷コスト	効果面 ① 環境保全効果＜物量単位＞ 　例：環境汚染物質排出削減量， 　　　資源・エネルギー節約量，廃棄物削減量 ② 環境保全対策に伴う経済効果＜貨幣単位＞ 　例：収益への寄与額，費用節減・回避額

〔3〕　環　境　報　告　書

事業者がその事業活動に関連する環境情報をとりまとめる環境報告書についても，環境省などによるガイドラインづくりが進んでいる。

まず，2001 年 2 月には，環境省から「環境報告書ガイドライン（2000 年度版）」が公表された。このガイドラインにおいては，環境報告書の基本的要件（対象組織，対象期間および対象分野の明確化）を述べるとともに，作成に当たっての六つの原則として

① 適合性（関心事項を適切にカバーして説明しているか）

② 信頼性（データや内容は正しいか）

③ 明瞭性（わかりやすく説明しているか）

④ 比較可能性（他企業間，異時点間での比較は可能か）

⑤ 検証可能性（監査によるチェックが可能か）

⑥ 適時性（タイミングは適切か）

を提示している。

さらに，環境報告書に必要と考えられる項目として，**表 4.9**に示す内容を示している。この中で，環境負荷の低減に向けた取組みの状況に記載すべきこととされている各項目は，「環境パフォーマンス指標ガイドライン」で示されている内容と整合性がとれたものとなっている。

なお，環境報告書ガイドラインは，2004 年に改訂されるとともに，第三者

表4.9 環境報告書に必要と考えられる項目

基本的項目	①経営責任者の緒言，②報告に当たっての基本的要件，③事業概要など
環境保全に関する方針，目標及び実績等の総括	④環境保全に関する経営方針・考え方，⑤環境保全に関する目標，計画及び実績等の総括，⑥環境会計情報の総括
環境マネジメントに関する状況	⑦環境マネジメントシステムの状況，⑧環境保全のための技術，製品・サービスの環境適合設計等の研究開発の状況，⑨環境情報開示，環境コミュニケーションの状況，⑩環境に関する規制遵守の状況，⑪環境に関する社会貢献の状況
環境負荷の低減に向けた取組みの状況	⑫環境負荷の全体像，⑬物質・エネルギー等のインプットに係る環境負荷の状況及びその低減対策，⑭事業エリアの上流（製品・サービス等の購入）での環境負荷の状況及びその低減対策，⑮不要物等のアウトプットに係る環境負荷の状況及びその低減対策，⑯事業エリアの下流（製品・サービス等の提供）での環境負荷の状況及びその低減対策，⑰輸送に係る環境負荷の状況及びその低減対策，⑱ストック汚染，土地利用，その他の環境リスク等に係る環境負荷の状況及びその低減対策

〔環境省「環境報告書ガイドライン（2000年度版）」より作成〕

審査の環境報告書の普及促進と信頼性の向上を図るため，「環境報告書作成基準」と「環境報告書審査基準」が新たに策定されたところである。

また，環境報告書に関するガイドラインとしては，経済産業省も2001年6月に「ステークホルダ重視による環境レポーティングガイドライン2001」を公表している。このガイドラインは，既存の各種環境報告書ガイドラインとの整合性を図りつつ，ステークホルダグループ（取引先，金融機関，行政，地域住民，一般住民，従業員など）ごとに，環境報告書に掲載すべき項目と内容について，重み付けをしている点に特徴がある。

国外でもさまざまな取組みが見られる。例えば，1997年に開始された民間非営利のプロジェクトであるGRIは「持続可能性報告ガイドライン」を順次公表している（第一版2000年6月，第二版2002年8月）。なお，GRIは，2002年より独立したNGO組織となった。

GRIガイドラインは，経済指標，環境指標，社会指標の三つの指標群からなるもので，単なる環境報告書ではなく，社会指標や経済指標も含めた持続可能性報告であることが特徴である。

これは，「良い企業」の要件として，環境負荷が小さく（環境指標），付加価

値が大きく（経済指標），法人としての人格も立派である（社会指標）という三つが求められる時代となってきたことを反映している。ガイドラインでは，経済指標として利潤の配分先（地域的分布，ステイクホルダへの還元）など，環境指標として資源・エネルギー投入，不要物産出，土地利用など，社会指標として人権，労働，コミュニティ社会開発などに関する指標が示されている。

4.3.5 民間企業の具体的な取組みとその課題
〔1〕 民間企業の取組みの実態

環境省では，1991年から継続して「環境にやさしい企業行動調査」を実施している。2002年度に実施された調査結果に従って，民間企業の取り組みの実態をみることにしよう。この調査は，東京，大阪，名古屋の各証券取引所の一部，二部上場企業2655社と，従業員数500人以上の非上場企業3755社を対象としている。2002年度の回答率は，上場企業49.8％，非上場企業44.0％，全体では46.4％の回収率となっている。ちなみに，1991年の第1回調査の回答率は上場企業で15.4％であった。10年以上継続してようやく約半数の上場企業が回答するようになったことがわかる。

まず，ISO 14001の取得については，図4.2に示すように，2002年には，

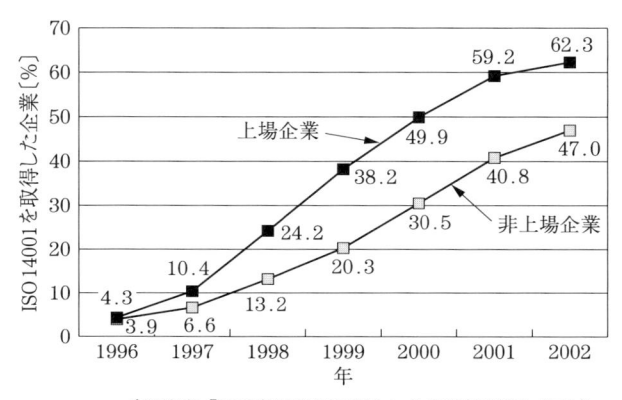

〔環境省「2002年版環境に優しい企業行動調査」結果〕

図4.2 ISO 14001を取得した企業（有効回答企業に占める割合）

有効回答上場企業の 62.3 %，有効回答非上場企業の 47.0 %が取得している状況である。

環境会計を導入する企業も徐々に広がってきている。環境会計を導入している企業は，2000 年には回答のあった企業全体の 13.2 %であったが，2001 年に 16.9 %，2002 年に 19.3 %と順調に増加してきている。

環境報告書を公表する企業も増えている。回答のあった上場企業の 34.0 %が環境報告書を作成しており，2001 年度の 29.9 %から大きく増加した。一方，非上場企業は，12.2 %（2001 年度 12.0 %）と微増にとどまっている。作成企業数の年次変化は図 4.3 のとおりである。

把握している環境データについて複数回答を求めると，図 4.4 に示すよう

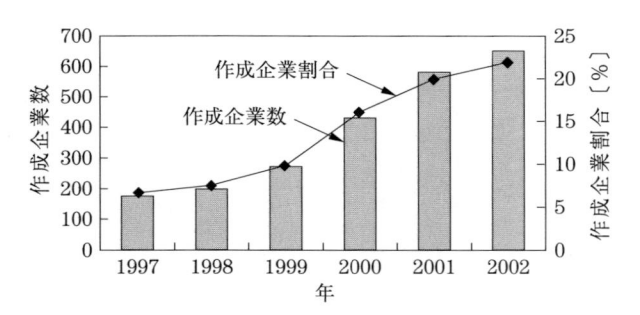

〔環境省「2002年版環境に優しい企業行動調査」結果〕

図 4.3　環境報告書を作成している企業数と割合の経年変化

に，廃棄物排出量，エネルギー使用量，紙使用量などは回答企業の 8 割程度以上の割合で把握されていることがわかった。一方，原材料使用量や包装材使用量は，比較的把握されていないことがわかった。

環境格付けについては，「諸外国では環境面などでの企業選別が行われているので日本でも必要」と回答する企業が 36.9 %（上場 38.6 %，非上場 35.6 %），「新たな企業ブランドが確立しうるので必要」が 25.7 %（上場 23.5 %，非上場 27.5 %）となっており，おおむね 6 割強の回答企業が環境格付けの必要性を認識している。

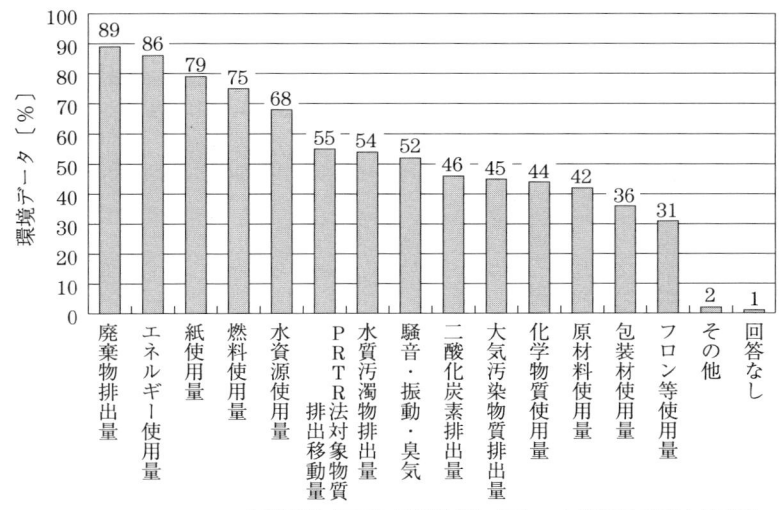

4.3 民間企業と地球環境保全　　185

環境データ [%]

- 廃棄物排出量: 89
- エネルギー使用量: 86
- 紙使用量: 79
- 燃料使用量: 75
- 水資源使用量: 68
- PRTR法対象物質排出移動量: 55
- 水質汚濁物質排出量: 54
- 騒音・振動・臭気: 52
- 二酸化炭素排出量: 46
- 大気汚染物質排出量: 45
- 化学物質使用量: 44
- 原材料使用量: 42
- 包装材使用量: 36
- フロン等使用量: 31
- その他: 2
- 回答なし: 1

〔環境省「2002年版環境に優しい企業行動調査」結果〕

図 4.4　把握されている環境データ（複数回答）

〔2〕 民間企業の取組みの課題と展望

　以上のように自主的な環境対策が広がりつつあるが，つぎのような課題を指摘することができる。

　第一に，社会全体として環境パフォーマンスが改善しているかどうか疑問があることである。例えば，2001年度の二酸化炭素の排出量は，1990年度に比較すると，産業部門（製造業，農林水産業，鉱業及び建設業）の排出量は5.1％減少しているものの，運輸部門，業務その他部門（その他の業種で中小製造業の一部を含む），家庭部門での排出量がそれぞれ，22.8％，30.9％，19.4％増加したため，社会全体で5.2％増加している。この間，人口は約3％の伸びにとどまっており，1人当りの二酸化炭素排出量は約2％増加したこととなる。つまり，社会全体として二酸化炭素の排出量の少ない構造にはいまだ変革されていないのである。これまでは，自主的にできるところからというスタンスで政策が進められてきたが，今後，なんらかの形で一定の環境マネジメント手続を義務化することや，環境情報の公開義務づけを行うことなど，ルール

化に向けての努力に加えて，税制などとリンクさせより強いインセンティブが与えられるようにすることが必要ではないか．

第二に，自主的な取組みの比較可能性が確保されていないことである．さまざまな環境報告書が公表されるようになったが，数値の算出方法やバウンダリーの設定などに企業間のばらつきがあるために，企業間の比較検討に用いにくくなっている．また，さまざまな環境ラベルが乱立し，消費者などにわかりにくくなっている．このため，折角の環境情報が十分に経済的な意思決定に組み込まれていない．今後，コアとなる環境情報については，統一的な情報が公開されるように，記録と公開のルールを明確にしていく必要があろう．

このようなルール化については，民間企業の自主的な取組みを阻害するものであり，望ましくないという意見もあろう．しかし，行政に裁量を与えるような形で民間企業を規制することと，民間企業の競争のルールを変更することは大きく異なる．行政に裁量を与えるのではなく，民間企業の実践を踏まえて，競争のルールを変えていく方向であるならば，規制緩和の流れとも整合する．

これまで，ごみの量など環境に関する物量情報をほとんど考慮せずに，企業の活動が営まれてきた．ごみは市町村が税金で処理を行うこととされているし，二酸化炭素などは自然が処理してくれていたのである．しかし，地球規模の環境の限界が明らかになっているいま，環境負荷の総量を考慮せずに経済活動を営むことはできない．したがって，より少ない環境負荷でより多くの付加価値を生み出した企業が，競争に打ち勝つような新しい競争のルールが必要なのである．このための一連の試みは，地球サミットを契機として，民間企業の自主的な取組みという形で，徐々に広がってきた．今後の10年間は，これをルール化する努力に向けられることとなるのではないだろうか．

引用・参考文献

1) 奥田道大：住民参加の現状と課題, ジュリスト増刊総合特集；現代都市と自治, 佐藤　竺 編：現代のエスプリ158, 住民参加, 至文堂, p.75（1975.4）

2) Arnstein, S.R.：A Ladder of Citizen Participation, AIP (Americal Institutes of Planners) Journal, Vol. 35, No. 4, pp. 216-224 (1969)
3) 高寄昇三：住民投票と市民参加, 勁草書房, p. 59 (1980)
4) 澤田昭夫：補完性原理 The Principle of Subsidiarity, 分権主義的原理か集権主義的原理か, 日本 EC 学会年報, No. 12, pp. 37-38 (1992)
5) 例えば
   石川謙次郎：欧州連合と「補完性の原則」, 東京国際大学論叢教養学部編, No. 50 (1994)
   和達容子：欧州連合における「補完性原理」── マーストリヒト条約下の議論を中心に ──, 法学政治学研究（慶応義塾大学）, No. 35 (1997)
   中原喜一郎：欧州連合と補完性の原則に関する一考察, 法学新報（中央大学）, Vol. 102, No. 3-4 (1995)
6) 清water幾久子：ドイツ環境保護における協働原則 ──ドイツ連邦憲法裁判所と協働原則, 法律論叢, Vol. 73, No. 4-5, pp. 30-31 (2001)
7) 大久保規子：ドイツ環境法における協働原則 ── 環境 NGO の政策関与形式 ──, 群馬大学社会情報学部研究論集, Vol. 3, p. 90 (1997)
8) 訳文は, 環境庁・外務省 監訳：アジェンダ 21 ── 持続可能な開発のための人類の行動計画, エネルギージャーナル社, (1993) による.
9) 総理府告示：環境基本計画, 第 2 部第 2 節 (2) (1994.12.28)
10) (財) 地球・人間環境フォーラム 編：地球化時代の地域戦略 ── 環境庁「地方公共団体による地球環境問題への取組み」報告 ──, エネルギージャーナル社 (1990)
11) 訳文は, 環境庁・外務省 監訳：アジェンダ 21 ── 持続可能な開発のための人類の行動計画, エネルギージャーナル社, (1993) による.
12) 環境省：ローカルアジェンダ 21, 策定状況等調査結果 (2003)
13) http://www.env.go.jp/earth/dantai/index.htrml
14) 環境省：グリーン購入に関するアンケート調査, (2003.6)
15) 平本一雄 編著：環境共生の都市づくり, ぎょうせい (2000), 伊藤 滋 他監修：環境共生都市づくり, ぎょうせい (1993) 参照
16) 社団法人国際環境研究協会：平成 15 年度地域における環境研究・技術開発の推進に関する調査報告書, (2003.9)
17) 訳文は, 環境庁・外務省 監訳：アジェンダ 21 ── 持続可能な開発のための人類の行動計画, エネルギージャーナル社, (1993) による.
18) 社団法人産業環境管理協会エコリーフホームページ参照. http://www.jemai.or.jp/ecolabel/default.htm
19) 國部克彦：環境会計, 新世社, p. 2 (1998) における広義の定義

5 世界のNGOと日本のNGOの役割

5.1 21世紀の環境問題

　環境問題はこの20年間に非常に大きく変化してきた。先進国では1950年代から深刻な大気汚染，水質汚染などの公害が発生し，地域の自然破壊や野生生物の減少が大きな問題となった。各国はそれぞれ公害対策や自然保護に真剣に取り組み一応の成果を得たが，1980年代から地球温暖化やオゾン層の破壊などの地球的規模の環境問題がクローズアップされるようになり，環境問題は根本的に変質した。公害，自然環境破壊などは，ある国の一部地域の課題であった。また，被害者と加害者もかなり明確に区別できた。しかしながら，温暖化などの地球環境問題は，世界全体が一度に被害を受けることになり，しかも加害者と被害者の区別がつかず，一般市民の日常生活そのものが環境破壊につながると認識されるようになった。

　それまでの環境問題は，公害や自然破壊に対する防衛であったが，地球環境問題では話が非常に複雑になる。国内の一地域の問題ではなく広域的な課題であり，各国の内部でも担当部局が複雑に入り組む。そして国内での対応のその上に，国際的な対応が重なることになる。

　一方，途上国でも公害や自然破壊が発生し，野生生物が急激に減少するといった問題が多くなり，1960年代，70年代の先進諸国の公害と似た状況になってきた。加えて，80年代に入ると地球規模の環境問題が顕在化し，深刻な公害，自然破壊と地球規模の環境問題が一度に押し寄せている。日本や欧米で

は，公害の発生からその克服へと時間をかけてきた。しかし，現在の途上国はそうした困難な課題を同時並行的に実行していかなければならない。これは先進国であっても非常に難しい問題であり，途上国だけで解決できる課題とは思えない。

　一方，地球全体を見ると，物質的に貧しい国と豊かな国とがはっきりと分かれており，数少ない豊かな国の自然資源使用量が圧倒的に多い。こうした状況を改善するには，エネルギー使用を含め，先進工業国の自然資源の消費を極力押さえ，途上国の生活レベルを引き上げる作業を同時に行う必要が出てくる。これはすなわち人類の生き方や生活態度にかかわってくる問題なのである。

　例えば地球温暖化の場合，二酸化炭素の増加が非常に大きな原因だが，それは人類の日常生活でのエネルギー消費が原因となる。飛行機，自動車などの利用，さらには電気の使用などによって，多大なエネルギーを使い，その結果，大気中の二酸化炭素の濃度が非常に高くなってきており，温暖化が促進される。

　このような図式の中では，特に先進国の，市民一人ひとりの日々の生活が温暖化の原因を作りだしていることは明らかである。公害や自然破壊の場合のように，加害者と被害者がはっきりしていれば対応策は明快だが，温暖化をはじめ地球環境問題の改善は単純ではなく，議論のはじめに人類のあり方のようなものが問われなければならない。

　将来，地球上のさまざまな人間が同じような富を分かち合える社会を作るという方向性に沿って，二酸化炭素を適当な濃度に安定させようとするのか。それとも貧富の差については自由競争に任せ，弱肉強食の形で進んでいくのか。どのような未来社会を想定するか，その議論の方向によって，二酸化炭素の削減策は大きく異なってくる。

　前者のような平等，公平を是とする社会を目指すならば，当然，将来の平等，公平な世の中に近づくための方策を考えるだろう。将来への目標を設定し，現在の不平等を直す形で二酸化炭素の削減計画を作ることになる。すなわち人間一人の排出量の規制を全世界平等に設定し，そこからすべての計算が始まる。将来の平等を目指し，現在の不平等をどのように平等な形にもっていく

のか，そこが政策のキーポイントになる。

　これに対し，自由競争の原理を貫けば，現在の排出量を基準に考えてよい。国家としての排出量を第一の基準とし，個人の排出量の平等性は当面考えることはない。現在の排出量をいかに減らすか，また，国家としての排出量をどのように減らしていくのか，その方法論が中心となる。

　簡単にいうと，個人の排出量の比較か，国家としての総排出量の比較か，どちらをまず優先させるのか，ということにつながる。現在，米国と途上国とが真っ向から対立しているのがこの問題である。

　例えば，米国の国家としての排出量は1996年に14億4677万t，インドの排出量は2億7221万tで，米国はインドの約5.3倍であるが，人口で割ると，すなわち1人当りの排出量では，米国はインドの約22倍になる[1]。1人当りの排出量の制限を同じにすると，インド人は米国人の22倍排出できることになる。国家の排出制限量もこれまでの計算とは大きく異なってくる。

　中国やインドの立場に立てば，過去からの排出量や現在の個人の排出量の差が気になる。その結果としての生活レベルの差は歴然としている。これから日本や米国なみの生活を国民に提供したい両国にとっては，現在の少ない排出量で規制されてしまっては，自国の発展の妨げになる。だから個人の排出量を基準にした削減方法を譲れない。

　一方，米国は中国やインドという排出大国に特別の猶予を与えれば，現実問題として二酸化炭素の削減は不可能であり，いますぐにも中国やインドに応分の削減をしてもらいたい。だから形はどうあれ，中国やインドも規制の対象とすべきだと主張する。

　このように，二酸化炭素を削減するシナリオを作る前提として，人類の百年後，200年後，数百年後のあり方をイメージする必要が出てくるわけで，現代の環境問題とは，これまでのように，ある国家のある一地域における問題ではなく，人類全体の行く末を考える課題となってきている。同時にわれわれの生活態度，価値観，そういったものを俎上にのせていかなければならない。

　環境問題はこの20年間に大きく変質し，身近な問題，身近な場所での問題

であったものが，人類全体を包み込むような問題に広がり，理学，工学，農学，または法律，経済などの分野での課題であったものが，倫理，哲学，歴史，文明論といったような分野にまで広がってきているのである。

環境問題そのものの定義を大きく変えなければならず，「環境問題の再定義」が必要となってきている。このような点については，加藤尚武が「環境を軸とした新たな哲学の構築」を提唱[2]するなど新しい取組みが始まっている。環境問題は21世紀に入り，まったく新たな局面を迎えているといってよいだろう。

21世紀の環境対策は，いわば，人類が結束して当たるべき闘争であり，政府だけではなく，企業も，地域社会も，メディアも，そして市民も，全員が力を合わせる形をとらなければならない。さまざまなセクターがそれぞれの役割を果たし，かつ共同で事に当たることによって初めて改善への見通しが立つ。

5.2 NGOの役割

こうした流れにあって，環境NGOの役割はきわめて重要である。地球環境問題においては，各国政府の役割が時として限定されてくる。政府はその性質上国益を第一と考える。20世紀において，環境問題のさまざまな国際交渉は国家の利益を守る意思と意思がぶつかりあっての妥協の産物であった。基本には国益を守ることがあり，地球全体の利益，すなわち国益を超える地球益については後回しになることが多かった。

二酸化炭素の削減を含む京都議定書の問題などでも，各国の利害が激しくぶつかりあっている。そこには一国の利害を超えた地球益の追及というものがやや後退している。各国政府ができ得ることに限界が見えてきている。しかしながら人類は国益を超えた地球益を追求する新たな機関，もしくは新たな考え方を構築しなければならない。

その際，やはり当初から地球益を掲げている国際的な環境NGOの力が必要となってくる。現実に世界の環境問題における国際交渉を見ても，国際的な環境NGOの活躍がめざましい。国際NGOの主張が政府の数歩前を歩き，それ

を政府が少しずつ追いかけるという形が定着しつつある。国際環境 NGO はすでに環境改善に向けての牽引車の役割を果たしているのである。

また，21世紀には環境問題についての市民一人ひとりの自覚も必要となってくる。環境啓発，環境教育の充実が不可欠だが，NGO は市民と直結しているため，この面についても，きめの細かい対策をとることができる。国際的な NGO に対し，地域の NGO は政府がさまざまな政策を実行しようとするときに非常に頼りになる。

強力な国際環境 NGO と地域の NGO との連携が進めば，国際環境 NGO と政府が国際条約の骨格をつくり，各国での改善や実施などについては地域の NGO が参加するという形が明確になり，政府と NGO，市民との協力体制がより一層進展することになる。

世界各地にはじつに多様な NGO があり，政府や企業がグローバル基準のようなものに適合した形で活動をしているのに対し，NGO は独立して自由で多彩であるため，環境改善についてより柔軟な発想が生まれる可能性が強い。世界の NGO がそれぞれの特色を生かしながら，たがいに刺激し合うことにより，新たな時代が切り開かれることになるだろう。

5.3 欧米の環境 NGO と日本の環境 NGO

しかしながら，日本の NGO は世界の中でも非常に特異な存在であることを日本人は知っておく必要がある。日本の NGO は人口や経済力などからみて，非力すぎる。世界からはもっと存在感のある NGO が日本にたくさんあると思われている。もしくは一般の日本人が，日本で見聞きする NGO の姿を世界の標準であると勘違いすることが多い。時に日本企業が，欧米の環境 NGO を日本の環境 NGO と同じような小さな団体と勘違いして対応を誤ることがあるが，こういった事例はほとんどが NGO への認識不足から発生している。

2002年に東京で開かれたアフガニスタン支援会議では，外務省が「政府に反対する NGO は会議に入れないように」という国会議員の圧力を受けて，

NGO の参加を拒否し，大きな社会問題となった．結局，外務省が世論に屈してNGO の参加を認めたが，当初クレームをつけた議員もそれを受け入れた外務省も，NGO の本来の役割，意義についてまったく理解していなかったことが明らかになった．

NGO とは，非政府の機関であり，独立した存在である．政府と協力したり，場合によっては政府を批判したりしながら，さまざまな矛盾を解決する存在だ．時には政府にはできないことを行い，時には政府と協力する．政府とは対等な存在であり，政府の下にあるものではない．NGO は政府を批判するのは当然で，そうした意識がない NGO こそ問題なのだ．外務省は NGO を「使ってあげる」といった意識であったのだろうが，そのようなことが発生すること自体，日本ではまだ NGO に対する認識が遅れているのである．

ここでは欧米と日本の環境 NGO の実状を見ながら，日本の NGO がなぜ立ち遅れているのかを分析する．

5.3.1 欧米と日本との環境 NGO の比較

欧米と日本の環境 NGO を比較すると，規模と多様さと社会的な地位がまったく違う．残念ながら，いずれの場合でも日本は規模が小さく，多様性がなく，そして社会的地位が低いのである．

〔1〕 規　　　模

表 5.1 に示すように，欧米の多くの国には 100 万人以上の会員を持つ団体がある．欧州では，グリーンピース・インターナショナル（本部オランダ）が 400 万人以上の会員を擁するほか，ドイツ自然保護協会は 250 万人，イギリス

表 5.1 欧米の環境 NGO の会員数

欧　州	会員数	米　国	会員数
グリーンピースインターナショナル	400 万人	全米野生生物連盟 NEF	450 万人
ドイツ自然保護連合	250 万人	WWF アメリカ	120 万人
イギリスのナショナルトラスト	270 万人	グリーンピース	160 万人
地球の友インターナショナル	50 万人	TNC	100 万人
WWF インターナショナル	50 万人	オーデュボン協会	60 万人
		シエラクラブ	55 万人

のナショナルトラストは270万人といった具合である。また，米国ではNWF（全米野生生物連盟）が400万人，グリーンピースUSAが160万人，WWF米国が120万人，TNC（ネイチャーコンサーバンシー）が100万人の会員を擁する。そのほか伝統あるシエラクラブやオーデュボン協会なども55万人，60万人といった会員を抱え[3]，米国社会の中で大きな影響力をもっている。

これに対し日本は比較にならないほど小規模だ。最も大きい団体が日本野鳥の会で4万8千人，WWFジャパンが3万7千人，日本自然保護協会が1万6千人というレベルである（いずれも2004年5月現在）。米国最大のNWFと日本野鳥の会の開きが大きすぎる。欧州の団体と比較しても同様なことがいえる。こうした団体の規模の差が欧米と日本の環境保護団体の力の差となって現れてきている。

米国では約1,400万人の市民がなんらかの環境保護団体に加入している[4]。それは，1,400万人の市民がポケットマネーを出して環境保護団体の会員になり，環境問題にいくらかの貢献をする意思を示していることでもある。日本では多く見ても50万人程度[5]だろう。これは単に会員数が多いというだけでなく，その活動を支持する人の数でもあり，社会的な影響力の違いをも表すこととなる。

会員数が多いということは選挙で投票する人も多いということになり，政治的な圧力も大きくなる。アメリカでは選挙のたびに環境保護団体が支持する政治家を名指しで発表し，投票行動を大きく左右する。例えばクジラの問題など，個人的には捕鯨反対ではなくても，とても反対とはいえないと説明する議員が多い。捕鯨賛成といったとたんに落選する，と首をすくめる。それほどに環境保護団体の政治圧力は強いのだ。これはやはり会員の数の力だろう。

〔2〕 多 様 性

表5.2に示すように，欧米では環境政策シンクタンクや訴訟専門団体，国際的な支援団体など多種多様な団体がある。それに対し，日本では自然保護を中心とする3団体が全国団体としての体裁を整えているが，その他の分野では全国的な規模で運営されている団体はほとんど見当たらない。地球温暖化につい

表5.2 環境NGOの団体

欧　米	欧米に対して日本は
●シンクタンク	なし
●訴訟専門団体	最近設立
●自然保護	3団体
●国際問題専門	少ない
●ナショナルトラスト	1団体
●釣り，狩猟	反公害運動

て，もしくは環境教育など特別な目的をもって活動している団体はあるが，全国的な規模で1万人を超える会員を擁する団体はない。日本では，会員が数百人レベルまでの草の根団体ではかなり多様性に富んでいるが，そうした小さな力を結集して大きな主張にまで組み上げる力はまだ十分に育ってはいない。今後はネットワーク形の新たな連携が求められるだろう。

このように環境保護団体が小規模で多様性に欠くということになると，団体としての資金力や人材が非常に弱いものになる。独立性を保つことや政策を提言するといったことがあまり良くできず，NGOの力不足を世に示す結果になる。特にシンクタンク的性格を持つ団体が少ないのが気になる。

米国のワシントンにある世界資源研究所（WRI）は全米の選りすぐりの研究者を120人も抱え，世界のトップクラスの政策研究を続けている。そのための財政的な裏付けもある。このように世界的な影響力を持つシンクタンクは，NGOといっても政府以上に的確な研究成果を出す団体として認められている。そうした団体があるからNGOが政府にも社会にも認められるのである。

日本では，1998年に設立された財団法人・地球環境戦略研究機関（IGES）が政策シンクタンクとして期待されていたが，現状では環境省の下部団体という形になってしまっている。当初の「政府から独立した政策シンクタンク」というもくろみはすでに外れてしまっている。日本でも一日も早く世界資源研究所のような，独自の政策を打ち出せるNGOが育たないと，いつまでも社会に認められない危険性がある。

〔3〕　社　会　的　な　地　位

米国では大きな環境NGOの会長になることは非常な名誉なことであり，有

名な会社の責任者を退いたあとは環境NGOのトップになるのが夢であるという人も多い。日本では，NGO職員になるのは，良い会社に入れなかった人ではないか，というような誤解がある。NGOといってもどこの馬の骨がやっているのだかわからないといった偏見がまだ残っている。実際，一部の団体では見よう見まねで経営を行っているため，経理や運営面で不備が見られる。しかし，それはトレーニングすればすぐに上達するのであって，NGOとしての資質とは別問題なのだ。一部の不備な点を強く指摘して「NGO未熟論」を叫ぶ人もいるが，そういった声に押されて，社会全体がNGOというものを十分に信頼していないことが大きな問題なのである。

5.3.2　日本が立ち遅れている理由

それではなぜ日本のNGOは欧米に対し大きく立ち遅れているのだろうか。その理由は大きく分けて3点ある。第一は保護団体の間に運動体としてのつながりがないこと。第二は国民的な支持がないこと。第三は歴史が違うことだろう。この3点を順に考えてみる。

〔1〕　運動体としてのつながり

図5.1(a)のように，欧米の環境保護団体は19世紀の後半から約100年間，

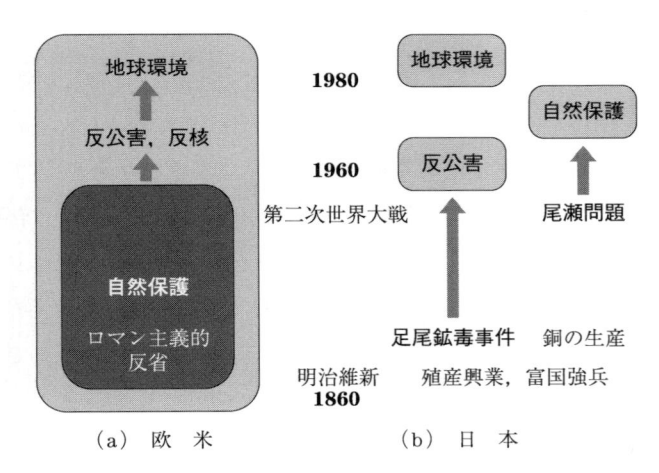

図5.1　環境NGOの運動体としてのつながり

自然保護運動を続けてきた。その上に1960年代になって公害反対や核実験反対といった運動を付け加えてきた。同じ運動体の中に反公害や反核が芽生えていったのである。そして1980年代になると，その延長線上に地球規模の環境問題に対する対応が生まれてきた。一つの団体が自然保護問題に挑み，公害や地球環境問題にも，また環境教育の普及にも努力している。欧米の環境保護団体は現在では複合的な視野をもって運営されているところが多い。

それに対し日本の環境保護運動は，図5.1(b)のように，戦前は明治中期の足尾鉱毒事件に象徴されるような反公害運動があり，戦後は経済の高度成長政策の影の部分である公害と列島改造の影の部分である自然破壊に対する反対運動として成長してきた。水俣病やイタイイタイ病に代表される反公害運動は足尾鉱毒事件以来の流れにあり，自然保護運動は戦後すぐの尾瀬の保存運動からの伝統がある。

そして，1990年代に入ると地球環境を問題にする環境保護団体が生まれてくる。しかし，欧米の環境保護団体とは違って，反公害運動をする団体と自然保護運動をする団体とは別なジャンルであり，たがいの連絡はほとんどない。地球環境を守る団体もまた独立して始まったこともあって，自然保護や反公害運動の団体とは交流が少ない。

それぞれが独立した運動体として機能している。例えば1997年の地球温暖化防止のための京都会議（気候変動枠組条約第3回締約国会議）のときには，地球環境問題のためのNGOである「気候フォーラム」が全体を取り仕切り，全国のNGOに協力を呼びかけた。しかし，全国団体である日本野鳥の会と日本自然保護協会はそれほど熱心ではなかった。草の根レベルの自然保護団体も地球環境問題には比較的冷たかった。

それはたがいの団体の間に連携意識が薄かったためだろう。欧米の団体がその歴史的ないきさつからも，自然保護から反公害，反核，そして地球環境問題とすべてについて関心を持っているのに対し，日本の団体は専門的で視野が狭い傾向にある。そこが，環境保護運動のいまひとつ盛り上がらない一つの理由ではないかと思われる。

〔2〕 **国民的な支持が不足**

前にも述べたとおり，米国では環境保護団体に就職することがあこがれの一つであり，社会的に成功した人がリーダになりたい仕事の一つである。日本では「変わった人」がするものだ，という印象が強く，よほどの熱意がないと就職するときに親や友達から反対されてあきらめてしまう。財界や官界，政界の人々もあまり関心を示さなかった。

1903年，セオドア・ルーズベルト（Theodore Roosevelt）米国大統領（第26代）が大陸を横断してヨセミテのジョン・ミューアをたずね，この自然保護の闘士とともに4日間も山旅を楽しんだという事実と比べ，日本の指導者は自然についてほんの少ししか関心を示していない。忙しくて「自然を訪れるなど悠長なことをいっていられない」といった感覚なのである。内閣でも環境大臣の任命はいつも後回しと相場が決まっている。環境問題を内閣の最重要課題だとは思っていないような首相が続いている。

欧米の環境保護団体のように，100年にわたる歴史，伝統がないため，一般の人々にはその存在が定かではないのであろう。

環境省の1996年4月22日（当時は環境庁）の意識調査でも，当時まだ制定されていなかった「アセスメントの法制化」については75％の人が肯定的な回答をよこし，「環境税，ディポジット制」については66％が肯定的で，「再生品を買う」という問いには44％が買うと返事をしている。しかし，「民間活動に参加するか」という質問にはわずか7％の人が「参加する」と答えているにすぎない。環境問題についての知識は比較的豊富だが，いざ自分で何か行動しよう，という場面では引いてしまうのが日本人の典型のようだ。1400万人のアメリカ人が何らかの環境NGOに参加しているのに比べ，日本ではまだ50万人程度ということは，環境問題に主体的に取り組もうとする一般市民の意識の差の現れである。このように，日本人一般が環境NGOにまだ関心を寄せていないのが一番問題なのである。

〔3〕 **歴史的な立場の違い**

江戸時代までは日本は限られた土地と資源を有効に活用し，リサイクル文化

も徹底していた。当時の世界でも最もエコロジカルな生活態度を貫いていたのである。花鳥風月を愛で，自然の営みに従って生きていた。

　幕末にペリーが来航したとき，ペリー艦隊の船員たちは群がり来るさまざまな鳥を撃ち殺して遊び，食べていた。それを見た日本人は「何と野蛮な人間なのか」とあきれ，日米和親条約の最後に「日本においてはだれも殺生をしてはならない」という一文を付け加えている[6]。

　百万都市の江戸は緑に埋もれ，水路は清潔に縦横に流れていた。日本橋のたもとでフクロウが鳴いていたのである。

　しかし，問題は明治以降である。江戸時代までのんびり暮らしていた日本は，開国とともに世界の激しい競争原理に中に放り込まれる。力をつけなければすぐに叩かれる。現に，隣の清国はアヘン戦争で香港を奪われ，インドをはじめアジア各国はほとんど植民地となっていた。

　このため明治政府はやみくもな開発路線をとる。政府の要人たちは，日本を根本的に造り変えなければならないと信じ，富国強兵，殖産興業を旗印に急激な近代化，工業化を推し進めた。そしてそのまま第二次世界大戦まで突っ走り，戦後の経済の高度成長に引き継がれていく。

　この明治から昭和の終わりまでの「欧米に追いつき追い越せ」路線が国土や国民の健康に無理を強いる結果になった。その間，反抗するものは非国民であり，変人であった。一般市民は明治以降の120年の間，夜も寝ないで働くことが美徳と思い，土曜も休まず，時には日曜返上で働きつづけてきた。そのような環境の中では市民のボランティア活動は生まれにくかった。

　こうした状況の中で，足尾鉱毒事件は必然的に発生し，その改善に立ち上がった人々は生活を守るために闘った。日本の環境保護運動は反公害運動として始まったのである。

　明治政府は当時，最大の輸出品である銅を生産し，その売却代金を軍艦や武器を買う資金に当てなければならなかった。鉄道や河川改修も必要だった。そのため，明治政府は足尾鉱毒被害を無視しようとした。そして「多少の被害がでたとしても，全体を救うため」という理由で，鉱山の改善に踏み切らなかっ

た。結局，闘士・田中正造も谷中村の農民もみな圧殺されていった。この構造は戦後も変わらず，水俣病，イタイイタイ病，四日市喘息などの大規模な公害事件を引き起こすに至った。

その間，欧米では近代工業化路線に対するロマン主義的な反対があった。開発一辺倒への強い疑問が出され，近代化，開発発展に対して一定の歯止めがかかることになり，英国のナショナルトラストや米国のシエラクラブ，オーデュボン協会などが積極的な活動を始め，国民はこれを支持した。社会の有力者がさかんに自然保護を訴え，乱開発を良識ある開発に修正する努力がなされた。

日本の戦後の公害の場合，反対運動は時の政府の方針に逆らう形になり，反政府側の政党と深く連携した。その結果，公害反対運動は主に社会党，共産党といった政党と連携するケースが多くなり，1960年代後半には反公害を訴える革新首長が東海道を埋め尽くす勢いになった。慌てた政府・自民党は1970年に公害国会を開き，環境庁の設置を提案した。

こうした流れがあり，環境保護運度が社会運動と同一視されることがその後長く続いた。自民党だけでなく政府や財界の人々も「環境保護運動とは政党色が強く，うるさい連中だ」といった印象を捨てきれず，毛嫌いする状況が続いた。このため，心ある若者が環境保護に立ち向かっても家族や先輩，学校などから反対され，志半ばで多くの人が断念していった。戦後長い間，環境保護という活動が社会的に認知されない状況が続き，それが日本人の環境運動アレルギーを助長させたといえる。

自然保護の部分では戦後の尾瀬問題に端を発し，日本自然保護協会ができるが，国民の多くは「豊かな国」を目指すあまり，自然環境の劣化を気にしなかった。政府は自然環境の破壊を「改変」と言い換え，田中角栄内閣の掲げる「列島改造」路線では日本の自然を決定的に傷めた。さすがに1980年代になって，国民はその行きすぎに気がつき，知床半島の自然林伐採や石垣島の空港建設，白神山地の横断道路などについて大きな反対運動が起こってくる。

さらに，80年代後半には地球環境問題が認識されるようになり，またバブル経済の崩壊もあり，それまでの「追いつき追い越せ一辺倒」の生き方に疑問

が呈せられるようになった。そういった流れに呼応するかのように日本でもNGOへの理解が得られるようになってきた。

こう見てくると，日本では，国民がNGOについて正確に認識し始めたのはほんの20年ほど前，20世紀末からにすぎないことがわかる。まだ，始まったばかりなのである。

この点に注目したい。すなわち，日本の文化，社会構造や日本人そのものが市民運動に向いていないのではなく，歴史的に置かれた位置が欧米とは違うことや，市民運動の歴史がまだ浅いことが，日本の環境NGOが欧米より立ち遅れている大きな原因であると思われる。逆に言えば，日本のNGO活動はこれからが期待できる。いや，5.5節で述べるように，21世紀にこそ，日本の特色を生かしたNGOの活動が重要になってくるのである。

5.4 途上国のNGO

世界には実に多種多様な環境NGOが存在する。欧米の環境NGOはその最先端を走り，21世紀に向けて「市民社会の構築」を目標に世の中を変えていこうと努力している。政府と市民との間の役割分担をより明確にし，なおかつ20世紀においては政府が担っていたものを，21世紀には徐々にNGOにシフトしていこうという方向性を出してきている。その主張の先には，市民主体の政府，もしくは政府の権限の縮小とNGOへの権限委譲，といった形が見えてくる。

市民社会の構築を掲げ，NGOの活動をより一層推進すべきという欧米のNGOの指摘は正しい。また，世の中は徐々にそのように進んでいくと思われる。しかしながら，世界全体を見渡すとき，欧米型の民主主義政治が行われている国がいったいどれほどあるだろうか。わずか40か50カ国すぎない。残る150近くの国は，さまざまな形で民主政治が妨げられている。一部の国では独裁的な政策がまだ行われているし，かなり民主的だと思われる国でも，言論の自由，結社の自由，宗教の自由などが制限されている。NGO活動も完全に自

由とはいえない国が多い。そのような国では，「市民社会の構築に向けて」というスローガンは，かなり無理がある。

そういったことを考慮に入れて，世界全体の環境改善を考えると，民主主義政治がまだ完全に行われていない国々のNGOについて，注意深く考える必要がある。

独裁的な国では，しばしば「良いNGO」と「悪いNGO」という言い方をする。この場合の「良いNGO」とは，政府や独裁者のいうことをよく聴くNGOのことで，これは政府の傀儡(かいらい)である。一方「悪いNGO」とは政府のいうことを聴かないNGOで，ほとんどは民主政治を望む声を指す。この場合の良い，悪いという判断基準は欧米や日本での判断基準とはかなり違う。そして残念ながら，これと似たりよったりの状況にある国が多いのである。

こうした世界の状況を見渡すと，今後は欧米を中心とする先進的なNGOが先頭を走り，それに引っ張られるかたちで日本やインドやその他アジア各国のNGOが追いかけ，そして，まだ言論の自由などが保障されていない国々のNGOがさらに引き上げられていく，というような形になる可能性が高い。だが，それだけではうまくいかないだろう。

例えば図5.2（a）のように，風船の中に水が入った状況を考えてみる。上から風船をつるしてみると，雨だれのようなかたちで風船が伸びる。そしてその風船の先の部分に欧米のNGOがいて，上へ上へと引っ張ろうとする。しかし風船の底のほうにたまった部分は，なかなか上には引っ張られず，図(b)の

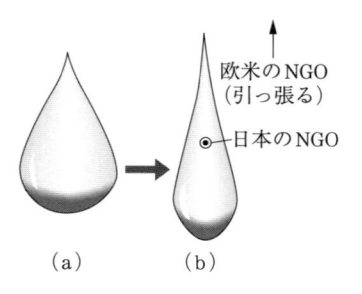

図5.2 環境NGOの運動の概念

ように風船は細長く伸びてしまう。そういった状況を考えてみると、あまり強く先が引っ張られれば、風船は細く伸び、そして破れてしまうだろう。ここで重要なのは、風船の底のほうにたまっている部分をいかに上に押し上げるか、ということになる。より先進的な考えを持つ NGO が先を走ることは良い。しかし同時に、風船の底の部分を引き上げる努力が必要となる。このあたりのギャップをどのように考えればよいのか。そして、欧米型民主主義政治が行われていない国における NGO 活動というものに対して、どのような支援が考えられるのだろうか。

一つの事例として中国の立場を考えてみよう。中国の NGO は GONGO（ゴンゴ、Governmental NGO、日本の政府外郭団体のような存在）といわれるものと、いわゆる民間の NGO とに分けられている。しかし、双方ともに政府による強い監視下にある。一方、中国政府は一定の枠の中での NGO 活動は奨励している。そうした中で、政府とより連携を強めた形での GONGO があり、制限されつつも、より自由度の高い市民 NGO がある。社会主義体制の中で資本主義的な経済を押し進めている中国にとって、やはり環境 NGO についても似たような複雑な形態をとってきている。すなわち、日本や欧米の NGO のようにまったく自由な活動とはいかないまでも、NGO としての活動はやりようがある。

インドやフィリピン、インドネシアなど南、東南アジア各国でも多くの NGO が活動している。自国の人々の力でがんばっているところもあるが、欧米の政府や NGO、国際機関などのサポートで運営しているところも多い。そういった NGO は欧米流の経営を行っているため、地域の伝統的な考え方とは相いれないことがある。

このように、それぞれの国の政治事情などによって NGO の在り方がかなり違う。その多様性の意味を認めながら、それぞれの地域に合った NGO 活動を展開しなければならない。そして緩やかな形で規制の撤廃を導くような NGO の支援策が非常に大切になる。いたずらに内政干渉を招かないような支援が必要となる。それぞれの国には、歴史、文化、伝統に沿った国のあり方があり、

単純に良し悪しを決めつけることはできない。そのような中で，欧米型のNGO，また日本型のNGO，そしてアジア型のNGOといった形があってもよいのではないか。ここで特に強調したいのは，現実の世界の中で各国，地域に適合したNGOのスタイルを開発し，それぞれを認め合うという態度をたがいが持つということだ。

その認識の上にはじめて世界のNGOの連携や途上国のNGOへの支援策が生まれてくるのである。

現実には，途上国のNGOは資金と人材がともに不足している。そのうえ，政府からの締め付けがある中でNGO活動を展開していかなければならないことが多い。日本や欧米のNGOは，相手国の事情に気を使いながら，途上国のNGO活動を支援する具体策を早急に練らなければならない。国際機関などと協力する形で，資金支援制度や人材育成プランなどをできるだけ多く，きめ細かく実施していくべきだろう。

5.5 世界における日本のNGOの位置

1997年12月の気候変動枠組条約第3回締約国会議（COP 3）で，当時の小渕外務大臣は市民団体の集まりである気候フォーラムの事務局に出向いた。そして事務局長の浅岡美恵さんに，「よろしくお願いします。一緒にがんばりましょう」と頭を下げた。これは，日本のNGOと政府の関係においては画期的なことだった。

それまで日本のNGOは政府に相手にされていなかった。政府はNGOを基本的に認めておらず，NGOが政府にさまざまな提言，進言を行ってもほとんど無視してきた。しかしながら，京都会議では，外務大臣みずからがNGOのブースに出向き，あいさつをした。その模様をテレビカメラがとらえ，全国に流れた。ここで初めて日本政府はNGOとの共闘を国民にアピールしたのである。それまで日本の市民は環境NGOに近寄り難い感じをもっており，簡単に入会したり，協力したりできるものではないと考える人が多かった。ところ

が，京都会議で政府が明確に NGO との共闘姿勢を打ち出したのである。このことは日本の社会に NGO の存在を認めさせる大きな力となった。また，この会議では，各国の NGO の活躍ぶりも新聞やテレビで日本国民に伝えられた。日本では環境 NGO は「ちょっと変わった人がする運動」と思われ勝ちだったが，一連の報道により，「だれでも参加できる運動」と受け取られるようになったのである。

京都会議で示されたように，20 世紀の後半から 21 世紀にかけて，日本国内において NGO の社会的認知は格段に進んだ。特定非営利活動促進法（NPO法）もできた。そして一般の人々の認識も高まってきた。現在は日本において環境 NGO が大きく飛躍できる素地ができたといってよい。今後，景気が回復すれば，さらに一般の人の参画が見込まれるだろう。

こうした状況を踏まえて，世界各国の環境 NGO を見ると，日本の役割，日本の NGO の位置が非常に特異なものであることがわかる。日本の NGO は欧米の NGO と比べ非力であり，また，国民からの支持も弱い。国内の市民意識も成熟しているとはいいがたい。

日本の環境 NGO は，欧米の環境 NGO を参考にしながらもその一歩後ろを歩き，そしてなおかつ，先述の，風船の下のほうの部分にある国の NGO の気持ちもわかる位置にいる。日本の NGO は，アジアおよびアフリカ，中南米も含めて，途上国の NGO に手を差し伸べるべき位置にある。欧米の NGO が時代の先端を走るのを前に見ながら，日本の NGO はそれを追いかけ，同時に，必死に生きていく途上国の NGO を引き上げる努力をする必要があるだろう。場合によっては，日本の NGO の苦悩，苦しみは，途上国の NGO とも共通している。人々の無理解と資金のなさ，会員数が少ないこと，そういったことで地域社会で孤軍奮闘してきた歴史を持つ日本の NGO は，途上国の NGO が直面している課題をよく理解できるのである。

このように世界全体の環境 NGO の成熟度を考えた場合，日本の NGO の果たす役割は非常に大きいといえる。日本の NGO は欧米の NGO と途上国のNGO との中間に位置し，両者の連携をはかる場にいる。そして日本の NGO

が力をつければそれだけ欧米との距離が縮まり，世界の環境改善に果たす役割は大きい。

特に今後，中国，インドというアジアの大国と提携をしながら地球環境の改善を図るときに，日本の環境 NGO の役割は非常に重要となるに違いない。21 世紀には，世界の檜(ひのき)舞台で日本の NGO の出番が回ってくる可能性が高い。

5.6　環境 NGO への支援策

世界各地の環境 NGO はこれまで述べてきたように活発で多彩な活動を繰り広げてきているが，その一方で，少なからぬ悩みを抱えていることも事実である。一部の国を除き，ほとんどの NGO は人材不足，資金不足につねに苦しんでいる。また，国によっては自由な活動が制限されている。

こうした弱点を補い，より力強い NGO に育つように，さまざまな支援策があったほうがよい。欧米の NGO 論の中には「NGO への政府の支援策はいらない。NGO は独自で育ってきた」という主張があるだろう。しかし，世界の多様な状況を考えたうえで NGO の役割の重要性を認めるならば，政府も企業も市民もそろって NGO というセクターへの支援策を考えるべきだと思う。

5.6.1　日本の NGO への支援策

本項では税制の改善と NGO への事業委託の推進の 2 点を指摘する。

〔1〕　税制の改善

市民や企業などが NGO に寄付をする際に，欧米と同じように，税の控除を認めるべきだ。日本では試験研究法人や学校法人などには税の控除を認めているが，NGO には認められていない場合が多い。NPO 法改正で税の優遇措置がとられるようになったが，まだ認定基準が厳しく，ふつうの NPO では免税にはならない状況にある†。今後の NGO の社会的な役割を考えれば速やかに

---

† NPO 法人に対する寄付促進税があるが，認定基準が厳しく，2004 年 5 月時点で，約 16 000 の NPO 法人で認定されたのはわずかに 23 法人にすぎない。

現状を改め，NGO に対しても免税措置をとるべきである。

NGO にとっては市民や企業からの寄付は大きな収入源だ。商店や中小企業主が大きな利益をあげた場合，利益をそのまま計上せず，会社の経費として自家用車を買ったり，すぐには必要のないものまで買い込むことがよくあるが，そういった場合，NGO への寄付に対して控除を認めれば，かなりの人が車やものを買う代わりに自分の好きな分野に寄付をするようになるに違いない。

これは，税をすべて国が集めて国が分配する，という考え方を変えることで，税の使途について，ほんの一部を国民が指定できる，ということであり，実質的な税収はむしろ伸びるのではないかと思われる。

〔2〕 政府や自治体の仕事を NGO に発注する

NGO が国や自治体，企業などから事業を受託できれば，安定した収入が得られ，人材も育つ。そのときには，政府や自治体は NGO と対等な関係であることを肝に銘じなければならない。仕事をあげる立場と仕事をもらう立場というのでは，主従関係になってしまう。それでは本末転倒である。

具体的に最も効果のある方法は，国や地方自治体の外郭団体が国や自治体から委託事業を独占受注している状況を改め，入札制度に切り替えることだ。これだけで NGO の事業参加は大幅に伸びる。なかには外郭団体より力のある NGO があるし，外郭団体にしても NGO と競争することにより組織が活性化する。別な見方をすれば，外郭団体の NGO 化ということかもしれない。

NGO が仕事を通して成長する方法は現実的だ。仕事を通してプロとしての力をつけ，政府や自治体ではできない，手の届かない作業に邁進するようになるだろう。これは環境分野だけでなく，介護や教育，途上国支援などさまざまな分野でもいえることである。

5.6.2 途上国および世界の NGO への支援策

本項では具体策として ODA 事業の業務委託を増やすことと IT を利用した支援策を考えてみる。

〔1〕 国際機関や先進国の開発援助事業のうちNGOへの発注比率を定める

　日本のケースで述べたとおり，NGOの強化には安定したプロジェクトを提供するのが最も効果的だ。プロジェクトを優先的に発注することにより，仕事を通じて人材が育ち，継続的に受注できれば経営的にも安定する。米国の途上国支援のようにNGOへの発注が40％を超える国もあるが，多くは大企業や政府の外郭団体のようなものが受注する。しかし注意深く見れば，NGOでもできる事業がかなりある。もしくはNGOに向いている事業もある。そして，NGO向きの，地域密着形の小規模事業が求められてもいる。

　日本のODAの活用についても同じことがいえる。これまでは，大形土木事業が主流で，本来きめの細かい事業が必要な教育や環境，保健衛生などの分野でも，とかく病院建設，学校建設，コンピュータ贈与など，いわゆる箱ものが中心となっており，ソフト関連は驚くほど少ない。これはこれまで日本の援助にソフト的な考え方が少なかったのと，商売としてあまりうまみがないので，関連業界がソフト事業の開発をしてこなかったことにもよるだろう。

　しかし，現在，途上国の地域社会で最も欲しいのは衛生的な水であり，トイレであり，学校の先生だ。教材もノートや鉛筆が欲しい。大きな学校建設もいいが，むしろ学ぶためのソフトが欲しい。日本で道端に捨ててある自転車が欲しい。ラジオが欲しいのだ。こうしたものをこまめに回転させるのは企業としてのメリットは少ない。人手ばかりかかる。しかし，NGOにはできる。

　ミニダム建設もいい。小さな診療所造りも必要だ。100万円から1 000万円レベルの建設事業や細かいソフト事業は大企業ではとても受けられない。これまでのODA事業ではなかなか出てこない考えだが，相手国の政府の要求ではなく，地域社会の要求に応えるような部門を作るなどしてこうした事業を想定し，相手国のNGOに発注できるような体制を整備すべきだろう。

　具体的には，日本も含めて国際機関や先進国の開発援助に，一定の率でNGOに事業を発注するよう基準を設定することが効果的である。

　その際，留意点として，NGOの事務経費を認めることが必要だ。時にNGOの仕事について，ボランティアと考え，事務経費を認めない形で基金の

支援や発注するケースがあるが，それではNGOは生きていけない。

〔2〕 **NGOへの資金を貸付けや特別な資金支援を行う制度を作る**

NGOは比較的小規模なプロジェクトを実行するのに適している。また，ハードよりソフト面での事業に適している。自立する農業の支援，現金収入が得られる方法の指導，女性の地位向上，識字率の向上，ミニ水力発電の建設，環境教育の展開など，地域ぐるみで持続的発展を目指すための支援策は地元のNGOが，その道に優れている国内外のNGOの支援を受けて実施することが望ましい。政府の発想に基づく事業とは別に，NGO独自のプロジェクトは地域社会で非常に役に立つ。しかし，そのような場合，資金の調達が難しいことが多い。そのため，国際機関などにこの種の事業に支援を行う制度・基金を設けることが必要だ。

〔3〕 **ITを利用したNGO支援**

21世紀は，環境保全分野でもIT技術の活用が非常に重要となるだろう。ITには安定した電力の供給やコンピュータといったハードの部分がそろっていないと，なかなか回転していかないというデメリットがあるが，それを超えてもなおかつITの利用は非常に有効である。特に世界中の環境NGOが自由に情報交換できるシステムをつくることが急務である。

例えば，日本のNGOが途上国のNGOと共同で環境教育や学校の建設などに携わる場合，相手国のNGOの能力や信用力を見きわめることが最も大切な作業である。すばらしいNGOと組むことができたときには非常に大きな成果があがるが，あまり熱心でないNGOと組まなければいけないときには投資額の半分も成果があがらない。どのNGOがどれだけの能力を持っていて，どれだけの信用力があるのか，それを客観的にチェックできるシステムがほしい。

また，ある人が何か環境に役立てたいと金銭を用意した場合，どこに寄付したらよいのかわからないことが多い。そのようなときにインターネットで検索して，自分の好みのNGOを探すということもしたい。しかし現在では，世界中にどのような環境NGOがあり，どのようにアプローチするのか非常にわかりにくい。このため，少なくとも英語だけででも世界の環境NGOの大掛かり

なデータベースがあったらよい。すなわち「環境NGO大百科」といったようなデータベースが必要で、世界中の何万、何十万とある環境NGOの概要をデータベースに納め、さらにそれぞれのホームページにリンクし、だれもがどの団体にも比較的やさしくアクセスできる。そのようなシステムがどうしてもほしい。

そして世界中の人々が環境に目覚め、さまざまなNGOのサイトを訪れ、必要な資料をダウンロードし、さらに寄付をしたり、会員になったりする。そんなサイトがあれば、各国のNGO同士の協力も進むだろう。

そのためにはまず、どこの国にどのようなNGOがあるのか、そしてできるだけ多くのホームページをリンクしてカテゴリー別に分けて提示すれば、だれでも入っていける。さらに、支援制度、課金、寄付金を自由に行えるシステムも作りたい。そして会員になったり、準会員のようなかたちをとったりできるようなサイトがあればよい。

その運営は、やはりNGO自らがあたり、会計、運営については透明性を第一とし、ある一定の課金、そしてその一定の率をそのサイトの維持管理費に回す。世界中の市民が参加して、そういった事業が運営されるとよい。

データベースの構築にしても、かなり大掛かりなものがほしい。サイトの人気が出るようになれば、今度は自分たちの団体を世界にアピールしたいと思う団体が、つぎつぎとそのサイトに参加してくる。

そのためには、ある一定の資本を用意して、かなり大掛かりなデータベースを構築する必要がある。そしてそのデータベースは更新していかなければならないが、その更新についてはそれぞれの団体が責任を持つ。ともかく、さまざまな団体が参画し、だれもが信用できるサイトとし、NGO自身が運営する。非営利で透明性のある団体が運用しなければならない。

参加NGOは独自の意思で、独自のアピールを行う。その中で世界中の市民が会員になり、寄付をする。その大掛かりなデータベースを作る資本をどこかの国が支出すべきであろう。

また、環境NGOといっても、いわゆる狭い意味での環境に限らず、識字や

女性の地位向上，衛生といった問題も広い意味での環境問題ととらえる必要がある。ユネスコではすでに，Environmental Education という用語の代わりに，Education for Sustainable Development†（持続可能な開発のための教育）という用語を使っている。

このことはすでに狭義の環境問題を脱し，さまざまな課題を含めた大きな枠組みを環境問題と考えているのである。そのように幅の広い環境問題であれば，世界各国の開発援助団体，教育支援団体，福祉団体などとの連携も必要となってくるだろう。

環境 NGO の市民サイトが完成し，着実に運営できれば，環境だけに限らず他のジャンルの団体とのネットワークもできてくる。関連ジャンルの団体との検索機能も整備し，世界中の市民が3回クリックする程度で目指す環境 NGO に到達できるようなシステムがほしい。

さらに，入会申込みや寄付金の申込みなどについては，総合的な国際ルールをつくり，不公平のないような形で，一般市民が目指す団体の支援に回れるようなしくみを構築する必要がある。

データベースの確保と同時に，その運用面においても新しい方式が確立されなければならない。そして，そのためのかなり大掛かりな資金投下も必要となるが，幸いにして日本政府が 2000 年度の補正予算でこうした IT 利用の NGO ネットワークのための予算 20 億円を確保した。成果を期待したい。

引用・参考文献

1) 財団法人/地球人間環境フォーラム 編：環境要覧, pp. 40-45（2000/2001）
2) 朝日新聞（東京本社）2001 年 6 月 1 日付夕刊
3) アメリカの環境保護団体の会員数や状況は，"Conservation Directory 1999", National Wildlife Federation より抽出

---

† 2002 年にヨハネスブルクで行われた「持続可能な開発に関する世界首脳サミット」で日本政府が「ESD の 10 年」を提案し，後に国連で正式に採択された。2005 年から始まる。

欧州は団体ごとのホームページ参照
http://www.greenpeace.org/
http://www.bund.net/
http://www.nationaltrust.org.uk/

4) カークパトリック・セール：新段階を迎えたアメリカの環境保護運動，トレンズ，米国大使館（1994.5-6）
5) 環境事業団：環境NGO総覧（1989年版）などを参考に推定
6) 岡島成行：アメリカの環境保護運動, 岩波新書, p.3（1990）
7) 川合正兼：コミュニティの再生とNPO——サンフランシスコの住宅・福祉・まちづくり——, 学芸出版社（1998）
8) GAP（国際公益活動研究会）監修：アジアのNPO, アルク（1997）
9) 電通総研 編：NPOとは何か, 日本経済新聞社（1996）
10) 世古一穂：市民参加のデザイン——市民・行政・企業・NPOの協働の時代——, ぎょうせい（1999）
11) 高橋秀行：市民主体の環境政策［上］, 公人社（2000）
12) スー・グレイグ 他著, 阿部 治 監修：環境教育入門——EARTHRIGHTS, 明石書店（1998）
13) 宇都宮深志：環境創造と住民参加, 三嶺書房（1996）
14) アラン・リピエッツ 著, 若森文子 訳：政治的エコロジーとは何か——フランス緑の党の政治思想——, 緑風出版（2000）
15) 村上明夫：環境保護の市民政治学, 第一書林（1990）
16) 環境事業団 地球環境基金部業務課 編：環境NGO支援人材録（1998年度版）, （1998）
17) 財団法人地球環境戦略研究機関（IGES）編：環境革命の時代——21世紀の環境概論, 東京書籍（2002）
18) 小林純子, 湯川英明：環境NGOをひもとく——いま求められるアイデンティティー——, 化学工業日報社（1999）
19) 財団法人地球環境戦略研究機関（IGES）編：環境メディア論, 中央法規出版（2001）
20) Feldman, A.J.：The Sierra Club Green Guide, Sierra Club Books（1996）

6 日本の自治体の国際環境保全への貢献

6.1 自治体の国際環境協力の進展

　日本の地方自治体の国際交流は，姉妹都市・友好都市関係の構築という形で，1960年代から都道府県のみならず，市町村レベルにも広がった。戦後の復興から高度経済成長を果たし，欧米指向の親善，文化交流が主流だったが，1972年の国際交流基金の設立などを契機に，交流分野の拡大が進み，1990年代からは環境保全活動における国際交流・協力が活発になった。以下，その流れを時系列的に概観し，先駆的な自治体の取組みについて紹介する。

　1980年代には，経済大国としての国際的責任，貿易摩擦，円高，外国人労働者の流入などの外部要因も加わり，国際交流から国際理解，国際協力へと国際化の内容の質的変化が急速に進んだ。1988年には地方公務員海外派遣法の制定，翌1989年には自治省から都道府県・政令指定都市に対し，「地域国際交流推進大綱」の策定が求められ，自治体レベルの国際交流を支援する国の施策もつぎつぎと打ち出された。

　1990年代に入り，国対国の協力から地域対地域，さらに協力の内容が環境問題に大きくシフトした背景には，法令などによる位置付けの進展も大きな要因としてあったといわれている。

　1992年5月に発表された中央公害対策審議会（当時）の「国際環境協力の在り方について」と題する答申においては，「環境保全対策の個別分野での実務経験の多くが地方公共団体にあり，今後ともそのような地方公共団体の職員

が国際環境協力の個別分野での人的貢献の主役になっていく」と明記された。

一方，援助大国となったわが国は，同年6月，政府開発援助大綱が閣議決定され，「環境保全は，先進国と開発途上国が共同で取り組むべき全人類的課題となっている」という理念のもと，開発と環境にかかわる地方自治体レベルの国際協力の重要性を強調し，自治体の国際環境協力に一層の弾みがつくことになった。

同年6月，ブラジルのリオデジャネイロで開催された国連環境開発会議（地球サミット）は，20世紀最大の環境会議であり，地球環境問題と人類がどのようにかかわるのか，その枠組みを決めるものと位置付けられた。

その地球サミットで採択されたアジェンダ21（持続可能な開発のための人類の行動計画）は，28章で地方自治体の役割をつぎのように述べている。

「アジェンダ21で提起されている諸問題および解決策の多くが地域的な活動に根ざしているものであることから，地方公共団体の参加および協力が目的達成のための決定的な要素になる。地方公共団体は経済的，社会的，環境保全的な基盤を建設し，運営し，維持管理するとともに，企画立案過程を監督し，地域の環境政策，規制を制定し，国および国に準ずるものの環境政策の実施を支援する。地方公共団体は，その管理のレベルが市民に最も直結したものであるため，持続可能な開発を推進するよう市民を教育し，動員し，その期待・要求に応えていくうえで重要な役割を演じている」

このようにアジェンダ21は，地球環境問題の解決にとって，地方自治体の役割が「決定的な要素」になるとし，地方自治体間の協力の増進の必要性を国際社会に訴えた。

こうした世界の潮流に呼応し，1993年11月に制定された環境基本法は「地球環境保全等に関する国際協力を推進するうえで地方公共団体が果たす役割の重要性」を明確にし，国および地方自治体は，国際環境協力を含め，「環境の保全に関する施策を講ずるにつき，あい協力する」ということになった。

また，同年12月に策定された日本政府のアジェンダ21行動計画では，地方自治体の経験・ノウハウの一層の活用，地方自治体の国際協力への国からの支

援，地方自治体間の国際的な連携の推進など，具体的な施策が盛り込まれた。

なお，自治省（現総務省）では，1996年より(財)自治体国際化協会による自治体国際協力促進事業を行っており，複数の自治体による共同事業や国際機関，NGOとの連携事業からモデル事業を選定し，助成金を出している。

環境省も2000年度より，「地方公共団体・NGO等の連携による国際環境協力推進事業」を実施しており，地方自治体の取り組む環境協力事業からモデル事業を選定し，支援を行っている。

このように，わが国の地方自治体による国際環境協力，地球環境問題との取組みは，1992年の国連環境開発会議の開催，1993年の環境基本法の策定といった内外の動向に対応し，進展してきた。

6.2 自治体独自の国際環境協力

6.2.1 (財)北九州国際技術協力協会

地方自治体の国際環境協力の好例として紹介されるのは北九州市の取組みである。「途上国のかかえる環境問題にどうかかわるべきか」を特集した1999年版の環境白書も，地方公共団体の取組みの項で，北九州市が友好都市である中国の大連市と進めている「大連環境モデル地区」計画を紹介している。

この計画は1993年12月からスタートし，大連市の環境改善を進めるため，翌年には「大連市との国際環境協力の在り方に関する調査報告書」をまとめ，同市のマスタープランづくりをODAで行うよう提案した。

1996年より，日本政府は中国政府からの要請により，大連市を環境モデル地区とするための環境基本計画の策定，具体的な事業のフィジビリティー調査などをODA予算をもって実施している。

自治体の国際環境協力がODAの対象事業になったこと，地方自治体と国際協力事業団（JICA，当時）が連携・共同して調査を行うのは初めてで，地方自治体の国際協力の将来を展望するうえでも特筆すべき事例となっている。

北九州市は，1960年代の深刻な大気汚染，洞海湾の汚染に代表される産業

公害を1970年代に克服したことから，その取組みは「北九州モデル」とも称され，国連環境計画（UNEP）のグローバル500賞（1990年）の受賞，地球サミットの際には国連地方自治体表彰を受けている。

北九州市の持つこうした公害克服の経験と技術は，発展途上国の環境改善には大いに役立つもので，そのノウハウの移転，国際交流を自らの地域おこしにもつなげようと設立されたのが(財)北九州国際技術協力協会（Kitakyushu International Techno-cooperative-Association；KITA）である。北九州市の国際環境協力の中核組織として，国際集団研修，専門家の派遣，国際会議の開催などに取り組んでいるKITAの活動を概観する。

北九州市は戦前戦後を通じ，製鉄所を中心とする工業地帯として繁栄したが，二度にわたるオイルショック，産業構造の変化により，かつての「企業城下町」も深刻な鉄冷えの時代を迎え，新たな地域活性化対策が模索されていた。

1978年，北九州青年会議所のメンバが「北九州市の産業経済を考える会」を発足させ，「あすの北九州への提言」をまとめたのがKITA誕生のきっかけである。地元の企業500社と北九州市，福岡県が出資して，1980年7月，北九州国際研修協会という組織が発足した。「北九州市の潜在的な工業技術力を発展途上国の人々に伝え，それらの国々と長期的な技術交流を行うことによって，北九州市の国際化を促し，ひいては経済的浮揚を図る」という非常に明快な国際環境協力の目的が掲げられている。

1989年にJICAの九州国際センターが同市に開設されてからは，JICAの委託業務として，大気汚染防止，水質保全，廃棄物対策にかかわる研修生の受け入れを積極的に行った。1992年8月には「発展途上国の持続可能な開発に貢献するため」に環境部門の一層の充実が図られ，環境協力センター，メンテナンス協力センター（現在は生産性協力センター）といった新組織が発足し，財団の名称が現在の「北九州国際技術協力協会（KITA）」と改称された。

KITAの基本財産は，民間7千万円，北九州市6千万円，福岡県2千万円の計1億5千万円でスタート（2001年3月現在，5億1千万円）した。2001年度事業予算は約4億8千万円となっており，過去21年間に受け入れた海外

研修生は 105 ヵ国, 2 831 人に上っている。

　前述した中国の大連市との国際環境協力は, 産業構造の改善, 工場におけるエネルギー効率の向上（クリナープロダクションなど）, 自然生態系の保護, 都市インフラの整備まで視野に入れた事業で, 大連市を中国の環境モデル都市として, 他都市へ普及させることにも力を入れている。

　このような実績を誇る北九州市では, 2000 年 8 月 31 日から 9 月 5 日まで, 国連のアジア・太平洋経済社会委員会（ESCAP）主催の「第 4 回アジア・太平洋環境大臣会議 in Kitakyushu」が開催された。

　この会議では「クリーンな環境のための北九州イニシャティブ」が採択され, ローカルイニシャティブに基づいた国際環境協力の強化が再確認され, つぎのような具体的な提案が盛り込まれた。

① 都市間の協力の強化
② 技術とノウハウのパッケージ, 優良取組み, 成功した都市の発展モデルを他国の自治体へ移転することを奨励する
③ 地方自治体による国際協力イニシャティブへの財政的支援を確保する
④ 国レベルの国際協力スキームとローカルイニシャティブを結びつける
⑤ 私企業の参加を奨励する
⑥ 都市間のネットワークと協力チャネル間のリンクを強化する

　さらに, ESCAP 加盟国, 準加盟国・地域の自治体の参加を得た「クリーンな環境のための北九州イニシャティブネットワーク」が設立され, 定量的な指標を備えた持続可能な都市開発計画の実行と準備の支援, 実施状況の定期的なモニタリング, 自治体職員の研修, 交換留学による環境教育プログラムの促進などのための常設フォーラムとしての機能を持つことになった。

　国際集団研修, 専門家派遣, 環境関係の国際会議の開催といった国際環境協力の取組みに加え, 同市を中心にして東アジア（環黄海）六都市会議が定期的に開催されている。北九州市と下関市の姉妹・友好都市である中国の大連市, 青島市, 韓国の仁川市, 釜山市の六都市が環境保全技術の協力をおもな目的に 1992 年以来, 定期的に市長クラスの会合を重ねている。

なお，KITA の取組みを語る際に忘れてはならないのが，行政だけでなく地元企業，地域住民の広範な協力が国際環境協力事業を支えている点である。KITA には企業や行政の OB 技術者の登録制度があり，延べ約 200 人のベテラン技術者がボランティアとして登録しており，研修生の指導だけでなく海外での技術指導にも派遣されている。派遣先は中国，韓国，ブラジル，チェコ，ルーマニア，ポーランド，シリア，ケニアにまで及んでいる。

また，研修コースに協力する産官学の団体は 200，産業技術，環境技術を担当する講師の数は延べ 1 800 人を超えている。このほか研修生をホームステイさせる市民のボランティアネットワークもできており，地域全体での協力態勢が作られている。

6.2.2 （財）国際環境技術移転研究センター

三重県では 1990 年 3 月，国際社会における地位の向上や貢献を推進するため「三重県国際交流推進大綱」を策定し，四日市地域を中心とする中部圏に蓄積された環境保全技術を移転することにより，発展途上国の環境改善に協力しようと，同年，（財）環境技術移転センターを設立した。

同財団は通産省（当時）所管の財団法人で，基本財産は 44 億円（三重県，四日市市が各 15 億円，残りを地元企業が寄付）。1991 年 2 月には，名称を現在の(財)国際環境技術移転研究センター（International Center for Environmental Technology Transfer；ICETT）とし，鈴鹿山麓研究学園都市の一角に施設が完成した。

JICA（国際協力機構），三重県，四日市市の委託による国際研修，研究開発などの事業が多く，四日市喘息に象徴される公害を克服した経験を生かし，発展途上国への技術移転など具体的な環境改善プロジェクトで大きな成果を上げている。

ここでは，ICETT が三重県からの委託で進めている「アジア自治体環境支援プログラム」（Environmental Cooperation Program for Asia；ECPA）を概観し，地方自治体の先駆的な取組みの一つとして紹介する。

6.2 自治体独自の国際環境協力

　エクパ（ECPA）と通称される同事業は，1997年から始まり，フィリピンのカビテ州イムス市で，さらに2000年からはタイのラヨーン県ラヨーン市で現地の環境改善活動の支援プロジェクトが進められている。

　エクパ事業の目的は，① 地方自治体間の国際協力，② 持続可能な開発を目指す，③ 総合的な環境保全の実施——を柱にしており，環境改善計画の策定，専門家の派遣，人材の育成，適地技術の移転を有機的に組み合わせた総合的なモデル事業を実施するとなっている。

　環境協力に限らず，自治体間の国際協力を成功させるカギは双方の関係者の意欲と熱意といえるが，カウンタパートを選ぶにあたって同事業の掲げた基準はつぎのようなものである。

① 自治体としての体制が整っていること
② 自助努力により本事業を推進する能力があると判断されうること
③ 自治体全体がトップのリーダシップのもと，意欲・熱意を十分にもっていること
④ 当該自治体が市民のための環境保全推進を目指していること
⑤ 支援による成果を周辺の自治体とも共有し，普及に努められること

　以上の条件に適する地方自治体として，四つの候補の中からラヨーン市が選ばれ，2000年8月に同市とICETTの間で覚書が結ばれた。ラヨーン市には市長，市議会のもとにECPA実行委員会が設置され，現地支援チームとしてアジア工科大学，チュラロコーン大学のほか，タイのNGOであるタイ環境研究所（Tailand Environment Institute；TEI）がプロジェクトに参加することになった。

　具体的な事業の実施方法として，つぎのような対策がとられた。

① ラヨーン市の環境基本計画の策定：市内の環境実態調査，住民意識調査，市，関係機関での討議を経ての計画策定を支援
② 人材の育成：市職員，TEI職員を日本に招聘し，研修を行い，帰国後は自治体，教育，企業関係者，住民などに対してセミナーを行い，理解を促してもらう

③ 河川流域保全，生活排水対策としての「自然循環方式」による排水処理システムの実用化研究

④ 普及・啓発活動

事業の成果については，2000年度アジア自治体環境支援プログラム事業報告書（2001年3月）に詳しいが，ここではICETTが特に力を入れている適地環境技術研究開発調査事業の一例として，タイで実施された自然循環方式排水処理構想について紹介する。

自然循環方式の処理施設が設置されたのは，バンコクの北東部，バンカピ地区にあるBTA（Building Together Association）団地内である。約2300人の居住者の生活雑排水を処理するのがねらいで，パイロットプラントの構造は嫌気性と好気性を組み合わせた5槽の中を排水が自然流下するしくみである。全長5m，幅1m，高さ1.2m，日総処理量4.33 m^3 で2000年12月から稼動している（**図6.1**）。

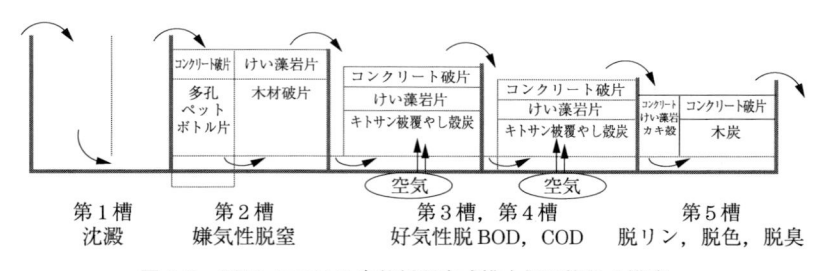

図6.1 BTAにおける自然循環方式排水処理施設の構成

建設や維持管理が低コストで，簡単な操作，化学薬品に頼らない安全性，処理効果も高いといったニーズをかなえるため，現地で入手が簡単な接触ろ材が用いられるなど，「適地技術」のコンセプトをとことん追求しているのが注目される。

自然循環処理施設の効果は，BOD，SSといった汚濁物質は85％以上の高い除去率で，悪臭があり薄茶褐色をしていた流入水が，外見上は無色透明，無臭になっており，地元住民が驚くほどの効果をあげている。窒素，リンといった栄養塩の除去効果がまだ低く，課題として残されているという。

しかし，同団地内では住民が処理水を植木に散水したり，施設の運転管理，周辺地域へのPRにも積極的にかかわっているという。この事業は，前述のラヨーン市にもECPA事業の一環として導入されることになっており，小規模ながら，現地のニーズにかなった地方自治体による技術移転の好例といえる。

6.2.3 （財）国際湖沼環境委員会

京都，大阪，兵庫など1 400万人の水源となっている滋賀県の琵琶湖で，1977年，淡水赤潮が発生した。琵琶湖を水源とする水のカビ臭，湖自体の汚染と水草の異常増殖など，湖の富栄養化は1960年代から顕在化していたが，突然の赤潮の発生は滋賀県民を驚かせた。

琵琶湖は滋賀県面積の約6分の1を占め，湖水が流れ出る瀬田川・宇治川・淀川の流域では飲料水，農業用水，工業用水として利用されるばかりでなく，滋賀県民にとっては水とつながるさまざまな文化の根源でもある。

また，約670 km^{2}の水面積は日本で最大の湖で，バイカル湖，タンガニーカ湖などとともに古い歴史を持つ古代湖としても知られている。琵琶湖の豊かで清らかな水は，人々から「母なる湖」として親しまれ，多様な文化を育み，誇りとされてきた。

その琵琶湖の汚染を目のあたりにし，滋賀県民と行政が取り組んできた琵琶湖の環境改善・保全の活動は，一地方自治体の取組みとしては画期的なものであり，国際貢献，国際協力という意味でもモデルケースとして評価される。

地域住民の生活にも密着した湖の環境保全という点で，いわゆる地球温暖化問題より取り組みやすかった面があるとしても，淡水資源の保全という21世紀のグローバルな環境問題の解決のために多くのことを示唆している。

赤潮発生を機に，滋賀県では，県民の間で富栄養化の原因となる合成洗剤の追放運動が起きた。営業の自由を保障した憲法に違反するとの論争も繰り広げられたが，当時の武村正義滋賀県知事は条例案の提出に踏み切り，1979年10月，世界でも例のないリンを含む合成洗剤の使用，販売を禁止する琵琶湖富栄養化防止条例が制定された（施行は翌年7月）。

一地方自治体のなかだけでリンを含む合成洗剤の使用・販売が禁止されるという事態に，当初は混乱も予想されたが，県民の多くはせっけんに切り替え，行政は窒素，リンの排水規制の強化，業界は無リン洗剤の開発，販売など劇的な対応がとられ，条例制定2年後には琵琶湖南部のリン濃度が35％も改善されたという。

地方自治体の環境行政には，地域の実情にあわせ国の法律を上回る上乗せ基準を条例化することが認められていたとはいえ，琵琶湖保全のための滋賀県の対応は内外から大きな反響を呼び，のちの世界湖沼会議の開催，国レベルの湖沼水質保全特別措置法の制定（1984年7月）にもつながっていった。

1984年8月，滋賀県で「湖沼環境の保全と管理：人と湖の共存の道をさぐる」と題して，第1回世界湖沼会議が開催された。席上，特別ゲストとして基調講演をした国連環境計画（UNEP）のムスタファ・トルバ事務局長は，会議を一過性のものにせず，成果を引き継ぐために滋賀県に本拠地を置く国際機関を設置し，2年に一度，先進的な湖沼環境保全に取り組んでいる世界の国々で国際会議を開きましょう，と提案した。

「環境的に健全な水資源管理対策の一環として，国際的な協定とそれにもとづく湖沼管理の在り方を探ることはUNEP自体の将来の課題として欠かせない主題である」と述べ，UNEPの全面的協力を約束した。

1986年2月，UNEPの推薦を受けた学者，行政官ら15人の専門家を創立メンバーとする「(財)国際湖沼環境委員会（International Lake Environment Committee Foundation；ILEC)」が発足した。滋賀県の財政的支援を受け，事務局も県庁内に置く任意団体としてのスタートであったが，一地方自治体と国連機関の連携プレーによる湖沼保全の専門家機関として，21世紀を迎えてますますその役割が注目されている。

ILECは1987年9月，外務省，環境庁共管の財団法人として再スタートしたが，活動目的として「世界の湖沼環境の健全な管理およびこれと調和した開発の在り方に関して，調査研究を行うとともに国際的な知識の交流を図り，もってわが国内外の湖沼環境の保全および湖沼環境保全に関する国際協力の推進

ILECの活動内容は，①世界の湖沼の現況調査，②世界湖沼会議の企画運営，③広報出版，④トレーニング，⑤湖沼管理のガイドライ作成，⑥環境教育，などとなっており，UNEPとの共同事業として行われているものが多い。

ILECが最も力を入れている事業として世界の湖沼のデータ収集がある。すでに世界73ヵ国で，500以上の湖沼のデータが世界湖沼現況調査報告書（5巻）として発行されており，同様のデータはインターネット上でも見ることができる。また，情報の提供では，ILECはGEMS/Waterプロジェクトの協力機関として，琵琶湖2地点の水質モニタリング情報を定期的に送るなど，設立当初から国際的プロジェクトへの協力を続けている。

GEMS（Global Environmental Monitoring System；地球環境モニタリングシステム）は，1972年に開かれた国連人間環境会議の勧告を受けて，1977年に発足した国際的プロジェクトである。UNEPやWHO（世界保健機関）などの国際機関が中心になって運営しており，世界142ヵ国が協力して地球環境をモニタリングしている。GEMS/Waterは湖沼，河川，地下水などの陸水を対象にしており，日本国内では23地点の公共用水域の水質データがナショナルセンターの国立環境研究所地球環境センターを通じ，カナダ環境省国立水研究所内にある本部に送られている。

定期的に開催される世界湖沼会議の運営もILECの大きな事業の一つで，2001年11月11日から16日まで，滋賀県大津市をメイン会場に第9回世界湖沼会議（滋賀県，ILEC主催）が開かれた。第1回以来17年ぶりに滋賀県で開催されたことから，「里帰り会議」と位置づけられ，「湖沼をめぐる命といとなみへのパートナーシップ」のテーマのもと，世界75ヵ国，地域から約3600人が参加する大国際会議となった。

市民，NGO，企業，学生なども参加し，さまざまなイベントを繰り広げたが，全体会議で発表された論文は74ヵ国868件にのぼり，「文化と産業の歩み」「環境教育の新たな展開」「飲み水と汚染」「水辺の生態系とくらし」「循環する水」の五つの分科会に分かれて熱心な討論が行われた。

さらに，ILECの事業として国際的に評価されているのが湖沼管理のためのガイドラインづくりで，「湖沼管理の基本原則」(第1巻，1989年)「毒性物質」(第4巻，1992年)「貯水池水質管理」(第9巻，1999年) といったシリーズが英語，フランス語，スペイン語，中国語などに翻訳され，出版されている。この事業は，UNEPの進める環境保全的陸水域管理計画 (EMINWA) を援助することがねらいで，琵琶湖でのさまざまな取組みの経験が発展途上国を中心とする湖沼環境の保全に役立っている。

6.2.4 (財)国際エメックスセンター

1990年8月，兵庫県神戸市で「閉鎖性海域の環境の保全と適性な利用」を目的にした「世界閉鎖性海域環境保全会議 (エメックス90)」が，瀬戸内海環境保全知事・市長会議，兵庫県，神戸市，環境庁などの主催で開かれた。当時，一般には耳慣れなかった「閉鎖性海域 (Enclosed Coastal Seas)」とは，瀬戸内海のように周囲を陸に囲まれた海域のことで，景観の美しさにもかかわらず，その閉鎖的な海域のため水質の汚染が世界共通の問題になっていた。

地中海，バルト海，タイ湾，チェサピーク湾 (米国南部)，渤海 (中国) といった閉鎖性海域をかかえる国々の関係者など40ヵ国の代表が参加した初の国際会議は，会議の略称EMECS (エメックス) という用語を，閉鎖性海域の環境管理を推進するための世界共通の概念として定着させた。

また，この会議では「瀬戸内海宣言」が採択され，国際的な情報交換の機会を定期的に持つこと，「先進国に見られる閉鎖性海域の環境汚染問題を再び繰り返さないためにも，先進国から途上国への知識および経験の移転が一層促進されるべきである」と自治体レベルの国際環境協力の必要性が強調され，以後，発展途上国の自治体職員に対する環境管理技術の研修，ニュースレター・EMECSの発行などが始まった。

この会議を主催した瀬戸内海環境保全知事・市長会議は，瀬戸内海沿岸の13府県，5政令市，8中核市が，瀬戸内海の環境保全に共同で取り組むために作った自治体の広域連携組織である。

1960年代半ばから，瀬戸内海は沿岸地域の産業の発展が急速に進み，工場排水，人口の集中による生活排水などにより汚染が深刻化した．相つぐ赤潮の発生，播磨灘を中心に養殖ハマチが大量に死ぬなどの漁業被害が拡大し，地元自治体の首長たちが瀬戸内海の環境保全と国に対策を要請するために立ち上がったのである．

1971年7月，神戸市に集まった瀬戸内海沿岸自治体の知事・市長は「瀬戸内海環境保全知事・市長会議」を発足させ，「瀬戸内海環境保全憲章」を採択し，瀬戸内海の環境保全に自治体が連携して取り組むこと，政府に対して必要な措置を要請することで合意した．

1973年11月に施行された瀬戸内海環境保全臨時措置法は，知事・市長会議が提唱して議員立法で法律化されたもので，地方自治体のイニシャティブ，広域連携による環境保全への取組みとして注目された．同法は3年間の時限立法でスタートしたが，1979年6月，恒久法としての瀬戸内海環境保全特別措置法として再スタートした．

この法律は，瀬戸内海を「わが国のみならず世界においても比類のない美しさを誇る景勝地として，また，国民にとって貴重な漁業資源の宝庫として，その恵沢を国民が等しく享受し，後代の国民に継承すべきものである」とし，埋立の規制，環境保全計画の策定，総量規制の導入，自然海浜保全地区制度の導入などさまざまな対策がとられた．こうした保全対策の進展で，瀬戸内海の汚染は一時の危機的状況は脱したといわれているが，最近の水質改善は横ばいが続いており（2001年版環境白書），さらなる窒素やリンの総量規制なども取り入れた総合対策の必要が叫ばれている．

一方，海外では，多くの閉鎖性海域では環境の悪化，漁獲量の減少などが進んでおり，地球全体の環境にも大きな影響を与えるものと危惧されている．

そのため国際協力の一層の強化，学際的研究の充実などが諸外国からも求められ，2000年5月，それまで任意団体として神戸市役所内に置かれていた国際エメックスセンターは，外務省，環境省共管の(財)国際エメックスセンター (International EMECS Center. Environmental Management of Enclosed

Coastal Seas；EMECS）と衣替えして再発足した。

　同センターは「行政，研究者，事業者，市民などの各主体間の有機的ネットワークを構築し，国際的かつ学術的な交流を推進するとともに，調査研究および研修の実施ならびに活動に対する支援などの事業を行う」ことを設立目的にしている。自治体の連携組織として国際機関への協力，定期的な国際会議の開催を活動目的にしている点でたいへんユニークな NGO といえる。

　2001年11月には，41ヵ国，約1100人が参加して，第5回の世界閉鎖性海域環境保全会議（環境省，兵庫県，神戸市，国際エメックスセンター主催）が，21世紀の最初の EMECS 会議として再び神戸市，淡路島で開催された。

　3日間にわたった会議は「21世紀の人と自然の共生のための沿岸域管理に向けて」と題して開催され
① 閉鎖性水域の環境修復・創造
② 科学者，行政担当者，企業関係者，市民，NGO の参加と連携
③ 情報技術の発展を社会背景として新たな活動の構築
④ 陸域と海域のガバナンス
⑤ 21世紀を担う子供たちに向けた環境教育

などについて意見交換し，第5回エメックス会議を新しい世紀の閉鎖性海域環境保全活動のための方策を提言する「新たな出発点」と位置づけた。

　なお，水質汚濁防止法により，東京湾，伊勢湾，瀬戸内海を含む88の指定海域で窒素，リンの排水規制が行われているが，国際エメックスセンターでは2001年10月，日本の閉鎖性海域（88海域）環境ガイドブックを発行した。それぞれの海域の環境状況だけでなく，自然状態，歴史や文化，産業もコンパクトに紹介した貴重な資料となっている。

6.3　国際環境機関への支援と協力

　これまで地方自治体の設立した財団などによる国際環境協力について述べてきた。専門性，継続性，幅広いセクターの協力の必要性など国際環境協力に欠

かせない条件をカバーするには，行政機関が直接国際協力への窓口を開くより，第三者機関としての財団や社団を活用するケースが増えている。これまで紹介した機関が，いずれも息の長い事業を成功裏に展開していることからもそのことがうかがえるし，地方自治体のこれからの国際環境協力の在り方を示唆している。ここで紹介するのは，国連の機関や国際環境機関を地方自治体が招致し，活動支援をするとともに，職員を派遣するなどにより職員の国際性，専門性を養う機会にも活用しているケースである。

6.3.1 国際熱帯木材機関

国際熱帯木材機関（International Tropical Timber Organization；ITTO）は，国連貿易開発会議（UNCTAD）のもとに，熱帯木材の貿易にかかわる問題を協議するため，1985年に設立された国連の特別機関である。横浜市はその事務局を翌1986年11月，市内に誘致し，事務室の提供，財政支援，会議の開催などで運営に協力している。

国際港湾都市として早くから国際交流・貢献に熱心な同市は，このほかにも，国際連合世界食料計画（WFP），国際連合食料農業機関（FOA）などの日本事務所を引き受けており，国際交流の促進，協力ボランティ活動への支援などを目的にした(財)横浜市国際交流協会という組織が早くから設けられている（1981年）。

自治体の国際協力組織の草分けといわれる同協会は，国際機関と市民をつなげる活動として，ITTOの提案により，1996年8月から，マレーシアのサラワク州森林局の協力で「横浜サラワク市民友好の森植林体験ツアー」を行っており，5年間で25 haの植林が完了している。

6.3.2 シティーネット

1982年，第1回アジア太平洋都市会議が，横浜市，ESCAP（国連アジア太平洋経済社会委員会），UNCHS（国連人間居住センター）の主催で横浜市内で開かれた。「アジア太平洋地域における自治体の都市づくり」をテーマにし

た会議では，都市の居住環境の改善，自治体職員の能力向上を目的にアジア太平洋地域の都市間の交流・連携を深めようという横浜宣言が採択された。

1987年に名古屋市で開催された第2回太平洋都市会議では，さらに一歩進め，都市間で継続的に技術交換をする組織としてアジア太平洋都市間協力ネットワーク（シティネット）(Regional Network of Local Authorities for Management of Human Settlements；CITYNET) が発足し，ESCAPが5年間事務局を務めたのち，1992年2月に横浜市に事務局が開設された。

横浜市は事務室の無償提供，人的・財政的支援，セミナーの開催などの支援を続けており，行政，市民，NGOの連携によるさまざまな事業を展開している。活動目的としては，貧困の緩和，都市財政の強化，都市環境の改善などを柱に数多くのプロジェクトに取り組んでいる。

6.3.3 （財）地球環境戦略研究機関

地球環境戦略研究機関 (Institute for Global Environmental Strategies；IGES) は，1995年1月，当時の村山富市首相の私的諮問機関である「21世紀地球環境懇話会」がまとめた「新しい文明の創造に向けて」と題する報告書のなかで設立が提案された。

「地球環境の危機に対処し，持続可能な開発を世界規模で達成していくためには，既存の細分化された近代科学を新たな地球環境問題に関する視点から再編・再統合する」ための戦略研究をするのが目的である。日本のイニシャティブによって設立された，世界に開かれた環境問題の高等研究機関として，将来は国際条約にもとづく国際機関に移行することになっている。

同機関の誘致には国内の26自治体が名乗りをあげた。「国際機関と自治体の環境政策・環境国際協力との連携」というのが自治体側の誘致理由で，1997年1月，神奈川県の湘南国際村に立地することが決定した。

同機関は1998年3月に発足し，神奈川県が運営費や家賃の一部助成，職員の出向などによる支援をしている。また1999年10月に開設された北九州事務所の運営については北九州市が支援する一方，同市の公害克服の経験，東アジ

アの都市とのネットワークを活用し，同機関の戦略研究プロジェクトの一つである都市環境管理プロジェクトに協力している。

同機関では，第1期戦略研究プロジェクトとして，気候変動，都市環境管理，森林保全，環境教育，環境ガバナンス，新発展パターンの六つテーマについて研究を重ね，国際的声価を高めている。

6.3.4 UNEP国際環境技術センター

UNEP国際環境技術センター（UNEP/International Environment Technology Center；IETC）は，環境に優しい技術を発展途上国に移転するため，国連環境計画（UNEP）の内部機関として，1992年10月，大阪と滋賀の2ヵ所に設置された。1990年のヒューストンサミットにおいて，当時の海部俊樹首相が日本への誘致を表明したものだが，敷地，建物，事務所備品などは大阪市，滋賀県が無償で提供し，人的，財政的支援を続けている。

大阪市（鶴見緑地内）の施設は都市環境部門，滋賀県草津市（烏丸半島）は湖沼環境部門を担当しており，都市環境部門は大阪に設立された（財）地球環境センター（GEC），湖沼環境部門はILECが支援するという連携が図られている。

6.3.5 地球環境センター

地球環境センター（Global Environment Center Foundation；GEC）は，1992年1月，UNEP国際環境技術センター（IETC）を支援する財団法人として大阪市，大阪府，経済界が協力して設立された。大阪市は，1990年に同市で開催された「国際花と緑の博覧会」のテーマ「自然と人間との共生」の精神を市政に引き継ごうという考えから，地球環境保全のための国際機関を誘致することを表明していた。

その具体的対応として，前述のUNEP国際環境技術センターを誘致するとともに，その支援組織として作ったのが地球環境センターである。大阪市が施設建設，財政，人的支援を続けている。

同センターの環境技術データベース・NETT 21（New Environmental Technology Transfer for the 21 st Century）は，日本の環境技術の中で途上国が導入しやすいもの，水質や大気のモニタリング技術，クリーナープロダクションの技術，日本の環境装置などのデータを英文で紹介しており，途上国への環境技術の移転に役だっている。

6.3.6 （財）日本環境衛生センターの酸性雨研究センター

東アジアでの酸性雨被害を防止するため，日本のイニシャティブで，1993年より東アジア酸性雨モニタリングネットワーク（EANET）の構築が進められている。

同ネットワークには日本のほか中国，インドネシア，韓国，マレーシア，モンゴル，フィリピン，ロシア，タイ，ベトナムの10ヵ国が参加しており，1998年の政府間会合で暫定事務局として日本の環境庁（当時），暫定ネットワークセンターとして新潟市にある(財)日本環境衛生センターの酸性雨研究センターが指定された。

2年間の試行稼動を経て，2000年10月，第2回東アジア酸性雨モニタリングネットワーク政府間会合が新潟で開かれ，2001年1月から本格稼動することで合意されたが，事務局はバンコクにあるUNEPアジア太平洋環境評価プログラム事務所に，ネットワークセンターは引き続き(財)日本環境衛生センター・酸性雨研究センターに置かれることが決まった。

新潟県，新潟市は酸性雨研究センターの建設，職員の派遣，共同研究の実施などにより支援をしており，東アジアという広範な地域における，酸性雨という共通の課題に対し，自治体が活動の中核として協力・貢献している好例といえる。

6.3.7 （財）環日本海環境協力センター

（財）環日本海環境協力センター（Northwest Pacific Region Environmental Cooperation Center；NPEC）は，日本海，黄海の沿岸地域の海洋環境保全を

進めようと，1998年に富山県が設立した財団である。同県は中国遼寧(りょうねい)省，韓国江原(かんうぉん)道，ロシア沿海地方と友好関係にあり，富山県国際立県プラン（1990年），富山県環日本海拠点構想などにより，国際協力・交流に取り組んでおり，特に北西太平洋地域の環境保全活動に力を入れている。

　日本，中国，韓国，ロシアの四ヵ国では，UNEPの提唱により，日本海と黄海の海洋環境の保全を目的にした北西太平洋地域海行動計画を策定し，参加国はそれぞれ地域活動センターを置くことになっているが，1999年4月から，NPEC（エヌペックと通称されている）に「特殊モニタリング・沿岸環境評価地域活動センター」が設置され，国際的な連携のもとに海洋環境の保全に貢献している。

6.3.8　釧路国際ウエットランドセンター

　釧路国際ウエットランドセンター（Kushiro International Wetland Center；KIWC）は，1993年6月，釧路市で開催されたラムサール条約（特に水鳥の生息地として国際的に重要な湿地に関する条約）の締約国会議を契機に，湿地保全のための国際協力拠点として，1995年1月に市役所内に設立された。

　渡り鳥のための湿地保全という文字どおり国境を越えた国際的な事業に，地方自治体が地域をあげて取り組むという点で，グローバルな環境問題と地方自治体のかかわりを象徴する国際環境協力事業といえる。

　センターの構成団体には釧路市，釧路町，標茶町，厚岸町，浜中町，鶴居村の地域自治体のほか，北海道庁，環境省，国際湿地保全連合日本委員会，NGO，研究者団体などが参加している。

　釧路湿原のほか厚岸湖，別寒辺牛湿原，霧多布湿原がラムサール条約登録湿地になっているが，2000年には釧路湿原登録20周年記念事業として，湿地の保全とワイズユース，エコツーリズム，湿地の再生などをテーマにしたさまざまな事業が行われた。

　2000年11月時点で，同条約に加盟している国は123ヵ国，登録湿地は1041地点である。条約事務局では200締約国，2000登録湿地を目標にしてお

り，同センターでは湿地保全，生物多様性保全などにかかわる海外研修生の受け入れ，湿地管理の技術開発などを進め，地球環境の保全に貢献している。

なお，第6回締約国会議で採択された「湿地の経済的評価に関する協力の促進」という勧告に基づいて条約事務局から1997年に出版された「湿地の経済的評価」という報告書が日本語に翻訳され，一般にも売られている。

6.4 多様化する地方自治体の国際協力

これまで，国際機関や国家間の環境保全活動に自治体が協力し，自らの経験や人材の活用を通じて，地球環境保全に貢献している事例を紹介した。わが国の国際化の進展，国際貢献が強く求められるなかで，今後ともこうした自治体の国際環境協力が増えると思われる。

つぎに紹介するのは自治体がアイディアをこらしたり，市民の活動が国際環境協力に発展したケースであり，自治体レベルの国際環境協力はそれぞれの地域の特徴や得意分野での取組みを生かし，協力内容の向上とともに一層多様化していくと見られる。

6.4.1 アマゾン群馬の森

1992年6月，ブラジルのリオデジャネイロで開催された国連環境開発会議（地球サミット）に，当時の宮沢喜一首相が欠席した。地球の環境危機を世界の首脳が話し合う歴史的な会議だっただけに，ブラジル在住の日系人の多くを失望させたという。

群馬県出身でパラ州に住み，北ブラジル群馬県人会の会長を務めていた岡島博さん(60)も「日本人は環境保護意識が低いのか」などといわれて肩身の狭い思いをしたという。そんな折り，パラ州で熱帯雨林を所有するブラジル人から「土地を買って欲しい。ただし木をいっさい切らないで欲しい」と540ha（東京ドームの115倍の広さ）の土地の購入を持ちかけられたという。

ブラジルの県人会から「アマゾン群馬の森」設置の陳情を受けた群馬県で

は，1996年に知事を会長に「アマゾンに群馬の森をつくる会」を組織し，募金活動にのりだした。高校生や教師，県民，企業，労働組合が協力し約3千万円が集まり土地を購入。1998年8月には，県，国土緑化推進機構，企業などの寄付により，5500万円をかけたビジターセンター（平屋建て，1千m²，**図6.2**）が完成した。

図6.2 アマゾン群馬の森ビジターセンター

ビジターセンターには宿泊棟もあり，これまで子ども緑の大使や植樹団が毎年「アマゾン群馬の森」を訪問している。群馬県はビジターセンターの運営費を一部負担しているが，敷地内には胡椒やマホガニーなどが植林され，その売上げ金が運営費にあてられることになっている。

ビジターセンターは，熱帯雨林の保全や研究のため，内外の研究者にも開放されており，自治体の取組みとしてはたいへん珍しい熱帯雨林保護の拠点になると期待されている。

6.4.2 田主丸町の中国・クブチ沙漠での植林

福岡県浮羽郡田主丸町は，植木，苗木の日本三大生産地の一つに数えられる緑の町である。そこで同町では第三次総合計画「緑の王国たぬしまる町の創造」（1992年度）の中で，「緑化産業の盛んな本町の使命は緑化を通した国際

貢献である」という基本理念を掲げ，緑化を通じて地球環境の保全に貢献することになったという。

事業費はふるさと創生基金の利子をあて，1992年から95年までは，鳥取大学名誉教授・遠山正瑛が主宰する日本沙漠緑化実践協会の「緑の協力隊」に職員，住民を参加させ，クブチ沙漠の緑化に取り組んだ。

1996年からは町単独で事業を進め，事業開始10周年となった2001年度は中学生7人，自費参加者など計34人がポプラの苗を植林したほか，町内で募った学用品などを現地の小学校に届けている。

6.4.3　東京都墨田区・雨水利用を進める全国市民の会

21世紀は，淡水資源をどのように確保するかが，地球環境問題の重要なテーマだといわれている。そのなかで，雨水を持続的に利用することが一つの解決の鍵として注目されている。

東京の下町に位置する墨田区は，1970年から1980年代にかけ，大雨が降ると下水道から下水が逆流する都市形洪水に見舞われた。当時，区の保健所の環境衛生監視員として，地域の清掃や消毒にあたっていた村瀬誠（現雨水利用を進める全国市民の会事務局長，墨田区地域振興部・環境保全課雨水利用主査）は，総合的に雨水を利用することが洪水防止につながると考え，さまざまな提案を区に行った。

1982年，区では日本相撲協会に建設中の両国・国技館に雨水利用設備を設置するように申し入れ，日本で屈指の雨水利用施設（1 000 m³ の貯留槽）が完成した。また「路地尊」と呼ばれる雨水貯留槽が防火用，散水用に路地のあちこちに作られ，同区は雨水利用の先進自治体として知られるようになった。

1994年には「雨水利用は地球を救う」をテーマに，墨田区内で雨水利用東京国際会議が開かれ，16ヵ国，30人の海外参加者，会議準備段階からかかわった住民ら延べ8 000人が参加し，雨水利用による国際協力・貢献の推進が打ち出された。

墨田区と雨水利用を進める全国市民の会では，UNEP・IETCとの協力によ

る雨水利用ブックレットの作成（2001年），バングラディシュの雨水利用技術支援，台湾・台北動物園の雨水利用技術の支援などを行っている。

行政マンの情熱，トップのリーダーシップ，地域住民の協力，テーマの普遍性と，墨田区の雨水利用との取組みは，環境保全対策を進めるために欠かせない要素が数多く含まれている。

6.4.4　兵庫県のモンゴル森林再生計画でのCDM

地方自治体の国際協力をCDM（クリーン開発メカニズム）事業として実施できるかどうかの可能性を模索している点や，行政，企業，NGOの協力によって事業が進められている点で，非常に注目される国際協力の一つといえる。

モンゴルでは1996年から翌年にかけ大規模の森林火災が発生し，全森林面積の3分の1近い500万haを消失した。来県したモンゴル国自然環境省の次官から森林回復への協力を要請された兵庫県では，コープこうべ，(株)神戸製鋼所の協力を得て植林事業を推進することになった。

その際，事業の形態として導入を検討しているのがCDMである。いわゆる京都メカニズムと呼ばれる温室効果ガス削減の国際的な取組みの一つで，先進国が開発途上国で温室効果ガス削減事業を実施した場合，その削減量を先進国の削減目標の一部にカウントできる制度である。モンゴルでの実施案によると，今後3年間に5 000 haの植林を実施した場合，日本で実施する場合の21分の1の経費で16 000 tのCO_2が削減できると試算されている。

県では専門家による検討委員会の設置，植林の支援などを行い，NGOの(財)ひょうご環境創造協会が2003年度を目標に，専門家の現地調査，モンゴルでの国際フォーラムなどを重ねながらCDMの手引きを作成する。また民間企業は資金の確保をするなどの役割分担ができており，自治体の国際協力の新しいパターンといえる。

6.5 地方自治体の国際連携

　地方自治体が国際的な環境ネットワークに加わり，日本の公害経験や公害防止技術，行政ノウハウについて情報提供したり，国際会議を招聘するなどにより国際協力を行っているケースもある。ここではイクレイと20％クラブの活動を紹介する。

6.5.1　イ　ク　レ　イ

　イクレイ (International Council for Local Environmental Initiatives；ICLEI) は，地球環境の保全を目的にした，自治体による自治体のための国際協議・協力機関である。

　1990年9月，国連の主催でニューヨークで開かれた「持続可能な未来のための世界会議」の席上，参加した42ヵ国，200以上の自治体と，UNEP，国際地方自治体連合 (International Union of Local authorities；IULA) という二つの国際機関の提唱で設立された。

　カナダのトロント市のバックアップによって同市役所内に本部が設置されており，ヨーロッパ事務局がドイツのフライブルク市にあるほか，米国，日本，韓国，オーストラリア・ニュージーランド，南米のチリ，南アフリカなどに地域事務所があり，62ヵ国，397団体が加入している。

　日本では，1993年10月にアジア太平洋事務局日本事所が(財)地球・人間環境フォーラム（東京都港区）に開設され，北九州市，山梨県，埼玉県などが創設会員として設立当初から参加しているほか，2002年1月現在，46自治体が加入しており，日本の会員数が世界で一番多くなっている。

　イクレイの活動は大きく四つのプログラムからなっており，「環境自治体ネットワークプログラム」では，加盟自治体間の情報交換，研修セミナーの開催，国際会議の企画運営を行っている。

　日本では，1995年に埼玉県，1997年には名古屋市で，イクレイとの共催で

世界自治体リーダーサミットと題して，温暖化防止対策に取り組む自治体のための国際会議が開催された。

「解決プログラム」では，加盟自治体の積極的な取組みを求めながら，国の壁を越えた共同プロジェクトを推進しており，都市の二酸化炭素削減プロジェクト，ローカルアジェンダ21の策定プロジェクト，都市水質プロジェクトなどが行われている。

イクレイは，国連社会経済委員会において，コンサルテーション（協議）に参加できるNGOとして承認されており，世界の自治体の声を国連環境計画，国連持続可能な開発委員会（CSD），気候変動枠組条約事務局（FCCC）などに直接届ける役割も果たしている。

なお，イクレイの親組織である国際地方自治体連合は，1919年にベルギーに設立された自治体による世界でもっとも古い国際連帯組織（NGO）であるが，地方自治体による国際協力を積極的に進めるよう先進各国に求めており，ODAの20％は地方自治体を通じて行うこと，地方自治体は予算の1％を国際協力に使うことなどをかねてから提言している。スペインのバルセロナ市がその方式を実施しているほか，オランダでは多くの地方自治体が市民1人当り1ギルダー（約50円）を国際協力に使っている。

イクレイ日本事務局は2004年7月，事務所を渋谷区（章末の紹介団体の連絡先参照）に移転した。

6.5.2　20％クラブ

「持続可能な都市のための20％クラブ」は，1995年に神奈川県で開催された「環境にやさしいまち・くらし世界会議」（神奈川県，横浜市，環境庁など主催）で提唱され，2年後に開かれた「20％クラブ国際環境ワークショップ」で正式に発足した。

同クラブは，環境にとっての負荷を20％減らそう，環境にとって良いものは20％増やそうと，数値目標を掲げて具体的な環境改善活動に取り組むことを目的にした自治体の国際的ネットワークである。

2002年1月現在，国内39団体，海外25団体が会員になっている。事務局は（財）地球・人間環境フォーラムに置かれている。先進的な取組み事例集，ニュースレターの発行，ワークショップの開催などの活動が続けられている。

2001年11月に横浜市で開かれたワークショップは「都市の持続可能性を考える日中韓ワークショップ」と題して行われ，環境共同体といわれる日本，中国，韓国から自治体首長，NGOらが参加し，熱心な討論を行った。

6.6　地方自治体の国際環境協力への提言

環境省が(社)海外環境協力センターに委託して2001年1月に実施した「地方自治体に対する国際環境協力支援ニーズ調査」によると，回答のあった地方自治体の約31％が国際環境協力の実施経験があると回答している。

この調査は，都道府県，政令都市，東京23区，途上国の自治体と姉妹提携している地方自治体447団体を対象に，過去3年間の国際環境協力の実施状況などについて質問した。回答したのは61.3％に当たる274団体で，そのうち31.4％の86自治体が「実施した」と答えている。

都道府県，政令都市59団体に限ってみると，回答した53団体のうち52団体が国際環境協力を実施しており，地球サミットの翌年にあたる1993年頃から国際環境協力が地方自治体の間に急速に広がったことを示している。

国際協力の種類では，海外からの研修員の受け入れ，国際会議やセミナー・ワークショップの開催，海外への情報提供・情報交換，専門家の派遣の順になっている。

このように日本の地方自治体による国際環境協力は，1990年代に入って非常に活発になり，かつてのように「国際協力は国のやるべき仕事で地方自治体の任務ではない」といった声は聞かれなくなった。

しかし，日本経済の長期低迷は自治体財政にも深刻な影響を与えており，自治体の環境部門の担当者から，財政当局が国際環境協力に冷たくなったという嘆きをしばしば耳にするようにもなっている。

環境協力はその成果が現れるまでに長い時間がかかり，現場が海外であることも多く，財政当局だけでなく，議会や地域住民の理解も得にくい面があるのは事実である。そのため息の長い取組みによって，幅広い理解を培っていく必要がある。そこで，つぎのような試みを提言して，自治体国際環境協力の一層の進展を期待したい。

① 自治体レベルにおける環境協力の基本方針を明確化し，内部体制の整備，財政・人事システムの改善，専門スタッフの養成など制度的枠組みを構築する。
② 複数の自治体による協力事業を開拓し，同時に国際的なネットワークを通じての環境協力を推進する。
③ 国内10ヵ所に「開発教育センター」を設けているオランダの例にならい，環境協力を理解するための市民講座の開催や学校教育の中でも積極的にとりあげる。
④ 発展途上国の環境保全活動にたずさわる環境NGOの支援と連携を強化する。

引用・参考文献

1) 地方自治体による開発途上国への環境協力のあり方に関する調査報告書, (財)地球・人間環境フォーラム（1994）
2) 地方公共団体等による国際環境協力資料集, 環境省（2001）
3) 自治体・地域の環境戦略2, ぎょうせい（1994）
4) KITA 20年史, (財)北九州国際技術協力協会（2001）
5) 平成12年度アジア自治体環境支援プログラム事業報告書, (財)国際環境技術移転センター（2001）
6) アイレック・ニュース創刊号〜第6号, (財)国際胡椒環境委員会（1998〜2001）
7) 世界湖沼会議の軌跡, 滋賀県（1995）
8) 第9回世界湖沼会議発表文集1〜5, 第9回世界湖沼会議実行委員会事務局（2001）
9) 環境庁20年史, 環境庁（1991）
10) 第5回世界閉鎖性海域環境保全会議プログラム, 第5回世界閉鎖性海域環境保

全会議実行委員会（2001）
11) 日本の閉鎖性海域（88海域）環境ガイドブック，(財)国際エメックスセンター（2001）
12) 熱帯林破壊と日本の木材貿易，築地書館（1991）
13) IGES 年報 1998～2000 年度，(財)地球環境戦略研究機関
14) グローバルネット 1998 年 9, 10 月号，(財)地球・人間環境フォーラム
15) 村瀬　誠：環境シグナル～現場で磨く感性と科学，北斗出版（1996）
16) 都市の持続可能性を考える日中韓ワークショップ資料集，持続可能な都市のための 20％クラブ事務局（2001）

紹介団体の連絡先（2004 年 11 月現在）
① (財)北九州国際技術協力協会(KITA)　http://www.kita.or.jp
② (財)国際環境技術移転研究センター(ICETT)　http://www.icett.or.jp
③ (財)国際湖沼環境委員会(ILEC)　http://www.ilec.or.jp
④ (財)国際エメックスセンター(EMECS)　http://www.emecs.or.jp
⑤ 国際熱帯木材機関(ITTO)　http://www.itto.or.jp
⑥ シティーネット(CITYNET)　〒220-0012　横浜市西区みなとみらい 1-1-1　パシフィコ横浜　横浜国際協力センター 5 階　TEL 045-223-2161　FAX 045-223-2162
⑦ (財)地球環境戦略研究機関(IGES)　http://www.iges.or.jp
⑧ UNEP 国際環境技術センター(UNEP/IETC)　http://www.unep.or.jp/ietc/
⑨ (財)地球環境センター(GEC)　http://www.unep.or.jp/gec/
⑩ (財)日本環境衛生センター・酸性雨研究センター　http://www.adorc.gr.jp/jpn/
⑪ (財)環日本海環境協力センター(NPEC)　http://www.npec.or.jp
⑫ 釧路国際ウエットランドセンター　〒085-8505　釧路市黒金町 7-5　釧路市環境部・KIWC 事務局　TEL 0154-31-4594　FAX 0154-23-4651
⑬ アマゾン群馬の森　〒371-8570　前橋市大手町 1-1-1　群馬県庁　TEL 027-223-1111（代表）
⑭ 田主丸町の中国・クブチ沙漠での植林　〒839-12　福岡県浮羽郡田主丸町大字田主丸 459-11　田主丸町役場　TEL 09437-2-2111
⑮ 雨水利用を進める全国市民の会　〒130-8640　東京都墨田区吾妻橋 1-23-20　墨田区・環境保全課　TEL 03-56086209　FAX 03-5608-6934
⑯ 兵庫県のモンゴル森林再生計画　〒650-8576　神戸市中央区下山手通 5-10-1　兵庫県庁　TEL 078-341-7711
⑰ イクレイ日本事務局　〒150-0001　東京都渋谷区神宮前 5-53-67　TEL 03-5464-1906
⑱ 持続可能な都市のための 20％クラブ　http://www.shonan.ne.jp/gef20/

7 だれが地球環境の将来を判断するのか

　地球環境問題の性質上，全人類がなんらかの方法と行動で地球環境・地域環境問題解決に参加しなければならないことは明らかである。地球環境問題を認識し，自分の行動につなげることは，簡単なようでなかなか難しいことである。地球上で進行するすべての現象には，関連性と不確実性が含まれている。必然性と偶然性が絡み合う諸現象は，つねに不確実性が伴われ，確率的に予測できても，決定的な予測は困難である。このような不確実性を伴う地球環境問題の本質を解明し，解決の道筋を見つけ，そのための手段，方法，財政基礎まで明らかにすることは容易ではない。しかし，困難性を踏まえながらも，人類は叡智を動員して予防的対策を行う重要性も歴史経験から学んできた。予防原則を適用し地球環境の将来の判断を行うのは，最終的には個人である。個人のレベルで解決の判断と行動を行うことになる。人類すべてに，このような判断を委ねる地球社会が到来している。21世紀の課題の一つは，まさにこの点にある。しかし，問題の性質上，国際連合をはじめとする国主体の国際的協力がまず必要である。地球環境問題のように人類の生存にかかわる重要課題は，国連がまず対応すべき課題である。現在，国連組織としてUNEP，UNDP，WHO，UNESCO，UNICEF，FAO，WMOなどの諸組織と世界銀行，アジア開発銀行などの経済協力組織が連携して地球環境問題に取り組んでいる。これらの組織をまたがる課題であることから，縦割りによる国際官僚組織の弊害が指摘されるが，そのことは一応ここでは検討課題にのせないでおく。アジア，アフリカ，ラテンアメリカなど地域的な国際連携も地球環境問題を共通課題として取り組んでいる。そして，地球環境問題に取り組むさまざまな国際環境NGOが活動している。しかし，地球環境問題は，同時に地域環境問題であり，解決には地球的観点に加えて，地域特殊条件を踏まえた解決が求められる。地域問題としての解決は，地域住民の同意，協力がなければ解決しない。ここに，地球環境問題の性質の特徴が指摘される。また環境問題は戦争・紛争と反対の

極にある課題で，戦争・紛争は最大の環境破壊である。しかし，依然としてイラク戦争や地域紛争は継続している。

現在，地域環境問題の取組みに熱心な先進国は地球環境問題の関心が高い。発展途上国や旧社会主義国は自国の環境問題解決が前面にでて，地球環境問題を中心課題にあげていない。このことは，単に環境問題だけがその国の課題であるばかりでなく，他の政治課題である国民生活の経済的改善がより重視されている。そして環境問題ばかりでなく，他の政治課題解決には，国民の声を反映させるしくみを整えなければならない根本課題を抱えている。そうすると，国の社会体制の改善課題を同時に抱えている状態である。

すなわち，地球環境問題解決には，地域環境問題を同時に解決しなければならない。そのことの根本にある課題は，国民が主体的に取り組める民主的政治制度の発展が同時進行しなければならないことを，明らかに求めている。その基本となる情報公開，女性の政治参加，少数民族や先住民族の権利保障などの制度改善が伴っている。

さらに国民一人ひとりの自主的な，参加，協力なしには地域環境問題，地球環境問題の解決はできない。先進国も途上国も環境に関する民主的な解決方法を前進させながら，具体の環境課題を解決することになる。人類社会に課せられた課題は大きい。

7.1 地球環境課題の選択

2000年9月ニューヨークで開催された国連ミレニアム・サミットは，147の国家元首を含む189の加盟国代表を集めた。この会議において21世紀の国際社会の目標となる国連ミレニアム宣言を採択した。このミレニアム宣言は，平和と安全，開発と貧困，環境，人権とグッドガバナンス（良い統治），アフリカの特別なニーズなどを課題として掲げ，21世紀の国連の役割に関する明確な方向性を提示した。

コフィー・アナン国連事務総長は，グローバリゼーション（地球一体化）を世界中すべての人びとに幸福を与える過程にしなければならないとして，国連の課題をつぎの三つに大きく分けて説明している。

① 欠乏からの自由（開発）

② 恐怖からの自由（安全保障）
③ 次世代に環境的に持続可能な未来を残すこと（環境）

①の課題「欠乏からの自由」の意味するところは，1日当り1ドル（約100円）以下の収入での生活を強いられている約12億人と，さらに，その人びとを含めた世界人口のほぼ半数の30億人が，1日当り2ドル以下で生活している状態を指摘し，その改善の必要を指摘している。

②の課題「恐怖からの自由」の意味は，20世紀の主要課題が国連加盟各国の安全保障であった。何よりも，国家に対する外的な脅威を除くことが必要であり，そのための防衛の確立が模索され登場したのが，集団安全保障である。しかし，21世紀の安全保障は，さらに進んだ考えの「人間の安全保障（ヒューマンセキュリティー）」である。

③の課題「次世代に環境的に持続可能な未来を残すこと」は，ほかの二つに劣らず重要である。環境課題こそ，地球上の人類そして国家にとって根本問題となっている。

この国連ミレニアム宣言と1990年代国際会議やサミットで採択された国際開発目標を統合し，一つの共通の枠組みとしてまとめたものがミレニアム開発目標（Millenium Development Goals；MDGs）である。MDGsは，**表 7.1**に示ように，2015年までに達成すべき8目標と18ターゲットを掲げ，具体的指標を示している[1]。

また，重要なことに，国連安全保障理事会のミレニアム会議が戦争地域紛争とは直接関係しない宣言を採択した。宣言において安全保障理事会は，「付加価値の高い産品の違法搾取・貿易が紛争の継続あるいはエスカレーションに寄与しているとみられる地域において，今後も断固たる措置を取る"決定をする"」と述べている。「付加価値の高い商品」とは，ダイヤモンドや石油を指している。安全保障理事会が，紛争と関連する自然資源を規制する措置を取り続けることを決めたことは，地球環境保全から見て重要である。このことは，将来，水資源が重要な課題になることを予想すると，重要なコミットメントといえる。

表7.1 ミレニアム開発目標

目標とターゲット	指　標
目標1：極度の貧困および飢餓の撲滅	
ターゲット1 2015年までに1日1ドル未満で生活する人口の割合を1990年の水準の半数に減少させる。	1. 1日1ドル未満で生活する人口の割合 2. 貧困格差の比率：貧困度別の発生頻度 3. 国内消費全体のうち、最も貧しい5分の1の人口が占める割合
ターゲット2 2015年までに飢餓に苦しむ人口の割合を1990年の水準の半数に減少させる。	4. 平均体重を下回る5歳未満の子供の割合 5. カロリー消費が必要最低限のレベル未満の人口の割合
目標2：普遍的初等教育の達成	
ターゲット3 2015年までに、すべての子供が男女の区別なく初等教育の全課程を修了できるようにする。	6. 初等教育の就学率 7. 第1段階に就学した生徒が第5段階まで到達する割合 8. 15～24歳の識字率
目標3：男女平等および女性の地位強化の推進	
ターゲット4 可能なかぎり2005年までに初等・中等教育における男女格差を解消し、2015年までにすべての教育レベルにおける男女格差を解消する。	9. 初等・中等・高等教育における男子生徒に対する女子生徒の比率 10. 15～24歳の男性就学者に対する識字就学者の比率 11. 非農業部門における女性賃金労働者の割合 12. 国会における女性議員の割合
目標4：乳幼児死亡率の削減	
ターゲット5 2015年までに5歳未満児の死亡率を1990年の水準の3分の1に削減する。	13. 5歳未満児の死亡率 14. 乳児死亡率 15. はしかに免疫のある1歳児の割合
目標5：妊産婦の健康の改善	
ターゲット6 2015年までに妊産婦の死亡率を1990年の水準の4分の1に削減する。	16. 妊産婦死亡率 17. 医師・助産婦の立ち会いによる出産の割合
目標6：HIV/AIDS、マラリア、その他の疾病との闘い	
ターゲット7 HIV/AIDSの拡大を2015年までに食い止め、その後反転させる。	18. 15～24歳の妊婦のHIV感染 19. 避妊具普及率 20. HIV/AIDSにより孤児となった子供の数
ターゲット8 マラリアおよびその他の主要な疾病の発生を2015年までに食い止め、その後発生率を下げる。	21. マラリア感染およびマラリアによる死亡率 22. マラリア危険地域において、有効なマラリア予防および治療処置を受けている人口の割合

7.1 地球環境課題の選択　245

表 7.1　(つづき)

ターゲット 8	23. 結核の感染および結核による死亡率 24. DOTS（短期化学療法を用いた直接監視下治療）のもとで発見され，治療された結核患者の割合
目標 7：環境の持続可能性確保*	
ターゲット 9 持続可能な開発の原則を国家政策およびプログラムに盛り込み，環境資源の損失を減らす。	25. 国土面積に占める森林面積の割合 26. 生物多様性の維持のための保護対象面積 27. エネルギー使用単位当り GDP（エネルギー効率） 28. 二酸化炭素排出量（1人当り）（および，全世界的な大気汚染に関する二つの数値：オゾン減少量および温室効果ガスの累積量）
ターゲット 10 2015 年までに，安全な飲料水を継続的に利用できない人々の割合を半減する。	29. 良好な水源を継続して利用できる人口の割合
ターゲット 11 2020 年までに，少なくとも1億人のスラム住民の生活を大幅に改善する。	30. 良好な衛生を利用できる人々の割合 31. 安定した職に就いている人々の割合 （以上の指標のうちのいくつかについては，都市部と農村部に分けたほうが，スラム住民の生活改善度をモニタするうえで適切といえるかもしれない）
目標 8：開発のためのグローバルなパートナシップの推進*	
ターゲット 12 さらに開放的で，ルールに基づく，予測可能でかつ差別的でない貿易および金融システムを構築する。 （良い統治，開発および貧困削減を国内的および国際的に公約することを含む） ターゲット 13 後発開発途上国の特別なニーズに対処する。 ((1) 後発開発途上国からの輸入品に対する無関税・無枠，(2) HIPC 諸国に対する債務救済および二国間債務の帳消しのための拡大プログラム，(3) 貧困削減にコミットしている諸国に対するより寛大な ODA，を含む)	以下に列挙された指標のいくつかについては後発開発途上国，アフリカ，内陸国，小島嶼開発途上国それぞれ別々に個別にモニタされる。 政府開発援助 32. DAC ドナー諸国の ODA 純量の対 GNI 比（世界 ODA の 0.7％目標，後発開発途上国向け 0.15％目標） 33. 基礎的社会サービスに対する ODA の割合（基礎教育，基礎保健，栄養，安全な飲料水，および衛生） 34. アンタイド化された ODA の割合 35. 小島嶼開発途上国における環境向け ODA の割合 36. 内陸国における運輸部門向け ODA の割合

表 7.1　（つづき）

ターゲット 14 内陸国および小島嶼開発途上国の特別なニーズに対処する。 （バルバドス・プログラムおよび第 22 回総会の規定に基づき） ターゲット 15 債務を長期的に持続可能なものとするための国内的および国際的措置により，開発途上国の債務問題に包括的に取り組む。	市場アクセス 37. 無税・無枠の輸出割合（価格ベース。武器を除く）。 38. 農産品，繊維および衣料品に対する平均関税および数量割当て 39. OECD 諸国における国内農業補助金および輸出農業補助金 40. 貿易キャパシティ育成支援のための ODA の割合 債務の持続可能性 41. 帳消しにされた公的二国間 HIPC 債務の割合 42. 商品およびサービスの輸出に対する債務の割合 43. 債務救済として供与された ODA の割合 44. HIPC の決定時点および完了時点に到達した国数
ターゲット 16 開発途上国と協力し，若者がそれなりに生産的な仕事に就くための戦略を策定・実施する。	45. 15〜24 歳の失業率
ターゲット 17 製薬会社と協力し，開発途上国において，人々が安価で，必要不可欠な薬品を入手できるようにする。	46. 安価で必要不可欠な薬品を持続的に入手できる人口の割合
ターゲット 18 民間企業と協力し，特に情報，通信といった新技術による利益が得られるようにする。	47. 1 000 人当りの電話回線数 48. 1 000 人当りのパソコン数 その他の指標は追って決定される。

*目標 7, 8 の指標の選び方についてはさらに改良される予定

　急速に相互依存が進む現代世界では，いかなる国家も国際協定を守り国際機関と協力していくことが自国の利益にもなっていくはずである．地球環境を保全し人類の進歩を確保するために，あらゆる点ですべての国家や人びとが協力し，またその協力関係を強化していくことが重要である．残念ながら米国の一国主義傾向は，例えばイラクへの進攻，国際刑事裁判所不参加，包括的核実験禁止条約不参加，地雷禁止条約不参加，さらに地球温暖化防止条約不参加などに見られ，地球環境保全に大きなブレーキとなっている．いまや，多国間主義

7.2 国連・国際組織・政府の役割

7.2.1 持続可能な開発に関する世界首脳会議の成果

リオデジャネイロの地球サミットから10年経過し，2002年8月26〜9月4日，南アフリカのヨハネスブルグで持続可能な開発に関する世界首脳会議（WSSD）が開催された。参加国数191，参加首脳数104人であった。日本から小泉総理が出席し，演説を行った。日本の主張は，持続可能な開発にとって人材養成の重要性を強調し，「小泉構想」（開発・環境面での人材育成などの具体的支援策）の実施を通じた日本の貢献の決意を示した。また，川口外務大臣，大木環境大臣をはじめとして関係省庁の副大臣・政務官も出席した。さらに超党派の国会議員団と多数のNGOなどが参加した。首脳級全体会合で「実施計画」（持続可能な開発を進めるための各国の指針となる包括的文書）が採択され，持続可能な開発に関するヨハネスブルグ宣言（首脳の持続可能な開発に向けた政治的意思を示す文書）も採択された。今後は，各国政府と国連が「実施計画」の着実な実施が重要となる。ヨハネスブルグ宣言をつぎに示す[2]。

持続可能な開発に関する世界首脳会議

南アフリカ

2002年9月2日〜9月4日

持続可能な開発に関するヨハネスブルグ宣言（仮訳）

我々の起源から将来へ

1．我々，世界の諸国民の代表は，2002年9月2日から4日にかけて南アフリカのヨハネスブルグで開催された持続可能な開発に関する世界首脳会議に集い，持続可能な開発への公約を再確認する。

2. 我々は，万人のための人間の尊厳の必要性を認識した，人間的で，公正で，かつ，思いやりのある地球社会を建設することを公約する。
3. この首脳会議の初めに，世界の子供たちは我々に対し，素朴であるがはっきりとした口調で未来の世界は彼らのものであると語りかけ，我々すべてに対して，我々の行動を通じて，彼らが貧困，環境破壊および持続可能でない開発形態が引き起こす屈辱も不当もない世界を相続することを確保するよう求めた。
4. 我々の未来全体を代表するこれらの子供たちに対する回答の一環として，世界の隅々から集い，異なる生活体験を持つ我々全員は，緊急に新しくより明るい希望の世界を作りあげなければならないとの深い意識により結束し，動かされている。
5. したがって，我々は，持続可能な開発の，相互に依存しかつ相互に補完的な支柱，すなわち，経済開発，社会開発および環境保護を，地方，国，地域および世界的レベルでさらに推進し強化するとの共同の責任を負うものである。
6. 人類発祥の地であるこの大陸から，我々は，たがいに対する，より大きな生命共同体と我々の子供たちに対する責任を，実施計画とこの宣言を通じて宣言する。
7. 我々は，人類がいま分岐点に立っていることを認識し，貧困撲滅と人類の発展につながる現実的で目に見える計画を策定する必要に応じるために，確固たる取組みを行うとの共通の決意で団結した。

ストックホルムからリオデジャネイロを経てヨハネスブルグへ

8. 30年前に，我々は，ストックホルムにおいて環境悪化の問題に緊急に対処する必要性について合意した。10年前に，リオデジャネイロで開催された国連環境開発会議において，我々は，リオ原則に基づき，環境保全と社会・経済開発が，持続可能な開発の基本であることに合意した。そのような開発を達成するために，我々はアジェンダ21およびリオ宣言とい

う地球規模の計画を採択したが，我々はこの計画への公約を再確認する。リオ会議は，持続可能な開発のための新しいアジェンダを決定した重要な画期的な出来事であった。

9．リオとヨハネスブルグとの間に，世界の国々は，ドーハ閣僚会議のみならずモントレーで行われた開発資金国際会議を含む国際連合の主導の下でいくつかの主要な会議に集まった。これらの会議は，世界のために，人類の未来の包括的なビジョンを明示した。

10．ヨハネスブルグサミットで，我々は，持続可能な開発のビジョンを尊重し実施する世界に向けて，共通の道のために建設的な探求を行う中で諸国民とさまざまな意見を織り交ぜたタペストリーを織りあげるために，多くのことを達成した。ヨハネスブルグではまた，地球のすべての国民の間で地球規模の合意とパートナシップを達成することに向けた重要な前進があったことが確認された。

我々が直面する課題

11．我々は，貧困削減，生産・消費形態の変更，および経済・社会開発のための天然資源の基盤の保護・管理が持続可能な開発の全般的な目的であり，かつ，不可欠な要件であることを認める。

12．人間社会を富める者と貧しい者に分断する深い溝と，先進国と開発途上国との間で絶えず拡大する格差は，世界の繁栄，安全保障および安定に対する大きな脅威となる。

13．地球環境は悪化し続けている。生物多様性の喪失は続き，漁業資源は悪化し続け，砂漠化は益々肥沃な土地を奪い，地球温暖化の悪影響はすでに明らかであり，自然災害はより頻繁かつ破壊的になり，開発途上国はより脆弱になり，そして，大気，水および海洋の汚染は何百万人もの人間らしい生活を奪い続けている。

14．グローバリゼーションは，これらの課題に新しい側面を加えた。急速な市場の統合，資本の流動性および世界中の投資の流れの著しい増加は，

持続可能な開発を追求するための新たな課題と機会をもたらした。しかしながら，グローバリゼーションの利益とコストは不公平に分配され，これらの課題に対処するに当たり開発途上国が特別な困難に直面している。

15. 我々は，これらの地球規模の格差を固定化する危険を冒しており，また，我々が貧困層の生活を根本的に変えるような方法で行動しないかぎりは，世界の貧困層は，彼らの代表と我々が公約している民主的制度に対する信頼を失い，その代表者たちを鳴り響く金管楽器か，じゃんじゃんと鳴るシンバル以外の何ものでもないとみることになるかもしれない。

持続可能な開発への我々の公約

16. 我々は，我々の集合的な力である豊かな多様性が，変革のための建設的なパートナシップのために，また，持続可能な開発の共通の目標の達成のために用いられることを確保する決意である。

17. 人類の連帯を形成することの重要性を認識し，我々は，人種，障害，宗教，言語，文化，伝統にかかわりなく，世界の文明・国民間での対話と協力を促進するよう求める。

18. 我々は，ヨハネスブルグサミットが人間の尊厳の不可分性に焦点をあてていることを歓迎し，目標，予定表およびパートナシップについての決定を通じて，清浄な水，衛生，適切な住居，エネルギー，保健医療，食料安全保障および生物多様性の保全といった基本的な要件へのアクセスを急速に増加させることを決意する。同時に，我々は，たがいに，資金源へのアクセスを獲得し，市場開放からの利益を得て，キャパシティビルディングを確保し，開発をもたらす最新の技術を使用し，また，低開発を永遠に払いのけるための技術移転，人材開発，教育および訓練を確保できるよう共に取り組む。

19. 我々は，人々の持続可能な開発にとって深刻な脅威となっている世界的な状況に対する闘いに特に焦点を置き，また，優先して注意を払うとの我々の約束を再確認する。これらの世界的状況には，慢性的飢餓，栄養不

良，外国による占領，武力衝突，麻薬密売問題，組織犯罪，汚職，自然災害，武器密輸取引，人身売買，テロリズム，不寛容と人種的・民族的・宗教的およびその他の扇動，外国人排斥，ならびに特にHIV/AIDS，マラリアおよび結核を含む風土病，伝染性・慢性の病気が含まれる。

20. 我々は，女性への権限付与，女性の解放および性の平等が，アジェンダ21，ミレニアム開発目標および持続可能な開発に関する世界首脳会議の実施計画に含まれるすべての活動に統合されることを確保することを約束する。

21. 我々は，地球社会がすべての人類の直面している貧困撲滅と持続可能な開発という課題に対処するための手段を持ち資金を与えられているとの現実を認識する。我々は共に，これらの利用可能な資金が人類の利益のために利用されることを確保するためにさらなる手段を講ずる。

22. この点に関し，我々の開発目標の達成に貢献するために，我々は，政府開発援助が国際的に合意されたレベルに達していない先進国に対し，具体的努力を行うよう要請する。

23. 我々は，地域的協力を振興し，国際協力を改善し，持続可能な開発を推進するために，アフリカ開発のための新パートナシップ（NEPAD）のような，より強力な地域集団や同盟の出現を歓迎し，支援する。

24. 我々は，小島嶼開発途上国やLDCの開発ニーズに対し引き続き特別の注意を払うこととする。

25. 我々は，持続可能な開発における先住民のきわめて重要な役割を再確認する。

26. 我々は，持続可能な開発が長期的視野とあらゆるレベルにおける政策形成の際の広範な参加，意思決定および実施が必要であることを認識する。社会的パートナとして，我々は，主たるグループの役割の独立した重要な役割を尊重しつつ，これらすべてのグループとの安定したパートナシップのために引き続きつくすつもりである。

27. 我々は，大企業も小企業も含めた民間部門が，合法的な活動を追求す

るに際し、公正で持続可能な地域共同体と社会の発展に貢献する義務があることに同意する。

28. 我々はまた、「労働における基本的原則及び権利に関する国際労働機関（ILO）宣言」を考慮しつつ、所得を生みだす雇用機会を増大するために支援を行うことに合意する。

29. 我々は、民間部門の企業が透明で安定した規制環境の中で実行されるべき企業の説明責任を強化する必要があることに合意する。

30. 我々は、アジェンダ21、ミレニアム開発目標および持続可能な開発に関する世界首脳会議の実施計画の効果的な実施のために、あらゆるレベルでガバナンスを強化し改善することを約束する。

多国間主義が未来である

31. 持続可能な開発の目標を達成するためには、我々は、より効果的、民主的かつ責任のある国際的なおよび多国間の機関を必要としている。

32. 我々は、国連憲章と国際法の原則と目的ならびに多国間主義の強化に対する我々の公約を再確認する。持続可能な開発を推進するのに最も適した立場にある世界で最も普遍的で代表的な機関である国際連合の主導的役割を支持する。

33. 我々はさらに、我々の持続可能な開発の目標と目的の達成に向け、進捗状況を定期的に監視することを約束する。

ことを起こせ！

34. 我々は、これがこの歴史的なヨハネスブルグサミットに参加したすべてのおもなグループと政府を含んだ包含的プロセスでなくてはならないことについて合意している。

35. 我々は、地球を救い、人間の開発を促進し、そして世界の繁栄と平和を達成するという共通の決意により団結し、共同で行動することを約束する。

36. 我々は，持続可能な開発に関する世界首脳会議の実施計画，およびその中に含まれる時間制限のある，社会・経済的・環境的目標の達成を促進することを約束する。
37. 人類のゆりかごであるアフリカ大陸から，我々は，世界の諸国民と地球を確実に受け継ぐ世代に対し，持続可能な開発の実現のための我々の結束した希望が実現することを確保する決意であることを厳粛に誓う。

7.2.2 ヨハネスブルグ実施計画

WSSD (World Summit on Sustainable Development；持続可能な開発に関する世界首脳会議)」は，1992年，リオデジャネイロ地球サミットで採択された「アジェンダ21」の実施状況を点検するための会議であった。しかし，アジェンダ21はほとんど実施されなかったばかりか，地球環境は悪化し続けており，貧困は拡大している。その結果，「アジェンダ21」を再審議するのではなく，持続可能な開発をテーマとして，サミットレベルでの新しい公約を行うことになった。それがヨハネスブルグ実施計画である[3]。

実施計画文書はつぎの10章から成る。

①序文，②貧困根絶，③消費と生産，④天然資源の基礎，

⑤グローバル化した世界での持続可能な開発，⑥健康と持続的開発，

⑦小島諸国，⑧アフリカ，⑨実施手段，⑩制度的枠組み

この実施計画をまとめる経過で，水と衛生 (water/sanitation)，エネルギー (energy)，健康と環境 (health and environment)，農業 (agriculture)，生物多様性と生態系管理 (bio-diversity and ecosystem management) などの対立項目が議論されたことから英語の頭文字をとって，WEHAB議論と総称された。議論をまとめる過程で先進国と途上国，EUと米国，日本と米国などの間に意見の対立点が現れた。米国は，地球サミットで採択された「リオ原則」のうちの二つの原則を拒否した。

二つの「リオ原則」とは，まず第7原則「先進国と途上国は共通だが差異の

ある責任」を負うというものである。米国は「これは環境保全に関するもので，持続可能な開発を指すものではない」と主張した。米国が拒否したリオ原則のもう一つは，第15原則「予防的アプローチ」であった。これは科学的に立証されない場合でも予防措置を講じるというものであった。しかし，これにはEU，日本，途上国の反対を受けた。EUは，「貧困層の衛生設備へのアクセス」や「再生可能なエネルギー」の目標値と期限を設定するべきだと主張し，米国に京都議定書の批准を迫った。結局「衛生設備へのアクセス」については双方の合意が成立し，京都議定書問題については，日本の仲介で米国が妥協し，再生可能なエネルギーの目標値と期限については，EUが譲歩するという形で合意された。

米国はWSSDを，加盟国に拘束力を持つWTO協定に従属させること，さらにWSSDに「モントレー合意」（モントレー会議──2002年にメキシコのモントレーで開催された開発融資に関する国際会議の合意）を追認せよなどと要求した。「モントレー合意」とは，開発資金に関して，先進国側は，途上国のガバナンス（gavernance）の確立が先決だとして，新しい資金供与を拒否した。これに異議を唱える途上国に対して，先進国は，「モントレー合意はあくまで，合意であって，その実施については，ヨハネスブルグで議論される」となだめ，採決を強制したのであった。しかし，ヨハネスブルグがはじまると，米国を先頭とする先進国は，「モントレー合意を尊重し，これを再審議しない」と主張したのであった。

途上国グループ（国連用語では「G77＋中国」）は，持続可能な開発のために，先進国に対してつぎのような要求をした。

① 重債務貧困国の債務帳消し，ODAをGNPの0.7％に引き上げる。さらに革新的な資金源（例えば為替取引き税など）の導入を公約する。
② 農産物に対する輸出補助金を廃止し，同時に途上国の輸出品に対する貿易障壁を撤廃するべきである。

日本の取組み成果は，京都議定書に関して，議長からの要請を受け案文を作成，交渉のとりまとめ役を果たした。また，日本が主張してきたTICAD（ア

フリカ開発会議）や北九州イニシアティブの文言も外交努力のすえ，文書の中で言及した。つぎの日本側の働きかけが「実施計画」に反映した。

① 京都議定書：日本は，京都議定書の早期発効への取組みが言及されるべく努め，「京都議定書をタイムリーに締結するよう強く求める」旨の案を

表7.2 ヨハネスブルグ実施計画の概要

実施計画	おもな合意事項
全般	・「予防的アプローチ」および「共通だが差異のある責任」について，リオ原則の枠内で適用すること，科学的根拠に基づくことなどに合意
貧困の撲滅	・貧困撲滅のための世界連帯基金の設立 ・日所得が1ドル以下の貧困層，飢餓に苦しむ人，安全な水を入手できない人の比率を2015年までに現在比で半減する ・世界が現在直面する最大の課題が貧困の撲滅であることの認識 ・男女平等，児童の権利，食糧，砂漠化防止，エネルギーの持続的利用，先住民の権利などに対する定性的コミットメント
非持続的な消費，生産パターンの変更	・今後10年間のプログラムの枠組みの開発・推進 ・再生可能エネルギー，先進的エネルギー技術の推進（数量目標なし）。エネルギー関連補助金の削減については定性的な記述 ・健康上有害な化学品の2020年までの撤廃 ・ロッテルダム条約（有害廃棄物輸送の事前通知）の2003年発効およびストックホルム条約（POPS）の2004年発効
経済・社会的開発の資源的基盤の保護・管理	・資源開発，水利用向上に関する枠組みを2005年までに作成 ・衛生の向上していない人の比率を2015年までに半減 ・魚類ストックの2015年までの回復 ・京都議定書を批准済みの国が未批准の国による批准を促す ・生物多様性損失の速度を2010年までに大幅に削減。また先進国が得た生物多様性の研究成果（遺伝子資源）を平等に共有（生物多様性条約の枠内で交渉）
健康と持続可能な開発	・2015年までに5歳以下の小児死亡率を2/3削減するための計画の開発 ・2005年までに影響が深刻な地域における15〜25歳の人口のHIV感染率の25％減，2010年までに全地域で同様の目標の達成 ・HIVに関するWTO/TRIPS（貿易関連知的財産権）合意を各国の健康向上のために活用すべきなど
その他の地域イニシアティブ	・各地域に対する各種支援（ほとんどがアフリカ関連） ・土地所有権の推進（女性含む）
実施の手段	・ODAの目標達成（GNPの0.7％：既合意事項）など，ODA関連コミットメント後発途上国関連目標はなし ・初等教育における性差の解消。教育に関する性差を2005年までに解消 ・GEFの資金再補充を歓迎（定量目標なし）

まとめた。
② 資金・貿易：ドーハ閣僚宣言やモントレー合意等の既存の合意の実施を重視すべきとの日本の立場が反映された。
③ 衛生：日本が支持する「基本的な衛生施設へアクセスできない人の割合を2015年までに半減させる」目標が入った形で合意された。
④ 再生可能エネルギー：日本の主張どおり，一律の数値目標を設けるのではなく，各国の実情に応じながら，世界のシェアを十分に増大させることとされた。
⑤ バリ準備会合までに日本が提案した「持続可能な開発のための教育の10年」が合意された。

米国の代表団は，「実施計画」には拘束されないという意見表明をして帰国した。米国の一貫した，地球環境保全取組みへの消極姿勢と，他方一国主義によるイラク進攻の国際政治姿勢は際立った対比を示している。米国の姿勢の変化をもたらさないと実効ある，地球環境保全活動は困難である。

ヨハネスブルグ実施計画の概要を表7.2に示す。国連をはじめ国際機関はこの合意を目標に，これからの活動計画が立てられ実施されることになる。先進国，途上国を問わず地球市民は，この約束達成の努力が求められているし，この約束に照らして，国際機関がどれだけ実行するか監視が必要となる。

7.2.3 国際融資銀行の役割
〔1〕 世 界 銀 行

国際機関の中で環境政策において際立って重要な役割を先導してきたのが世界銀行である。しかし，世界銀行の融資政策における環境配慮の弱さについては，途上国はじめ環境に取り組む世界のNGOから批判が続いていることも事実である。そのようななか，世界銀行は環境に関するいままでの融資活動を反省して報告書：「世界銀行環境戦略」（Making Sustainable Commitments：An Environment Strategy for the World Bank）提出している。そのなかで，過去の活動が必ずしも環境課題に十分な配慮をしてこなかったことを認め，経

験から今後方向性を示している[4]。

この報告書において，途上国の状況として一般に毎年GDPの4～8％の環境悪化が発生している推定している。自然資源劣化をはじめ，土壌，水，森林，漁業，環境汚染が人々の健康に影響を与え，水系伝染病と毒性物質により毎年600万人の死亡を推定している。これらの認識は，国連組織の認識と共通するが，世界銀行の役割として顧客の途上国に融資要請案件を審査する過程で，開発プロジェクト案件が環境の持続性と整合されているかを今後の重要な評価ポイントとしている。さらに，案件審査の新しい方向性をつぎのようにまとめている。貧困撲滅と環境改善を連結させる。地域環境問題の重視，環境問題を分野別政策や決定のなかに統合化する方法を重視，途上国の機構制度改善の刺激に努める。世界銀行環境戦略の変更の様子を図7.1に示す。

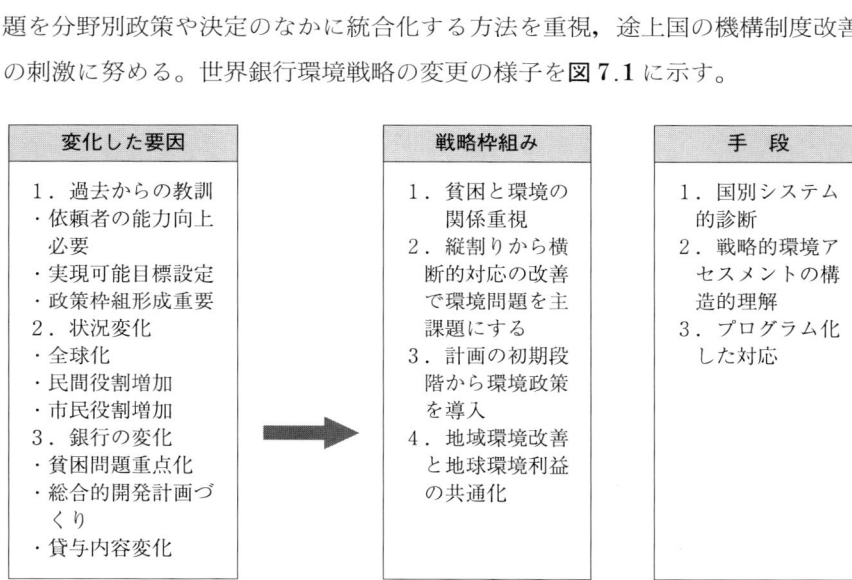

変化した要因	戦略枠組み	手　段
1．過去からの教訓 ・依頼者の能力向上必要 ・実現可能目標設定 ・政策枠組形成重要 2．状況変化 ・全球化 ・民間役割増加 ・市民役割増加 3．銀行の変化 ・貧困問題重点化 ・総合的開発計画づくり ・貸与内容変化	1．貧困と環境の関係重視 2．縦割りから横断的対応の改善で環境問題を主課題にする 3．計画の初期段階から環境政策を導入 4．地域環境改善と地球環境利益の共通化	1．国別システム的診断 2．戦略的環境アセスメントの構造的理解 3．プログラム化した対応

図7.1　世界銀行環境戦略の変更

〔2〕 地 球 環 境 機 関

地球環境機関（The Global Environment Facility；GEF）は，1991年に設立され1992年のリオ会議以後活動の目標が，現在進行するものに整理された。途上国の地球環境にかかわるプロジェクトの無償資金援助を行う機関である。地球環境にかかわる課題は，生物多様性，地球気候変動，国際河川，土壌劣

化,オゾン層,有害化学物質（POPs）である。1991年設立以来,途上国と旧社会主義国に対して4.5億ドル（約5000億円）の無償援助活動,14.5億ドル（約1兆5000億円）の資金規模活動に共同支援を行ってきている。日本をはじめ資金提供国は32ヵ国である。2002年から2006年の間,3億ドル（約3300億円）を利用する。この資金を利用する国際機関は,UNEP,UNDPと世界銀行である。資金が適切に利用されているかどうかは,それぞれの理事会によって最終的に判断されるが,資金供与国の代表者の判断にも大きく依存している。GEF活動の顧問団として科学技術顧問パネル（STAP）が15名の国際的科学者で構成されている。GEF活動はインターネットのホームページを通じて内容が見ることができ,透明化が図られている[5]。

〔3〕 **アジア開発銀行**

地球環境問題の中でアジアの役割はきわめて大きい。人口の50％がアジアに集中していることと,中国,東南アジアの経済成長が著しい。経済成長と環境保全,改善の最も厳しい関係がアジアに集中している。日本が最大の出資をするアジア開発銀行が,環境問題に取り組む姿勢は,今後ますます重要となる。アジア開発銀行の環境政策は貧困削減戦略（Poverty Reduction Strategy and LTSF（2001～2015年））の中で位置づけられている。貧困削減の前提条件として環境の持続性を形成することが重要である。そのために横断的な取組みの重要性を指摘している。環境政策の5項目は

① 貧困削減に直接関係する環境と自然資源管理を促進する
② 途上国を支援し経済発展の中心に環境問題を位置づけることを支援する
③ 将来発展を支持する地球的,地域的生活基盤システムの支援
④ アジア開発銀行の活動影響を貸与案件,非貸与案件に最大化するためパートナシップを強化する
⑤ アジア開発銀行の活動全体に環境配慮を統合する。

7.3 日本の環境 ODA の方向

7.3.1 日本の ODA

　地球環境問題の解決には，先進国が途上国にどれだけの資金援助を行うかが鍵となり，そのことが 92 年のリオ地球サミット 2002 年ヨハネスブルグ地球サミットで，繰り返し議論されてきた。もちろん現在の地球経済の動きで，国際株式市場を動く巨大な資金と比べて，国家予算ははるかに少ない。そのことから政府資金に依存する ODA には資金的に限界がある。このことから，社会資本整備に民間資金導入の動きが活発になっていることも重要な事実である。そのような状況で，日本の ODA のあり方と地球環境問題解決のかかわりは，きわめて重要である。日本は，ODA の実績（絶対金額）では 1991 年から 10 年間は最大国であったが，国内経済の悪化に伴って国家予算が緊縮され，米国につぐ第 2 位の国になっている（図 7.2）[6]。

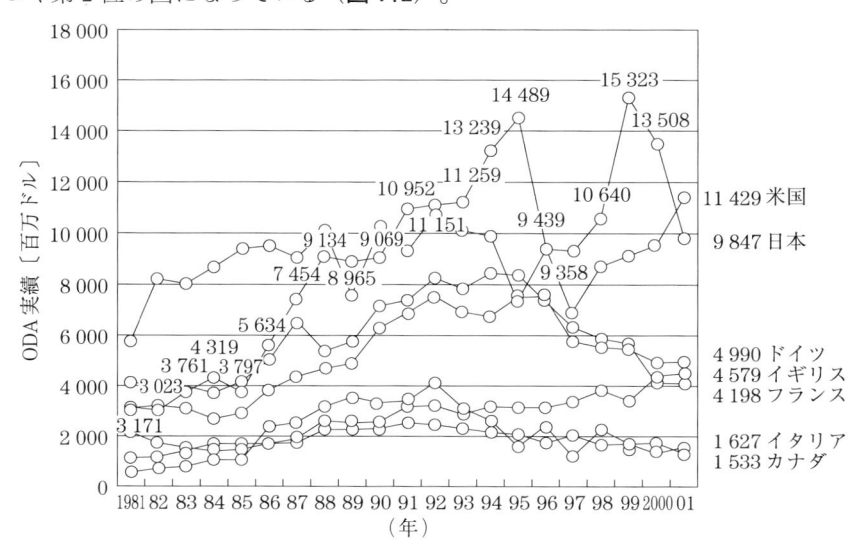

注：(1) 東欧向けおよび卒業国向け援助は含まない。
　　(2) 1991 年および 1992 年の米国の実績値は，軍事債務救済を除く。
〔2002 年 DAC プレスリリース〕

図 7.2　先進主要国の ODA 実績の推移

260   7．だれが地球環境の将来を判断するのか

ここで，改めてODAについて検討をしてみる。

開発途上国への経済発展支援はODA，その他の政府資金（Other Official Flows；OOF），民間資金（Private Flows；PF），民間非営利団体による贈与に分類できる。ODAとは，つぎの三つの要件を満たす資金のことである。

① 政府ないし政府の実施機関によって供与されるもの
② 開発途上国の経済開発や福祉の向上に寄与することを主たる目的としている
③ 資金協力の内容ついて，供与条件が開発途上国にとって重い負担にならないように配慮する。そのことは借款条件の緩和度を示す指標グラントエレメント(G.E.)が25％以上である

金利が低く，融資期間が長いほど，グラントエレメントは高くなり，借入人（開発途上国）にとって有利である。例えば，贈与のグラントエレメントは100％である。

ODAは，資金の流れから二国間援助と多国間援助とに分けられ，二国間援助は形態別には贈与と円借款などがあり，このうち贈与はさらに無償資金協力と技術協力とに分類される（図7.3，図7.4，表7.3参照）。

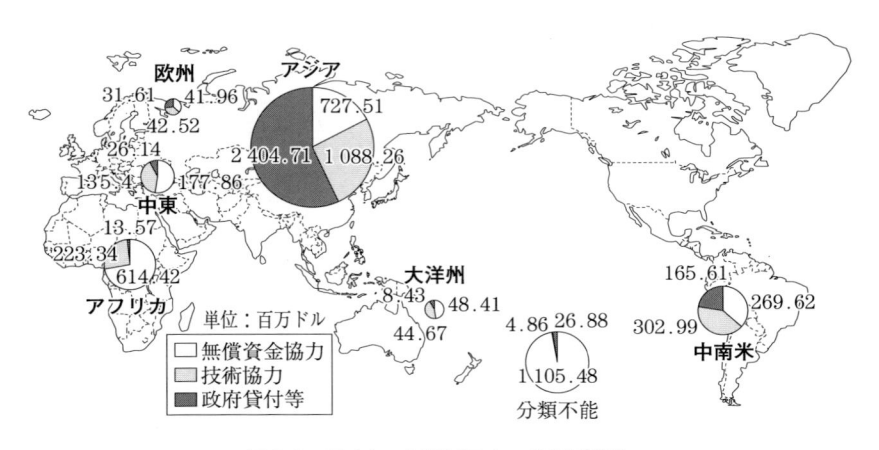

図7.3　日本と二国間ODAの地域別配分

7.3 日本の環境ODAの方向

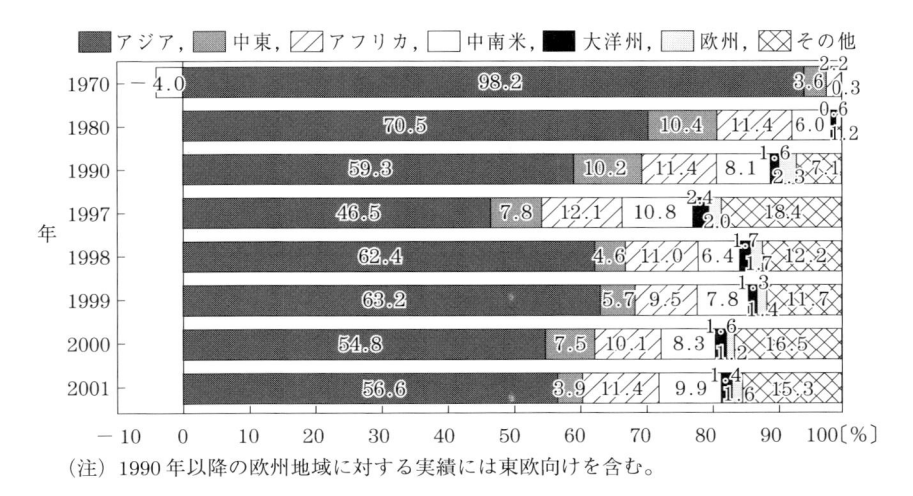

■ アジア, ▨ 中東, ▨ アフリカ, □ 中南米, ■ 大洋州, ▨ 欧州, ▨ その他

年	アジア	中東	アフリカ	中南米	大洋州	欧州	その他
1970	93.2	−4.0		3.6	2.2/1.0		0.3
1980	70.5	10.4	11.4	6.0	0.6		1.2
1990	59.3	10.2	11.4	8.1	1.6/2.3		7.1
1997	46.5	7.8	12.1	10.8	2.4/2.0		18.4
1998	62.4	4.6	11.0	6.4	1.7/1.7		12.2
1999	63.2	5.7	9.5	7.8	1.3/1.4		11.7
2000	54.8	7.5	10.1	8.3	1.6/1.2		16.5
2001	56.6	3.9	11.4	9.9	1.4/1.6		15.3

（注）1990年以降の欧州地域に対する実績には東欧向けを含む。

図 7.4 日本と二国間 ODA の地域別配分の推移

表 7.3 日本と二国間 ODA の 10 大供与相手国・供与額
（支出総額ベース，単位：金額百万ドル，シェア％）

順位	1999年 国名	金額	シェア	2000年 国名	金額	シェア	2001年 国名	金額	シェア
1	インドネシア	1 606.83	15.30	インドネシア	970.10	10.06	インドネシア	860.07	11.54
2	中　　国	1 225.97	11.68	ベトナム	923.68	9.58	中　　国	686.13	9.21
3	タ　　イ	880.26	8.39	中　　国	769.19	7.98	イ　ン　ド	528.87	7.10
4	ベトナム	679.98	6.48	タ　　イ	635.25	6.59	ベトナム	459.53	6.17
5	イ　ン　ド	634.02	6.04	イ　ン　ド	368.16	3.82	フィリピン	298.22	4.00
6	フィリピン	412.98	3.93	フィリピン	304.48	3.16	タンザニア	260.44	3.49
7	ペ　ル　ー	189.12	1.80	パキスタン	280.36	2.91	パキスタン	211.41	2.84
8	パキスタン	169.74	1.62	タンザニア	217.14	2.25	タ　　イ	209.59	2.81
9	ブラジル	149.36	1.42	バングラデシュ	201.62	2.09	スリランカ	184.72	2.48
10	シ　リ　ア	136.17	1.30	ペ　ル　ー	191.68	1.99	ペ　ル　ー	156.52	2.10
	10位合計	6 083.45	57.95	10位合計	4 861.64	50.43	10位合計	3 855.50	51.74
	途上国計	10 497.56	100.00	途上国計	9 640.10	100.00	途上国計	7 452.04	100.00

注：1) 途上国計には東欧および卒業国向け援助実績を含む。
2) 四捨五入の関係上，合計が一致しないところがある。
3) 　　　東アジア諸国

多国間援助は，国際機関に対する出資・拠出などのことである。

無償資金協力，技術協力，円借款，国際機関への出資・拠出などの内容と実施体制についてつぎに述べる。

〔1〕 無償資金協力

　開発の遅れの目立つ地域や国々への供与が優先され，協力分野は，保健・医療，生活用水の確保，農村・農業開発など，人間の基礎的な生活に欠かせない，基礎的生活分野（Basic Human Needs；BHN）および人づくり分野が中心である。これまで基本的に円借款で対応してきた道路，橋，通信施設など，経済・社会基盤を形成する分野についても，後発開発途上国（LLDC）を中心に，それらの国々の財政事情の悪化などを考慮して，ケースバイケースで無償資金協力で対応している。無償資金協力の実施は，外務省が独立行政法人国際協力機構（JICA）の協力を得て行っている。

〔2〕 技術協力

　開発途上国の国づくりを推進するための「人づくり」（人材育成と技術向上）を目的とした援助で，具体的には専門家派遣，研修員受入れ，技術移転に必要な機材の供与，これら三つを組み合わせたプロジェクト方式技術協力および青年海外協力隊員の派遣，開発調査といった形態により行われている。開発途上国からの援助要請が高度化・多様化するに従い，技術協力の内容も，保健・医療など基礎生活分野からコンピュータ関連など，高度な先端分野に至る広範囲なものになっている。技術協力の実施は，JICAが大半を担当している。

〔3〕 円借款

　開発途上国政府などに対して，低利で長期の緩やかな条件で開発資金を貸付けるもので，それぞれの国が発展していくために必要な資金を援助し，これらの国々が経済的に自立するための自助努力を支援する。円借款の実施は，国際協力銀行（海外経済協力業務）がそのほとんどを担当している。円借款の融資残高は約11兆円（2000年度実績）になっている。円借款の貸付け・出資業務に要する源は大きく分けて

　① 税金や国債などが財源の一般会計からの出資金
　② 財政投融資制度からの借入金
　③ 自己資金

などから構成されている。一般会計予算が円借款のおもな財源となっているこ

とにより，開発途上国の経済発展のために，非常に低い金利で返済期間の長い円借款を供与することが可能となっている。

一方，円借款の調達条件（借款対象となる資機材・役務の調達をどこから行うか決めた条件）は調達先に一切の制限のない一般アンタイド，日本および開発途上国に限定した部分アンタイド，日本および借入国のみを調達適格国とする二国間タイド，調達先を日本のみとするタイドの4種類あるが，最近は一般アンタイドがほとんどを占めている。

〔4〕 **国際機関への出資・拠出金**

二国間援助の拡大とともに，国際機関の活動の場でもわが国の積極的なリーダーシップを求める期待は国際社会で高まっており，日本はそれに応えて国際機関を通じた援助にも力を入れている。

国際機関を二つに大別すると，開発に必要な資金を融資する「国際開発金融機関」と，おもに経済，社会，人道問題に関連する活動を行う「国連諸機関」に分かれ，国際開発金融機関への出資・拠出は主に財務省が，国連諸機関への分担金・拠出はおもに外務省が担当している。

7.3.2 新しい政府開発援助大綱

政府開発援助大綱（ODA大綱）は，1992年6月に閣議決定された。その後10年経過し，ODAを取り巻く情勢は大きな変化を遂げたことを踏まえ，2003年3月14日 対外経済協力関係閣僚会はODA大綱の見直しを行う方針を決めた[7]。情勢の変化として指摘されていることは，つぎの内容である。

① グローバル化の進展に伴い，また，2002年9月11日の米国同時多発テロを契機として，途上国の開発が国際社会の課題としてますます重要になっている。

② 「持続可能な開発」，「貧困削減」，「人間の安全保障」などの考え方や，「平和構築（平和の定着および国づくり）」などの新たな分野，さらには国連が定めた「ミレニアム開発目標」などがODAをめぐる議論の重要な柱となっている。

③　わが国では，厳しい経済財政状況の下，ODAの戦略性，機動性，透明性，効率性の確保が一層求められている。

④　NGO，ボランティア，大学，地方公共団体，経済界など，ODAの参加主体が多様化，ODAへの幅広い国民参加が一層求められている。

〔1〕　ODA大綱の目的変更

過去のODAの成功を指摘する一方，冷戦後，グローバル化の進展するなかで，現在の国際社会は，貧富の格差，民族的・宗教的対立，紛争，テロ，自由・人権および民主主義の抑圧，環境問題，感染症，男女の格差など，数多くの問題が存在している。特に，極度の貧困，飢餓，難民，災害などの人道的問題，環境や水などの地球的規模の問題は，国際社会全体の持続可能な開発を実現するうえで重要な課題である。また，最近，多発する紛争やテロは深刻の度を高めており，これらを予防し，平和を構築するとともに，民主化や人権の保障を促進し，個々の人間の尊厳を守ることは，国際社会の安定と発展にとってもますます重要な課題となっている。さらに，相互依存関係が深まるなかで，国際貿易の恩恵を享受し，資源・エネルギー，食料などを海外に大きく依存するわが国としては，ODAを通じて開発途上国の安定と発展に積極的に貢献する。このことは，わが国の安全と繁栄を確保し，国民の利益を増進することに深く結びついている。特にわが国と密接な関係を有するアジア諸国との経済的な連携，さまざまな交流の活発化を図ることは不可欠である。

〔2〕　ODA大綱——新しい基本方針

（a）　開発途上国の自助努力支援　　良い統治（グッドガバナンス）に基づく開発途上国の自助努力を支援する。人づくり，制度構築や経済社会基盤の整備に協力する。このため，開発途上国の自主性（オーナーシップ）を尊重し，その開発戦略を重視する。その際，平和，民主化，人権保障のための努力や経済社会の構造改革に向けた取組みを積極的に行っている開発途上国に対しては重点的に支援を行う。

（b）　「人間の安全保障」の視点　　紛争・災害や感染症など，人間に対する直接的な脅威に対処するために，個々の人間に着目した「人間の安全保障」

の視点で考えることが重要である。また，紛争時より復興・開発に至るあらゆる段階において，尊厳ある人生を可能ならしめるよう，個人の保護と能力強化のための協力を行う。

（c）　**公平性の確保**　　利益をより幅広い人々が享受できるよう，ジェンダーの視点，社会的弱者の状況，開発途上国内における貧富の格差および地域格差を考慮するとともに，公平性の確保を図る。

（d）　**わが国の経験と知見の活用**　　わが国が有する優れた技術，知見，人材および制度を活用する。わが国の経済・社会との関連に配慮しつつ，わが国の重要な政策との連携を図り，政策全般の整合性を確保する。

（e）　**国際社会における協調と連携**　　国際機関が中心となって開発目標や開発戦略の共有化が進み，さまざまな主体が協調して援助を行う動きに参加して主導的な役割を果たすよう努める。同時に，国連諸機関，国際開発金融機関，他の援助国，NGO，民間企業などとの連携を進める。特に，専門的知見や政治的中立性を有する国際機関とわが国ODAとの連携を強化するとともに，これらの国際機関の運営にもわが国の政策を適切に反映させていくよう努める。アジアなどにおけるより開発の進んだ途上国と連携して南南協力を積極的に推進する。また，地域協力の枠組みとの連携強化を図るとともに，複数国にまたがる広域的な協力を支援する。

〔3〕**重　点　課　題**

（a）　**貧 困 削 減**　　貧困削減は，国際社会が共有する重要な開発目標であり，また，国際社会におけるテロなどの不安定要因を取り除くためにも必要である。そのため，教育や保健医療・福祉，水と衛生，農業などの分野における協力を重視し，開発途上国の人材開発，社会開発を支援する。同時に，貧困削減を達成するには，開発途上国の経済が持続的に成長し，雇用が増加するとともに生活の質も改善されることが不可欠であり，そのための協力も重視する。

（b）　**持続的成長**　　開発途上国の貿易，投資および人の交流を活性化し，持続的成長を支援するため，経済活動上重要となる経済社会基盤の整備とともに，政策立案，制度整備や人づくりへの協力も重視する。知的財産保護強化や

標準化を含む貿易・投資関連の協力や情報通信技術（ICT）の分野における協力，留学生の受入れ，研究協力なども含む。

　開発途上国の開発に大きな影響を有する貿易や投資が有機的連関を保ちつつ実施され，総体として開発途上国の発展を促進するよう努める。このため，わが国ODAと貿易保険や輸出入金融などODA以外の資金の流れとの連携の強化にも努めるとともに，民間の活力や資金を十分活用しつつ，民間経済協力の推進を図る。

　（c）　**地球的規模の問題への取組み**　　地球温暖化をはじめとする環境問題，感染症，人口，食料，エネルギー，災害，テロ，麻薬，国際組織犯罪といった地球的規模の問題は，国際社会がただちに協調して対応を強化しなければならない問題であり，国際的な規範づくりに積極的な役割を果たす。

　（d）　**平和の構築**　　開発途上地域における紛争を予防するために，上記のような貧困削減や格差の是正のためのODAを実施する。さらに，予防や紛争下の緊急人道支援とともに，紛争の終結を促進するための支援から，紛争終結後の平和の定着や国づくりのための支援まで，状況の推移に即して平和構築のために二国間および多国間援助を継ぎ目なく機動的に行う。

　具体的には，例えば和平プロセス促進のための支援，難民支援や基礎生活基盤の復旧などの人道・復旧支援，元兵士の武装解除，動員解除および社会復帰（DDR）や地雷除去を含む武器の回収および廃棄などの国内の安定と治安の確保のための支援，さらに経済社会開発に加え，政府の行政能力向上も含めた復興支援を行う。

〔4〕　**重　点　地　域**

　アジア諸国の経済社会状況の多様性，援助需要の変化に十分留意しつつ，戦略的に重点化を図る。特に，ASEANなどの東アジア地域については，近年，経済的相互依存関係が拡大・深化するなか，経済成長を維持しつつ統合を強化することにより地域的競争力を高める努力を行っている。東アジア地域との経済連携強化などを十分に考慮し，同地域との関係強化や域内格差の是正に努める。また，南西アジア地域における大きな貧困人口の存在を十分配慮するとと

もに，中央アジア地域については，コーカサス地域も視野に入れつつ，民主化や市場経済化への取組みを支援する．

その他の地域についても，各地域の援助需要，発展状況に留意しつつ，重点化を図る．アフリカは，多くの後発開発途上国が存在し，紛争や深刻な開発課題を抱えるなかで，自助努力に向けた取組みを強化しており，このために必要な支援を行う．中東は，エネルギー供給の観点や国際社会の平和と安定の観点から重要な地域であるが，中東和平問題をはじめ不安定要因を抱えており，社会的安定と平和の定着に向けた支援を行う．中南米は，比較的開発の進んだ国がある一方で脆弱な島嶼国をかかえ，域内および国内の格差が生じていることに配慮しつつ必要な協力を行う．大洋州は，脆弱な島嶼国が多いことを踏まえて協力を行う．

〔5〕 援助実施の原則

上記の理念，国際連合憲章の諸原則（特に，主権，平等および内政不干渉）および以下の諸点を踏まえ，開発途上国の援助需要，経済社会状況，二国間関係などを総合的に判断のうえ，ODA を実施する．

① 環境と開発を両立させる．
② 軍事的用途および国際紛争助長への使用を回避する．
③ テロや大量破壊兵器の拡散を防止するなど国際平和と安定を維持・強化するとともに，開発途上国はその国内資源を自国の経済社会開発のために適正かつ優先的に配分すべきであるとの観点から，開発途上国の軍事支出，大量破壊兵器・ミサイルの開発・製造，武器の輸出入などの動向に十分注意を払う．
④ 開発途上国における民主化の促進，市場経済導入の努力ならびに基本的人権および自由の保障状況に十分注意を払う．

〔6〕 援助政策の立案および実施体制

（a） **一貫性のある援助政策の立案**　政府全体として一体性と一貫性をもって，中期政策や国別援助計画を作成し，これらにのっとった ODA 政策の立案，実施を図る（図 7.5）．特に国別援助計画については，主要な被援助国に

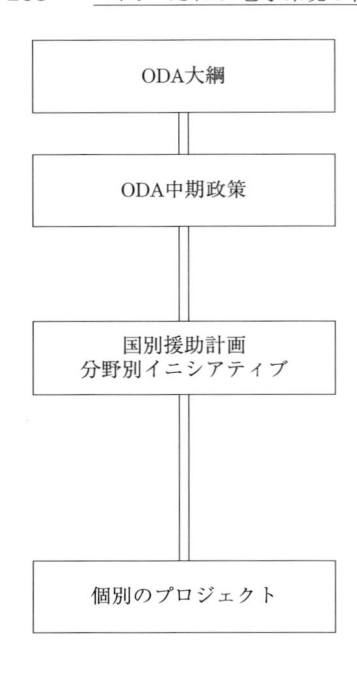

```
┌─────────────┐    ◎政府の開発援助の理念や原則などを明確に
│  ODA大綱    │      するために策定したもの
└─────────────┘     （1992年6月閣議決定）
       │
┌─────────────┐    ◎今後5年程度を念頭に，わが国ODAの基
│ ODA中期政策 │      本的考え方，重点課題，地域別援助のあり
└─────────────┘      方などを明らかにしたもの
                    （1999年8月対外経済協力関係閣僚会議で
                     決定のうえ，閣議報告）
       │
┌─────────────┐    ◎今後5年間程度を目途としたわが国の援助
│ 国別援助計画 │      計画・政策を示すもの
│分野別イニシアティブ│ ◎ODA大綱，ODA中期政策のもとに位置づ
└─────────────┘      けられ，具体的な案件策定の指針となるこ
                     とを目指す
                    ◎国別援助計画については，2000年より2002
                     年末までに15ヵ国につき策定
                    ◎分野別イニシアティブについては，2002
                     年末までに感染症，教育などにつき策定
       │
┌─────────────┐
│個別のプロジェクト│
└─────────────┘
```

図7.5　ODA計画作成の過程

ついて作成し，わが国の援助政策を踏まえ，被援助国にとって真に必要な援助需要を反映した，重点が明確なものとする。

　これらの中期政策や国別援助計画に従い，有償・無償の資金協力および技術協力の各援助手法については，その特性を最大限生かし，ソフト・ハード両面のバランスに留意しつつ，これらの有機的な連携を図るとともに，適切な見直しに努める。

　（b）　**関係府省間の連携**　　政府全体として一体性と一貫性のある政策を立案し，実施するため，対外経済協力関係閣僚会議のもとで，外務省を調整の中核として関係府省の知見を活用しつつ関係府省間の人事交流を含む幅広い連携を強化する。そのために政府開発援助関係省庁連絡協議会などの協議の場を積極的に活用する。

　（c）　**政府と実施機関の連携**　　政府と実施機関（国際協力機構（JICA），

国際協力銀行（JBIC））の役割，責任分担を明確にしつつ，政策と実施の有機的な連関を確保すべく，人事交流を含む両者の連携を強化する。また，実施機関相互の連携を強化する。

（d）　**政策協議の強化**　　ODAの政策立案および実施にあたっては，開発途上国から要請を受ける前から政策協議を活発に行うことにより，その開発政策や援助需要を十分把握することが不可欠である。同時に，対話を通じてわが国の援助方針を開発途上国に示し，開発途上国の開発戦略のなかでわが国の援助が十分生かされるよう，開発途上国の開発政策とわが国の援助政策の調整を図る。また，開発途上国の案件の形成，実施の面も含めて政策および制度の改善のための努力を支援するとともに，そのような努力が十分であるかどうかをわが国の支援に当たって考慮する。

（e）　**政策の決定過程・実施における現地機能の強化**　　援助政策の決定過程および実施において，在外公館および実施機関現地事務所などが一体となって主導的な役割を果たすよう，その機能を強化する。特に，外部人材の活用を含め体制を強化するための枠組みの整備に努める。また，現地を中心として，開発途上国の開発政策や援助需要を総合的かつ的確に把握するよう努める。その際，現地関係者を通じて，現地の経済社会状況などを十分把握する。

（f）　**内外の援助関係者との連携**　　国内のNGO，大学，地方公共団体，経済団体，労働団体などの関係者がODAに参加し，その技術や知見を生かすことができるように連携を強化する。また，開発途上国をはじめとして，海外における同様の関係者とも連携を図る。さらに，ODAの実施に当たってはわが国の民間企業の持つ技術や知見を適切に活用していく。

〔7〕　**国民参加の拡大**

（a）　**国民各層の広範な参加**　　国民各層による援助活動への参加や開発途上国との交流を促進するため，十分な情報を提供するとともに，国民からの意見に耳を傾け，開発事業に関する提案の募集やボランティア活動への協力などを行う。

（b）　**人材育成と開発研究**　　専門性をもった援助人材を育成するととも

に，援助人材が国内外において活躍できる機会の拡大に努める。同時に，海外での豊かな経験や優れた知識を有する者などの質の高い人材を幅広く求めてODAに活用する。また，開発途上国に関する地域研究，開発政策研究を活発化し，わが国の開発に関する知的資産の蓄積を図る。

（c）**開発教育**　開発教育は，ODAを含む国際協力への理解を促進するとともに，将来の国際協力の担い手を確保するためにも重要である。このような観点から，学校教育などの場を通じて開発援助の役割，開発途上国が抱える問題など，開発問題に関する教育の普及を図り，その際に必要とされる教材の提供や指導者の育成などを行う。

（d）**情報公開と広報**　ODAの政策，実施，評価に関する情報を，幅広く，迅速に公開するとともに積極的に広報することが重要である。このため，さまざまな手段を活用して，わかりやすい形での情報提供を行うとともに，わが国の国民がわが国のODA案件に接する機会を作る。また，特に開発途上国を中心とした国際社会に対してわが国ODAに関する情報発信を強化する。

〔8〕**効果的実施のために必要な事項**

（a）**評価の充実**　事前から中間，事後と一貫した評価及び政策，プログラム，プロジェクトを対象とした評価を実施する。また，ODAの成果を測定・分析し，客観的に判断すべく，第三者による評価を充実させるとともに政府自身による政策評価を実施する。さらに，評価結果をその後のODAの政策立案および効率的・効果的な実施に反映させる。

（b）**適正な手続きの確保**　援助の実施に当たっては，環境や社会面への影響に十分配慮する手続きをとるとともに，質や価格面において適正かつ効率的な調達が行われるよう努める。同時に，これらを確保しつつ，手続きの簡素化や迅速化を図る。

（c）**不正，腐敗の防止**　案件の選定および実施プロセスの透明性を確保し，不正，腐敗および目的外使用を防止するための適切な措置をとる。また，外部監査の導入等監査の充実を通じて適正な執行の確保に努める。

（d）**援助関係者の安全確保**　援助関係者の生命および身体の安全の確保

は，ODA 実施の前提条件であり，安全関連情報を十分に把握し，適切な対応に努める。

ODA 大綱の実施状況については，毎年閣議報告される「政府開発援助 (ODA) 白書」において明らかにする。

7.3.3 日本の環境 ODA の取組み

日本政府は，「政府開発援助大綱」の見直しや「政府開発援助に関する中期政策」において環境問題などの地球的規模の問題への取組みを援助の重点課題に位置づけてきた。しかし，2002 年 8 月の「持続可能な開発に関する世界首脳会議 (WSSD)」の機会に，それまでの「21 世紀に向けた環境開発支援構想 (ISD)」を改め，環境協力の理念・方針・行動計画を示した「持続可能な開発のための環境保全イニシアティブ (EcoISD)」を策定し，途上国の「持続可能な開発」の実現に向けた努力を積極的に支援するようになった[8]。

1992 年度から 96 年度までの 5 年間で環境分野の援助は約 1 兆 4 400 億円となり，リオデジャネイロ地球サミットの際に政府が表明した目標額の 4 割以上超過を達成した。その後も 97 年の国連環境開発特別総会の機会に発表した ISD に基づき，支援を進めてきた。

日本の環境 ODA の対象分野は，居住環境（上下水道整備，廃棄物処理施設整備），森林保全，公害対策（大気汚染対策，水質汚濁対策），防災，自然環境保全，地球温暖化対策などである。途上国の環境問題対処能力の向上を重視して，タイ，インドネシア，中国，メキシコ，チリ，エジプトにおいて環境センターの設置などを通じた人づくりも他の国の援助と違い特徴となっている。

地球温暖化対策関連では，人材育成を中心に 1998 年度からの 4 年間で約 6 400 人の研修と 1997 年 12 月から 2002 年 3 月までで 56 件，約 7 400 億円の温暖化対策関連の円借款を実施している。援助実施の環境配慮について，援助途上国との協議などさまざまな機会を通じて供与国に環境配慮を重視するわが国の姿勢を伝えるとともに，個別プロジェクトの採択，実施，評価のあらゆる段階において環境配慮に留意してきた。しかし，この点については，改善しな

ければならないところで，JICA は，2002 年 12 月から，その事業全般を対象とした環境社会配慮の基本方針，目的，手続き，情報公開のあり方などについて議論を行い，「JICA 環境社会配慮ガイドライン」をまとめている[9]。

JICA 環境社会配慮ガイドラインは 2004 年に最終案が完成するが，世界銀行，アジア開発銀行，日本の国際協力銀行が策定しているガイドラインを参考に横ならびの内容になると考えられる。どのガイドラインも重視している点は

① 事業の影響を受ける地域住民・現地 NGO を含むステイクホルダ（利害関係者）の参加を重視し，事業計画段階からステイクホルダの参加を事業者に求める，「戦略的アセスメント」の重視

② ダムプロジェクトなどに起因する住民移転，HIV/AIDS などの感染症対策，こどもの権利・先住民族・女性への配慮などの社会面の配慮も対象としているため，「環境社会配慮」という用語を使用

③ 情報公開の原則と守秘義務との両立を確保しつつ，融資や支援決定実施後にはその環境レビュー結果を自発的に公開する

などである。

日本政府が環境保全イニシアティブ（EcoISD）を実施する，具体的な取組みはつぎの内容である。

① 2002 年度から 5 年間で 5 000 人の環境分野の人材育成に協力する。
② 環境分野の案件に対する円借款は引き続き譲許的な条件で供与する。
③ 地球環境無償資金協力の充実を図る。
④ 国際機関などとの広範囲な連携の促進を図る。
⑤ 環境 ODA の事後評価の充実に向け，評価手法の一層の改善を図る。

7.3.4　国際協力銀行の環境社会配慮ガイドライン

国際協力銀行は，国際金融等業務と海外経済協力業務の二つの「環境配慮のためのガイドライン」を統合した新ガイドライン「環境社会配慮確認のための国際協力銀行ガイドライン」を 2002 年 4 月 1 日付で制定・公表し，2003 年 10 月 1 日より施行している。ガイドラインの策定作業に当たり，透明性の高い開

かれたプロセスを確保するため,約2ヵ月間にわたってパブリックコメントを募集し,6回のパブリックコンサルテーションフォーラムを開催（東京以外でも開催）し,有識者,NGO,産業界を含め,広く国民の意見交換を行った[10]。事業の影響を受ける地域住民・現地NGOを含むステイクホルダ（利害関係者）の参加を重視し,事業計画段階からステイクホルダの参加を事業者に求めている。

また,環境レビューを行うに当たっては,相手国の主権を尊重しつつ,相手国,借入人などとの対話を重視している。プロジェクトに起因する住民移転,HIV/AIDSなどの感染症対策,こどもの権利・先住民族・女性への配慮などの社会面の配慮も対象としているため,「環境社会配慮」という用語を使用している。情報公開の原則と守秘義務との両立を確保しつつ,融資決定に先立って融資対象事業のカテゴリ分類を,融資決定後にはその環境レビュー結果を自発的に公開するなど,本行が積極的に情報公開を行っている。具体的には,2003年10月1日以降に実質的な融資要請をしたプロジェクトに適用される。

7.3.5 JICAが取り組む地球規模問題

JICAは従来から実施してきた公害対策,森林,居住環境などに加え,地球温暖化対策,酸性雨対策,砂漠化対策,生物多様性保全といった新しい分野への協力を強化している[11]。

例えば1997年6月の「21世紀に向けた環境開発支援構想（ISD構想）」の中で掲げられた環境研究・研修センターへの協力で,JICAは中国,タイ,インドネシア,メキシコ,チリ,エジプトの6ヵ国において環境対処能力（行政措置,モニタリング,啓蒙など）の向上を目指したプロジェクト（各国の中心となる環境研究・研修センター設立）を実施してきた。

また,1997年12月の気候変動枠組条約第3回締約国会議（COP3）で発表された「京都イニシアティブ」で大気汚染,廃棄物,省エネルギー,森林の保全・造成の4分野における途上国の人材を1998年から5年間で3000人育成するという目標を掲げ,1998年度までに1154名の人材育成に協力した。

〔1〕 日本が進める環境開発支援策

1992年6月リオデジャネイロ国連環境開発会議（UNCED）を契機に，日本政府も環境協力への積極的な取組みを見せ，まず，UNCEDにおいて「92年から5年間で9000億円から1兆円を目途として環境ODAを拡充・強化する」という声明を発表した。そして目標の4割以上を上回る約1兆4400億円（約133億ドル）をこの5年間で達成した[12]。

UNCEDから5年目にあたる1997年6月には国連環境開発特別総会がニューヨークで開かれ，ここで橋本総理（当時）は今後のODAを中心とする日本の環境協力政策を包括的にとりまとめた「21世紀に向けた環境開発支援構想（ISD構想）」の推進を宣言した。ISD構想では，① 大気汚染，水質汚濁，廃棄物対策，② 地球温暖化，③ 水問題，④ 自然環境保全，⑤ 環境意識向上の五つの分野での行動計画を示した。具体的に取り上げられている分野は，「東アジア酸性雨モニタリングネットワーク」の提唱，環境研究・研修センターを通じた途上国の環境管理のための組織体制の強化，「インドネシア生物多様性保全センター」や「国際サンゴ礁センター建設計画」を拠点とした情報や保全・研究のネットワーク化などである。

1997年の12月京都「気候変動枠組条約第3回締約国会議（COP 3）」において，議長国である日本は「京都イニシアティブ」を発表した。これは，ODAを中心とした途上国の温暖化対策支援を強化するための諸施策を示したものである。日本としては温暖化問題に対する協力の施策として

① 大気汚染，廃棄物，省エネルギー，森林の保全・造成の四つの関連分野における人づくり協力
② 温暖化対策を目的とした協力に対する円借款の活用促進のための優遇条件の適用
③ 日本の技術・経験の活用

の3点を打ち出した。

1999年8月に発表した5年程度のODAの実施基本方針となる「政府開発援助に関する中期政策」の中でも，環境保全を重点課題の一つとして掲げ，特

に環境協力に関してはISDの基本理念および行動計画，京都イニシアティブの積極的な推進，援助の実施に際する環境配慮の強化が述べられている。

このように日本政府はODAによる環境協力の推進と実施においてJICAは重要な役割を担っている。このような役割を，さらに明確にするために「環境社会配慮ガイドライン改定委員会」が2002年12月から作業を開始した。改定委員会は，NGO，大学関係者，関係府省，民間団体の委員から構成され，JICA事業全般を対象とした環境社会配慮の基本方針，目的，手続き，情報公開のあり方などについて幅広い議論を行った。その結果をホームページを通じて公開した。

〔2〕 NGO国際環境支援

JICAの活動のなかで，従来あまり活用されてこなかった方法は，草の根協力である。欧米の国際援助では盛んに活用されているNGO活動を通じて，国際支援を進めることは，援助事業の投資に対して，きめ細かな効果が期待できる。草の根協力支援形をJICAは，2002年度から本格的に開始した。日本のNGOに対して随時提案を受け付けるようになった。これは，従来のJICA活動の弱点を補う重要な方法となり，その成果が期待される。日本の国際NGOの活動の力量を向上させる，良い契機となった[13]。

現在，表7.4に示す16件が採択あるいは内定となっていて，このうち11件（国名に★印）については相手国の了承を経て採択となり，JICAとNGO団体との間で契約を結び，事業を開始した。

日本のODA事業のなかで，支援現地で反対運動が起こっている。環境に関する案件でも反対運動が起こっていて，一義的にはODA援助国担当部署が，解決すべきであるが，反対運動が司法解決を起こし，日本政府を訴訟対象にするケースが見られる。反対運動の理由は，さまざまで一般化することは難しいが，日本の環境ODAの経験を積み重ねる過程で，教訓を得ながら個別に解決することになる。このような事態を避ける方法について，すでに述べてきた「戦略的環境アセスメント」の実施，「環境社会配慮ガイドライン」の実効，「NGO活動の支援」が重要となっている。地球環境問題・地域環境問題を解

表 7.4

(a) 2002 年度草の根協力支援型・採択内定案件

国名	案件名	団体名	JICA担当窓口
フィリピン★	アグロフォレストリーによる持続可能なエコシステムの構築〜世界遺産フィリピン・イフガオ棚田の保全	特定非営利活動法人 IKGS 緑化協会	JICA 兵庫

(b) 2003 年度草の根協力支援型・採択内定案件（2004 年 1 月 21 日現在）

国名	案件名	団体名	JICA担当窓口
ラオス★	ラオス国内のハンセン病患者とその家族のための巡回医療活動とその技術指導（歯科，医科，補装具作成）	梅本記念歯科奉仕団	JICA 大阪
南アフリカ★	フリーステイト州ツェツェン村農業開発支援事業	特定非営利活動法人 B・L・L	JICA 中国
ブラジル★	アマゾン自然学校プロジェクト	特定非営利活動法人 野生生物を調査研究する会	JICA 兵庫
ペルー★	ワラル地域保健福祉プロジェクト	ひまわりの会	JICA 東京
スリランカ★	絵本の導入によるスリランカの幼児教育向上プロジェクト	スリランカの教育を支援する会	JICA 大阪
メキシコ	メキシコ合衆国における先住民（インディヘナ）に対する口唇口蓋裂医療援助	大阪大学大学院歯学研究科 顎口腔病態制御学講座	JICA 大阪
モンゴル★	モンゴル国一村一品運動地域活性化推進事業	（財）大分県国際交流センター	JICA 九州
スリランカ★	孤児にかかわる小規模インフォメーションセンターと孤児院設置運営のための事業	社会福祉法人 至愛協会	JICA 八王子
カンボジア	カンボジア村落地域におけるプライマリ・ヘルスケア・プロジェクト（歯周感染症による健康被害に対する予防・啓発）	特定非営利活動法人 歯科医学教育国際支援機構	JICA 東京
フィリピン★	パヤタス地区での医療および収入向上支援事業	（特活）アジア日本相互交流センター	JICA 中部
南アフリカ★	クワズールーナタール州ンドウェンドウェ地域の学校におけるHIV/AIDS 教育プロジェクト	アジア・アフリカと共に歩む会（TAAA）	JICA 東京
ネパール	スワヤンブ環境公園の整備と環境教育基盤整備	セニード後援会	JICA 大阪

表 7.4 (b)　（つづき）

インドネシア	拓殖大学と姉妹校ダルマプルサダ大学とのパートナーシップによる都市貧困対策リーダー育成事業	拓殖大学国際開発学部	JICA八王子
ケニア★	タイタ族『ピリカニ女性たちの会』の洋裁による生活改善活動の支援	学生保全ボランティアの会	JICA東京
ラオス	低所得者のための職業訓練による収入向上プログラム	特定非営利活動法人国際協力NGO・IV-JAPAN	JICA東京

決する主体は，地域住民・地球市民である。

7.4　自治体の役割

7.4.1　自治体の環境基本計画と環境保全の取組み

リオデジャネイロの地球サミットの開催を機会に，日本は「公害対策基本法」を改めて「環境基本法」を成立させた（1993年成立）。環境基本計画は，環境基本法に基づき，政府全体の環境保全に関する基本的な計画として，1994年12月16日に閣議決定され，その内容を自治体レベルで深めるために，自治体の環境基本条例が，多数成立していった。「環境基本計画」は，健全で恵み豊かな環境を維持し，環境への負荷の少ない健全な経済の発展を図りながら持続的に発展する社会を構築していくことを，環境政策の基本とし，「循環」，「共生」，「参加」および「国際的取組み」の四点を長期的な目標とした。また，計画期間中に，循環，共生，参加および国際的取組みの考え方が理念として社会に浸透した。しかしながら，この計画については，これらの考え方を具体的な行動として社会に展開していく方策を実効性ある形で提示できなかったこと，あるいは，進捗状況を点検して評価しうる手段が十分でなかったことが指摘される。　環境基本計画策定の流れは，地方の県や市においても実施された。2002年5月27日国民・事業者団体・地方公共団体の環境保全への取組みに関するアンケート調査結果から，環境基本計画で期待される地方公共団体の取組みについての評価は，総じて，都道府県・政令指定都市の取組み状況に比べ

て，人口規模の小さな市町村での取組みが進んでいないものとなった[14]）。

詳しくみると，『環境影響評価に関する条例』，『環境に関する総合的な計画』は，都道府県・政令指定都市ではすべての団体で策定されているが，その他の市区町村ではそれぞれ1.9％，17.0％が策定しているにすぎない。周辺地方公共団体との連携・協力については，都道府県・政令指定都市では「流域を考慮した水環境保全」で最も多くそれぞれ76.6％，75.0％が実施しており，その他の市区町村では「廃棄物処理の検討」で最も多く58.6％が実施している。住民・事業者・民間団体との連携・協働については，都道府県ではそれぞれ89.4％，97.9％，91.5％，政令指定都市ではそれぞれ100％，91.6％，100％とほぼ全団体で取り組んでいる。一方，市区町村では住民との連携・協働は68.6％が実施しているが，事業者とでは28.9％，民間団体とでは32.8％と連携が遅れている。住民・事業者への促進策の手法別では，廃棄物対策を中心にパンフレット配布などの「普及・啓発」（対住民・対事業者の平均実施率はそれぞれ43.6％，32.3％）が広く行われているが，補助金などの「支援・誘導」（同12.3％，4.5％）や条例・規則などの「規制的手法」（同4.0％，3.1％）は少ない。国民からの意見聴取については，都道府県や政令指定都市では「パブリックコメント」がそれぞれ80.9％，83.3％で最も多く，「自治会・町内会」がそれぞれ17.0％，41.7％で最も少ないが，逆に市区町村では「自治会・町内会」が41.2％で最も多く「パブリックコメント」が8.1％で最も少ない。率先実行では，「昼休みの消灯」が86.8％で実施されているなど職員レベルの取組み可能な内容が多く，組織として体制やシステム整備が必要な取組は遅れている。もっとも，低公害車導入を現在検討中の団体が34.7％と多いなど，今後の取組みが期待される。自治体の環境基本計画は，行政主体で作成され，市民への浸透が弱いことから，行政にうまく生かされていない。

7.4.2　ローカルアジェンダ21の取組み

ローカルアジェンダ21は，1992年に開催された環境と開発に関する国連会議（UNCED）で採択されたアジェンダ21が目指す持続可能な開発の実現に

7.4 自治体の役割

向けた地方公共団体の行動計画として策定されるものである。アジェンダ21の第28章において，環境行動の実施主体として地方公共団体の役割を期待しており，地方公共団体の取組を効果的に進めるため，ローカルアジェンダ21を策定することを求めている。これに応じた自治体の活動が浸透している。

環境省は，ローカルアジェンダ21の策定のための指針を作成するために「ローカルアジェンダ21策定指針検討会」を開催し，検討を進めてきたが，1994年6月に「ローカルアジェンダ21策定に当たっての考え方」として指針をとりまとめて公表した。また，1995年6月には，地域の環境計画作りを通じて得られてきたこれまでの経験では必ずしも十分でないと思われる配慮事項やポイントを特に重点的に取りまとめた「ローカルアジェンダ21策定ガイド」を公表した。その後，2003年5月「ローカルアジェンダ21」策定状況等調査を行った結果はつぎのとおりである。

- ローカルアジェンダ21を策定済みの地方公共団体は，2003年3月1日現在，47都道府県，12政令指定都市，318市区町村（政令指定都市を除く）である（前回調査時は47都道府県，12政令指定都市，184市区町村）。
- ローカルアジェンダ21の策定過程における市民，事業者などの参加は，市民などを交えた推進会議への参加など，策定主体としての参加，素案策定後の意見公募，アンケート調査での意見回答，公聴会などによる意見聴取が主流である。特に，政令指定都市レベルでは，策定主体としての参加の割合が高く，より主体的な市民などの参加が多く見られる。
- ローカルアジェンダ21の実施過程においても，市民，事業者などの参加が認められる。市民，事業者などの役割は，行動目標の明記など受動的な関与が多いが，いくつかの地方公共団体では，市民，事業者，行政のパートナーシップによる推進組織が設置され，推進組織で幅広い取組みが行われている。点検体制は，34都道府県，7政令指定都市が整備しており，すでにそれぞれ32，9団体が点検を実施している。
- 多くの地方公共団体で，ローカルアジェンダ21の策定・実施を通じ，

市民，事業者などの持続可能な開発に関する意識の向上など，市民などの啓発にかかわる部分で成果・効果が認められる。

アジェンダ策定や実施を通じ，持続可能な開発の実現に関する市民などの意識の高まりや，行政と市民などのパートナーシップによる取組みの促進などの明らかな効果が認められている。自治体の環境取組みにおいて，環境基本計画に基づく活動が進まないのと比較して，「ローカルアジェンダ21」の策定とそれに続く活動に発展があることは，重要な意味がある。両者の違いは，前者が行政から与えられたものに対して，後者は，市民が参加して作成したことと，計画を実行する役割にNGO，NPOを巻き込んだことである。自治体活動の基本姿勢の差が，同じ時期に始まった地域の環境活動にもかかわらず，効果の面で大きな違いとなっている[15]。

7.4.3 環境自治体の活動

環境問題解決の主体は，自治体であるともいえる。自治体の環境解決能力向上が，きわめて重要となっている。日本の自治体の環境取組みは，公害時代から脱却し，地球環境の視野で新しい取り組みが始まった。1992年のリオ地球サミット以降急速な前進が見られ，「環境自治体」の名のもとに，新しい組織が活動を始めている。「環境自治体会議」はそのような活動の一つである。先進的な自治体の活動をたがいが学び，普及する活動は，今後きわめて重要な役割を担うことになる。この組織には，規模も地域性も異なるさまざまな自治体が参加し，共通目標としてつぎの取組みをめざしている[16]。

① 自治体環境政策の推進：全国の自治体に向けて環境政策へのイニシアチブの発揮を呼びかけ，テーマごとの共通目標を掲げ，各自治体がその達成に向けて取り組む。
② 環境に関する情報ネットワークづくり
③ 環境事業の推進：個別自治体の地域資源を生かした，環境政策の策定と実践を行う。データを共有し，個別テーマに基づく専門委員会，部会を設置し，事業実施の調査研究・提言活動を行う。

④ 社会的アピールの場を創出する。

7.4.4 自治体の環境管理と監査

　国際環境管理・監査規格 ISO 14000 シリーズは，あらゆる組織活動が環境パフォーマンスを向上する目的で導入された。特に企業の環境経営に大きな影響を与えている活動である。今後この活動は，先進国から途上国の企業，自治体にも普及すると予想される。そのような活動の進展に，自治体自身が組織活動に ISO 14000 を適用するようになった。これは，自治体の取り組む環境問題解決の大きな手法になっている。つぎの経過を知っておくと興味深い。

　1992 年の地球環境サミットに向け，「持続可能な発展のための産業会議（BCSD）」が国連環境開発会議（UNCED）への提言を議論するなかで，環境パフォーマンスの国際規格が必要と考えられ，ISO にその検討を要請した。ISO は，この要請を受けて，国際電気標準会議（IEC）とともに，環境戦略諮問委員会（SAGE）を設置し検討して，1993 年に環境管理に関する専門の技術委員会（TC 207）が「環境に関するツールとシステムの標準化」の作業を行い，作成した環境管理に関する規格の総称が ISO 14000 シリーズである。ISO 14000 シリーズは，「環境管理システム」，「環境監査」，「環境パフォーマンス評価」，「ライフサイクルアセスメント」，「環境ラベリング」で構成されている。自治体組織自身の環境改善の取組みとして「環境管理システム」活動認証を受け，さらにその活動の監査を受けることが可能である。

　千葉県白井市が国際環境管理・監査規格「ISO 14001」の認証を自治体として全国で初めて取得したのが 1998 年 1 月である。以来，出先機関を含めると，自治体の取得件数は 2003 年 2 月で 300 を突破した。東京都板橋区は，小中学校・地元企業・区民を巻き込んだ環境管理システムを始動した。公共工事の環境配慮度を 3 段階で評価する制度を取り入れた埼玉県，環境活動で大幅なコストダウンに成功した静岡県環境衛生研究所などの事例がある[17]。

　表 7.5 に都道府県・政令指定都市における ISO 14001 の普及施策の状況を示す。ISO 14000 の活動普及に加えて，EU は，エコ管理・監査システム

表7.5 都道府県・政令指定都市におけるISO 14001の普及施策等

(1998年3月現在:経済産業省調べ)

自治体	認証取得支援事業 (千円, 億円)[†]	認証取得企業優遇策	ISO9000支援策 (千円, 億円)
北海道	システム導入支援融資 (20億円) 認証取得企業立地促進費補助 (10億円)	事業者名の普及・啓発資料への掲載 物品調達の優先的購入	
岩手県	中小企業コンサルタント費用 2/3補助(4 601)		
秋田県	内部監査員育成費用1/2補助		
山形県	認証予定企業担当者講習 (612) コンサルタント費用補助		
福島県	認証取得費用融資 (10億円, 上限60 000)		コンサルタント費用補助
茨城県		地球に優しい企業表彰の審査項目	
栃木県	認証取得予定企業交流会 (668) アドバイザー派遣(1 250) 認証取得費用融資(10億円)		講習会(年5回) 認証取得経費融資 (3億円)
群馬県	認証取得企業補助 2企業(987) 認証取得費用融資(5億円)		
埼玉県	コンサルタント費用1/2補助 (限度1 000) 認証取得セミナー(2 904) 認証取得費用融資(46.6億円)		コンサルタント費用 2/3補助(600) 認証取得セミナー
千葉県	認証取得費用融資(3.9億円)		
神奈川県	認証取得等費用融資(30 000)	環境管理事務所として認定し, 設備変更に伴う許可申請を軽減	認証取得セミナー
東京都	内部監査員育成費用およびコンサルタント費用1/2補助 (51 000, 限度1 300) 解説書作成, セミナー実施, 企業動向調査, 個別指導		
山梨県	認証取得セミナー(533)		アドバイザー派遣

[†] 億円は総額であり, 上限または限度の単位は千円で個別の融資または補助の上限額である.

表 7.5 (つづき)

新潟県	アドバイザー派遣，認証取得セミナー(4 502)		アドバイザー派遣 認証取得セミナー
長野県	アドバイザー派遣(3 561)		
静岡県	認証取得セミナー，業種別モデル事業，相談窓口設置，インセンティーブ検討委員会(3 500)	大気，水質立ち入り検査の削減，工場などの新増設に際し，県との協議免除(1999年4月実施)	
愛知県	認証取得セミナー，検討会，啓発資料作成，内部監査員研修受講(2 818)		
岐阜県	認証取得費用融資 ISO審査員研修施設への出資(10 000)	情報収集中？	
三重県	普及啓発セミナー(3 650) 審査登録会社設立(56 000) 認証取得モデル事業・セミナー(9 610)	情報収集，内部勉強会	導入検討，研修参加など(1 437)
富山県	認証取得経費融資(3.2億円)		認証取得費用融資
大阪府	アドバイザー派遣(5 000)		
京都府	アドバイザー派遣(7 740)		
兵庫県	普及啓発セミナー，アドバイザー派遣(405)	公害防止協定に基づく報告書等の免除入札参加資格者制度への反映 表彰制度創設	認証取得セミナー アドバイザー派遣]
滋賀県	普及啓発セミナー，パンフ，アドバイザー派遣 内部監査員育成講習(補助事業)(12 497)		
福井県			アドバイザー派遣
広島県	認証取得研究事業への補助 認証取得費用融資(8億円)		コンサルタント費用補助 認証取得費用融資
鳥取県	内部監査員育成講習(3回)，啓発パンフ コンサルタント費用1/3補助(上限1 000)		内部監査員育成講習，普及啓発資料
山口県	コンサルタント費用2/3補助(3 026) 認証取得費用融資(15億円)		
徳島県			システム構築研究会，コンサルタント費用2/3

表 7.5 （つづき）

香川県			コンサル費用 2/3
福岡県	認証取得経費融資(4億円)		
佐賀県	コンサル費用補助		
長崎県	普及啓発セミナー(209)		
熊本県	認証取得セミナー，コンサルタント費用補助(7 364)		
宮崎県	アドバイザー派遣(1 409)		
鹿児島	アドバイザー派遣(1 943)		アドバイザー派遣
札幌市	環境活動評価書，セミナー，職員養成		
仙台市		公害防止協定締結の除外・簡素化 条例による届出，報告の除外，簡素化	
横浜市	普及啓発事業(1 000)	条例に基づく手続きの簡素化	
川崎市	認証取得費用 1/2 補助(5 000)	公害防止条例改正作業の中で検討	認証取得費用 1/2
名古屋市	認証取得マニュアル，セミナー，支援診断	検討中	
京都市		資料収集，検討会実施中	セミナー実施
大阪市	認証取得マニュアル，セミナー 審査登録費用補助(3 000)	検討中	検討中
北九州市	アドバイザー派遣	検討中	アドバイザー派遣 普及啓発資料作成
福岡市			認証取得セミナー アドバイザー派遣 取得企業の講演

（Eco-Management and Audit Scheme；EMAS）を導入して，企業やその他組織の環境管理強化を図っている．そのなかで自治体の参加を奨励している．またイギリスのように独自の環境管理システムを導入している例がある（「イギリス地方自治体のためのエコマネジメント・監査制度ガイド」）．自治体が自分の組織の環境管理・監査に取り組むことは，自治体の環境政策の遂行，すなわち「環境基本計画」，「ローカルアジェンダ」に基づく環境政策の実施を

着実なものにする。多くの自治体において環境政策がマネジメントされていない状況で，ISO 14000 の実施は，管理サイクルである計画（plan）-実施（do）-点検（check）-見直し（act）という一連の PDCA サイクルに基づく政策実施を確実なものにさせる長所がある。環境管理サイクルを回転前進させるには，その情報が十分に地域住民に伝えられなければならない。情報公開と住民参加を促進することこそ環境問題解決の鍵である。自治体は ISO 14000 活動や，環境管理活動を，今後さらに取り組む必要が示されている。

7.4.5 自治体の環境管理の効果

自治体が ISO 14000 や，その他の環境管理活動を推進させると，どのような効果が発揮されるか検討する必要がある。ISO 14001 では環境パフォーマンスを評価している。その場合「活動・製品・サービス」について「管理可能か/影響を及ぼせるか」ということが判断評価の重要な基礎となる。自治体行政の活動・サービスを考えるに当たって，「管理ができる」「影響を及ぼすことができる」活動に分けてみる必要がある（**表 7.6**）[18]。

表 7.6 行政の活動・製品・サービスとその管理との関係

	管理ができる	影響を及ぼすことができる
活動	・道路やまちづくりなどの企画・計画 ・オフィス活動	・委託 ・調達
製品 サービス	・上水　・住宅 ・公営施設　・エネルギー ・出版物（自治体報）	・委託 ・調達

表 7.6 の区分において，管理ができるとされているものが，さらに製品とサービスの分類に分けられている。これらは行政の本来の業務である行政サービスにおいて環境負荷削減を評価する部分と，自治体施策や計画の策定やその展開による環境影響の削減評価の部分に分けられる。前者のサービス活動において，環境管理・監査をどのように実行するか，自治体の大いなる知恵工夫の創出が求められている。自治体の環境管理・監査活動は，必然的に内部監査，環境パフォーマンス評価の結果を地域市民に公表していくことになる。これは，

自治体の議会活動の強化，レベル向上とも関係し，自治行政機能が向上し民主主義の発展に貢献することになる。自治体環境行政の進展は，税金の効率的配分と，だれがどれだけ負担するかという問題が，大きな課題となってくる。

7.4.6 環境自治体スタンダード

NGO組織「環境自治体会議」は自治体の環境パフォーマンスを向上するために，環境自治体スタンダード（Local Authority's Standard in Environment）を提案し，自治体に参加を求めている[19]。環境自治体会議の主張は，「環境自治体」の条件として，つぎの3要素を必要と提案している。

① 環境優先や持続的発展の考え方を取り入れた政策をあらゆる分野で実施
② 政策が体系化され，その評価，見直しのしくみを導入
③ 地域住民主導により政策を実行

自治体がISO 14000活動を導入したことにより，②の要素水準は向上したが，①と②の要素の水準がまだ低い。また，ISO 14000の自治体版というよりは，さらに広い領域を扱い，環境管理システムの規格ではなく政策の中身と市民参加を問う環境自治体政策の目安が，環境自治体の標準としている。

ISO 14001と違う点として：

- 実施項目で含まれている，政策を実施しているかどうかが問われる（ハイレベルな環境政策に取り組んでいるほど高い類型に合格が可能）。
- 実施項目で含まれている，情報公開や市民参加を行っているかどうかが問われる（ハイレベルな市民参加に取り組んでいるほど高い類型に合格が可能）。
- 独自目標の設定チームの中に，地域住民か事業者を加えることにより，行政の独りよがりではない，地域の課題やニーズに応じた目標設定を行う。
- 監査チームの中に，地域住民か事業者を加えることにより，地域の実情を熟知した第三者による監査を行う。
- システム内容の文書化は必要に応じて行えばよいので，文書類の作成に

要する労力を大幅に軽減できる。
その結果：
- 自分の自治体が環境への取組みにおいてどの程度のレベルにいるかがわかり，より上の類型を目指して取り組んでいくことができる。
- 比較的小規模の自治体が取り組める内容としている。
- 環境基本計画の進行管理や事務事業評価，ISO 14001と連動したシステムを構築することも可能である。
- 環境自治体会議から，システム構築のアドバイスを受けられ，職員研修の講師派遣や主任監査員の派遣を状況に応じて受けられる。
- トータルの費用がISOの認証取得費用に比べ1/2以下になる。
- 判定を受けられるのは，環境自治体会議の比較的小規模の会員自治体に限るが，それ以外の自治体でも，セルフチェックシートや監査方法ガイドライン（有償）に沿ってシステムを構築することができる。

システム構築の手順は，ISO 14000と比較して簡易にしている。また監査方法は，地域住民か事業者を含む監査チームを結成し，環境自治体会議が発行する監査ガイドラインに沿って，実施項目については3ヵ月以上取り組んだのち，独自目標については前年度実績値の確定後に，それぞれ監査をする。このように，自治体の環境活動を後押しする，新しい形態の活動が始まっている。

7.4.7 環境首都コンテスト

自治体が自ら努力する一方，その活動を後押しする活動が，市民側から始まっている。その一つが「環境首都コンテスト全国ネットワーク」である。深刻化する地球環境問題の解決のため，持続可能で豊かな地域社会の実現を自治体とのパートナーシップで進めたいと考えている多様な環境NGOのネットワークの全国組織である[20]。

この組織が実施しているのが，「環境首都コンテスト」である。ドイツでは，環境NGO「ドイツ環境支援協会」が11年間継続実施した「環境首都コンテスト」が行われ，自治体の環境対策をより活性化し，ドイツ社会のエコロジー

化に大きな影響を及ぼしたといわれている。環境 NGO は，環境自治体づくりを支援し，かつ NGO と自治体，さらには自治体間の環境問題に関する情報相互交換を目的とした「日本の環境首都コンテスト」を 2001 年より毎年実施している。自治体が参加するメリットとして，コンテストの質問票が日本の施策，先進事例を十分検討して作成した包括的な内容であるため，全国のすぐれた取組み事例や，集計分析結果の情報などが得られ，また自治体の環境行政を横断的に把握することができる。優れた事例や取組み成果が評価されることにより，地域住民へのアピール効果や，環境問題に対する関心の高まりが期待できる。優れた事例が評価されることにより，自治体内部や議会において担当部課の事業への行政評価が高まることが期待できる。参加過程をとおして，地域内の環境 NGO と意見や情報の交換が行え，さらには住民とのパートナシップでの施策や地域状況を見直す機会になるなどの長所を売りものにしている。

7.5 企業・生産者役割

7.5.1 環境や人権など企業の「社会的責任」が拡大

企業活動の社会的責任はますます重要となり，その意味するところは，拡大している。例えば製品に有害物質は含まれていないか，障害者の雇用率はどの程度か，環境保護運動への支援はどの程度かなど多岐にわたる。企業の社会的責任 (Coproration Social Responsibility ; CSR) には，財務内容だけでなく，環境保護への取組みや従業員の待遇なども投資や取引の判断材料にしようとの考え方が欧米で広がっている。日本にもその考えが広がりつつある。日本で，有害化学物質の企業自主管理を促進する「特定化学物質の環境への排出量の把握等及び管理の改善の促進に関する法律」(化学物質排出把握管理促進法；PRTR) の制定により，電気製品業界の化学物質調査が盛んになっている。その契機は，2001 年にオランダでソニー製のコンピュータエンタテインメントの家庭用ゲーム機から基準を超えるカドミウムが検出された。130 万台の出荷停止とカドミウムが含まれていた部品の交換に追い込まれ，同社は損害

を受けた。欧州では化学物質の規制強化が急で，自社製品に使われている部品や素材の成分まで詳細に確認しておかないとリスクにさらされる。2006年から欧州連合が，鉛，水銀，カドミウム，六価クロム，ポリ臭化ビフェニール（PBB），ポリ臭化ディフェニール（PBDE）の6物質について電気製品への使用を禁止する「特定有害物質の使用制限令」（Restriction on Hazardous Substances；ROHS指令）を施行する。

　一方，CSR優良企業に投資する人や組織に「社会的責任投資」（Social Responsible Investment；SRI）についての考えが進展している。社会的責任投資とは，従来の財務分析による投資基準に加え，社会・倫理・環境といった点などにおいて社会的責任を果たしているかどうかを投資基準にし，投資行動をとることをいう。情報を提供する欧米の調査機関や格付け機関，環境配慮企業を投資先に選ぶ国内の投資信託・エコファンドの委託調査機関は，盛んに各企業のCSR活動調査を行っている。CSR調査の質問は人事，法務，海外現地法人など社内の多部門にわたる。企業がリスク管理能力を高める必要があるとき，企業のCSR活動で失敗することは，高いリスクを支払うことになる[21]。

7.5.2　環境経営の重要性

　環境省は2004年3月国会に，環境配慮形の経営をする企業が評価される社会を目指し，「環境に配慮した事業活動促進法案」を提出することを決めた。この目的は，これまでの規制主体の政策ではなく，環境保全と経済発展の統合を目指す新たな環境行政を構築することである。企業など事業者の環境保全に関する取組みや目標をまとめた環境報告書の普及を目指し，独立行政法人に環境報告書の公表を義務づけるほか，環境報告書に盛り込む内容，項目について基準を定める。環境報告書の提出が義務づけられるのは，従業員500人以上の国立病院，国立大学などの独立行政法人，JR各社，関西国際空港会社など特殊会社，特殊法人など百数十法人・社である。民間企業には，自主的な作成，公表の推進を求める。現在発行されている環境報告書の内容は自由だが，環境報告書の信頼性を高め，比較しやすくするため，基本的な記載項目を定める。

環境保全の目標や計画，二酸化炭素や廃棄物などの排出状況，法令の順守状況などが盛り込まれる。記載内容の正確性を認証する第三者審査のシステム作りも目指す。

環境報告書は，環境に対する企業の姿勢を判断する情報源として役立つと考えられている。環境省の調査によると，2002 年度には上場企業と従業員 500 人以上の非上場企業の 6 390 社の少なくとも 650 社が発行していた。政府は，10 年までに上場企業の 5 割，従業員 500 人以上の非上場企業の 3 割の発行を目標に掲げている[22]。

環境報告書の作成は企業の自主性と，内容の自由性は認められているが，新しい環境配慮の動きが始まった。日本政策投資銀行は，環境に配慮した経営や事業内容を評価した「環境格付け」に基づく融資制度を，2005 年度からスタートさせることを明らかにした。環境格付けは，同行と環境省が共同で検討してきた。具体的には，環境に配慮したコーポレートガバナンス（企業統治）が取られているか，鉄道輸送など環境への影響が少ない物流体制や，環境負荷が少ない部品調達をしているか，地球温暖化対策や廃棄物対策などを実施しているか——など，約 100 の評価項目を設定した。

環境格付けを融資判断に用いるのは国内初の取組みである。融資の申込みをした企業は，同行がヒアリングや内部資料を調べて点数化したうえ，数段階の環境格付けを決める。さらに収益性や安定性など財務基盤のチェックをしたうえで，環境格付けによって金利などにも格差を設け，社債の保証もする。

中堅・中小企業が融資を受けやすいように，ISO 14001 の取得を条件にはしないとしている。製造業や非製造業の業種によっても環境対策が違うことから，マニュアルを策定し，業種の特性に合った評価を行う。融資後事業内容を調べ，実態が格付けよりも下回った場合には融資を引き揚げるなどの措置も取る。環境格付けに使う評価方法を公開し，民間金融機関にも環境格付けを広げる。環境格付けを定着させて，企業の社会的責任（CSR）に配慮した経営を促す[23]。

7.5.3 環境経営の社会的評価

三重県主催の「日本環境経営大賞」が2003年3月に発表された。この表彰制度は、環境経営のさらなる普及・発展を図り、「持続可能な社会」への転換を促進していくことを目的として、日本環境経営大賞表彰委員会が創設したものである。全国から149件の応募があり受賞者が最終決定した[24]。

おもな受賞企業・団体はつぎのとおりである。企業というよりも、工場や営業本部など事業部単位での表彰が目立つのが、この賞の特徴となっている。地道な努力をしている事業所が評価を受け、さらに環境経営を充実していくことを応援する表彰制度であるといえる。

◆環境経営部門
＜環境経営パール大賞＞
　　（株）滋賀銀行本店（滋賀県）
＜環境経営優秀賞＞
　　（株）INAX伊賀工場（三重県）
　　京セラ（株）鹿児島国分工場（鹿児島県）
　　清川メッキ工業（株）（福井県）
　　（株）豊田自動織機本社部門・刈谷工場（愛知県）
　　ワタミフードサービス（株）営業本部（東京都）
◆環境フロンティア部門
＜独創的環境プロジェクト賞＞
　　学校法人一宮女学園（短大・高校・幼稚園の運営：愛知県）
　　おしゃれ狂女（古着和服の洋服デザイン製作：京都府）
　　キユーピー（株）（卵殻，卵殻膜の有効利用：東京都）
　　トオーショウロジテック（株）（梱包材「ZEリユースシステム」：広島県）
　　（株）冬総研（「木の城たいせつ」の取組み：北海道）
＜地域交流賞＞
　　油藤商事（株）（ガソリンスタンド「エコロジーステーション」：滋賀県）

(株) エコトラック (トラック運送会社の環境教育出張授業：大阪府)
◆企業連携賞[25]
グリーン調達調査共通化協議会 (キヤノン (株) ほか 17 社)

7.5.4 企業の環境責任原則

地球環境問題は，あらゆる組織に関係する。企業が地球経済化した資本主義と市場原理に基づいて行動するとき，自ら環境に関する企業倫理の確立が必要となった。ここに，アメリカ，カナダ，日本の代表的な倫理・原則を紹介する。企業が世界的に環境活動原則を明確にする流れは，アジェンダ 21 の第 30 章産業界の役割強化と呼応している。

〔1〕 セリーズ原則

セリーズ原則は，元々「バルディーズの原則」として知られていたものである。「バルディーズ」という名称は，1989 年 3 月 7 日に，エクソン社のタンカー「バルディーズ号」がアラスカ沖で起こした史上最悪の原油流出事故と，それに端を発して大きく盛り上がった環境保全の運動と世論にちなんで付けられた。「環境に直接的・間接的に影響を与える企業活動を評価する基準および企業が環境問題に関して意思決定を行う際の判断基準」として，アメリカ最大の環境保護団体セリーズ CERES (Coalition for Environmentally Responsible Economies；環境に責任をもつ経済連合) (http://ceres.org) によって，作成・公表されたものである。この原則は時代の変化に応じて書き直されている。つぎの内容は，1992 年 4 月 28 日付けで公表されたものである[26]。

<序 文>

以下に挙げる原則を採決するに当たって，われわれはつぎのような理念をここで確認しておきたい。企業は環境に対して直接的な責任を負うものであり，事業のすべての局面において地球の保護に配慮し環境の責任あるスチュワード (steward) として行動し経営にあたるべきである。またわれわれは，企業は次世代が生存するに必要なものを手に入れる権利を侵害するようなことを決してしてはならない，と確信するものである。

テクノロジそして健康・環境科学についての知識が速いスピードで進展していることを考え，われわれはそのような流れに遅れないように実践を積み重ねている。われわれは，セリーズの協力のもとに，これらの原則を絶えず変化しつつあるテクノロジや環境の実態に合わせて変えていく努力を惜しむものではない。われわれは首尾一貫した具体的で意味のある実践を通じてこの原則を発展させ，これを世界中に広げていきたいと考えている。

① **生物圏の保護**　大気，水質，地質，およびそこに生息する生命体に環境上のダメージを与える汚染物質の放出を減らし，またなくしていくように努力する。川，湖，湿地，沿岸地域や海など生物の生息地を保護し，地球温暖化やオゾン層の減少，酸性雨やスモッグの原因となることは極力避ける。

② **天然資源の持続的な活用**　水，土壌，森林のような再生可能な天然資源に関しては，有効に再利用できるようにする。再生の不可能な天然資源に関しては，有効利用できるよう綿密な計画を立てできるだけ保護する。

③ **廃棄物の削減とその処理**　廃棄物は，その元から断ち，またリサイクルすることによって，削減しそして可能なかぎり排除する。

④ **エネルギーの保存**　エネルギーの保存に努め，事業展開や財やサービスの供給においてエネルギーを効率的に利用する。環境保護上安全にしかも持続的にエネルギー源を利用できるように最大限の努力をする。

⑤ **リスクの減少**　事業展開において安全なテクノロジやシステムを採用し，また緊急事態にすみやかに対応できる態勢のもとで，従業員や企業を取り巻く近隣社会に与える環境上，健康上，安全上のリスクを最小限にする。

⑥ **安全な商品やサービスの提供**　環境に有害なダメージを与えたり，健康に悪影響を与えるような製品を使用したりつくったり，販売したりすることを可能なかぎり少なくしていく。商品やサービスが環境に与える影響について情報を開示し，間違った使用を正すように努める。

⑦ **環境の復元**　われわれは，自身の健康や安全そして環境に有害な影響を与えてきた状況をすみやかにかつ責任を持って正すことに努める。実現可能なかぎりにおいて，人々や環境に与えてきた損害およびダメージを修復

し，環境の現状回復に全力をつくす。

⑧ **情報公開** 企業活動に起因して環境が破壊されたり，また健康上あるいは保全上の危険が生じた場合には，適宜に情報を公開する。われわれの施設の近辺に居住するコミュニティの人々との対話を通じて定期的にアドバイスを得たり相談を求める。従業員が企業活動によって生じる環境上・健康上・保全上の危険性のある現場の状況について，上層部または外部に情報を回すことを阻害するようないかなる措置もとらない。

⑨ **経営者の関与** われわれはこれらの原則を実践し，最高執行責任者（CEO）が現在の環境問題について十分な情報が提供され，環境政策に責任をもてるようなしくみが構築されることを支持する。取締役を選任する場合には，環境問題担当取締役を選任することが一つの要件であると考える。

⑩ **評価と年次報告** われわれは，これらの原則がいかに実践され，どれほどの前進がみられたかについての自己評価書を毎年作成し公表する。また広く受け入れられる環境評価手続きが作成されることを期待している。われわれは毎年セリーズレポートを作成し，一般大衆に公表する。

⑪ **免責条項** これらの原則は，投資家および他の人々が会社の環境パフォーマンスを評価するための基準を提示することによって，環境倫理を確立することをめざすものであり，原則に同意した会社は法律の要件を自発的に超えることを誓うことになろう。これらの原則は新しい法的義務（liability）をつくりだしたり，既存の権利と義務を拡大したり，法的な擁護を放棄することを意図していないし，署名した会社の法的地位に影響を及ぼすこともなければ，訴訟手続きのなかで署名した会社に不利益になるような形で使われることも意図するものではない[26]。

〔2〕 **カナダ企業の国際的倫理**[27]

＜ビジョン＞

カナダ企業は，すべてのステイクホルダによってあらゆる当事者に経済的に報いるものとして認識され，倫理的に社会的に環境的に責任ある主体として認められ，事業を展開しているコミュニティによって喜んで受け入れられ，そし

てまた安定したビジネス環境のもとで経済資源や人的資源およびコミュニティの発達を促進する，グローバルな存在である。

＜信　念＞

われわれはつぎのことを信じる。
- われわれの影響が及ぶ範囲内で，いままでとは（ステイクホルダに対して）異なったことを実施できること
- ビジネスは倫理的なビジネス原則の確立をとおしてリーダシップを発揮すべきであること
- 国家は，自らの国権に従って，政治・法律問題を処理する権利を持っていること
- すべての政府は，自らが関与している（人権や社会正義の領域を含む）協約や協定を遵守すべきであること
- 文化的多様性と相違を考慮しつつも，われわれがカナダで展開しているビジネスのやり方と同じやり方を世界中で展開すべきであること
- ビジネスセクターは倫理的リーダシップを発揮すべきであること
- 富の産出と同時に経済的便益の公平な分配が可能であること
- われわれの原則がカナダ政府と受入国の政府の関係の改善を促進するようになること
- オープンで正直でガラス張りの関係がわれわれの成功に不可欠なものであること
- ローカルコミュニティに影響を与える問題に関して，彼らをその意思決定に関与させることが必要であること
- 効果的な解決方法を探す場合には，マルチステイクホルダプロセスが要求されること
- 対立は外交によって和らげられるべきものであること
- すべてのステイクホルダの富を最大なものにするという課題は人権や社会正義といった最高の解決方法で促進されるものであること
- 他国とビジネスを行うことはカナダにとって良いことであり，相手国に

とっても良いことであること

<価　値>

われわれはつぎのものを尊重する。
- 人権と社会正義
- すべてのステイクホルダの福祉を最大限向上させること
- 自由市場経済
- 賄賂の授受や汚職を生み出すことのないビジネス環境
- 政府が公的に説明を行う責任
- 機会の平等
- 明確に定められた倫理綱領とそれに従ったビジネス実践
- 環境の質の保護と健全な環境スチュワードシップ
- コミュニティの便益
- ステイクホルダとの良好な関係
- 現在の環境のなかで安定的にかつ持続的に進歩していくこと

<原　則>

① コミュニティ参加と環境保護に関して，われわれはつぎのことを行う。
- われわれの影響が及ぶ範囲内で，われわれの活動によって影響を受けるステイクホルダが公平に便益を享受できるように努めること
- 良き企業市民として，すべてのステイクホルダと十分にかつ「ガラス張り」的に相談し，企業活動をローカルコミュニテイへと統合するように努めること
- われわれの活動が健全な環境マネジメントや環境保護実践と矛盾しないようにすること
- 受入国に対して，技術協力，訓練，生産能力の開発への十分な機会を提供すること

② 人権に関して，われわれはつぎのことを行う。
- われわれの影響が及ぶ範囲内で国際的な人権を支持し，その保護に努めること

- 人権の虐待に連座しないこと
③ ビジネス実践に関して，われわれはつぎのことを行う。
- 違法なまた不正な支払いや賄賂の授受を行わず，汚職に巻き込まれるようなビジネス行為を避けること
- 法律を遵守し，「ガラス張り」を旨として事業を展開すること
- 契約者，取引業者，エージェントの活動がこれらの原則と矛盾しないようにすること
④ 従業員の権利，健康そして安全に関し，われわれはつぎのことを行う。
- 労働者の健康を保証し，安全が保護されること
- 社会正義のために闘い，労働現場における結社と表現の自由が促進されること
- 児童労働者の搾取に関連した基準を含めて，ユニバーサルに受け入れられている労働基準と抵触しないようにすること

<適用に関して>

この文書に署名したものは，それぞれの企業において，ここに述べられているビジョン，信念，価値および原則と矛盾しないような綱領を作成しその内容を日々の実務のなかで実践するものとする。
(注：この倫理綱領は，1997年9月5日に，カナダ政府の外務・国際貿易省によって公布されたものである)。

〔3〕 経団連企業行動憲章

企業は，公正な競争を通じて利潤を追求するという経済的主体であると同時に，広く社会にとって有用な存在であることが求められている。そのため企業は，つぎの10原則に基づき，国の内外を問わず，すべての法律，国際ルールおよびその精神を遵守するとともに社会的良識をもって行動する[28]。

① 社会的に有用な財，サービスを安全性に十分配慮して開発，提供する。
② 公正，透明，自由な競争を行う。また，政治，行政との健全かつ正常な関係を保つ。
③ 株主はもとより，広く社会とのコミュニケーションを行い，企業情報を

積極的かつ公正に開示する。
④ 環境問題への取組みは企業の存在と活動に必須の要件であることを認識し，自主的，積極的に行動する。
⑤ 「良き企業市民」として，積極的に社会貢献活動を行う。
⑥ 従業員のゆとりと豊かさを実現し，安全で働きやすい環境を確保するとともに，従業員の人格，個性を尊重する。
⑦ 市民社会の秩序や安全に脅威を与える反社会的勢力および団体とは断固として対決する。
⑧ 海外においては，その文化や慣習を尊重し，現地の発展に貢献する経営を行う。
⑨ 経営トップは，本憲章の精神の実現が自らの役割であることを認識し，率先垂範のうえ，関係者への周知徹底と社内体制の整備を行うとともに，倫理観の涵養に努める。
⑩ 本憲章に反するような事態が発生したときには，経営トップ自らが問題解決にあたり，原因究明，再発防止に努める。また，社会への迅速かつ的確な情報公開を行うとともに，権限と責任を明確にしたうえ，自らを含めて厳正な処分を行う。

7.6 生活者・NGOの役割

7.6.1 日本の環境NPO

リオデジャネイロの地球サミットは，アジェンダ21を合意文書として確認した。その中に第27章非政府組織（NGO）の役割強化を述べている。この文書が合意された20世紀末と，21世紀を迎えた現在とでは，少なくとも日本において大きな変化がある。それは，NGOの役割が，社会で認識されたことである。日本の状況では，阪神・淡路大震災後のボランタリー支援活動が，NGO活動の重要性を認識する大きな契機になったことである。欧米に比べて遅れているといわれた，環境NGOの活動が，いま日本で急速に広がり始めて

いる。独立行政法人環境再生保全機構（2004年再編）が作成した環境NGO総覧に記載されている大小のNGO数は4500団体になる。リサイクル問題，環境教育，熱帯林保護や砂漠化の防止など，グローバルなテーマまで，さまざまな問題を扱うNGOがある。

　日本では，環境目的を含めた特定非営利活動法人（NPO），すなわち継続的，自発的に社会貢献活動を行う，営利を目的としない団体の設置が認められるようになった（特定非営利活動促進法1998年）。環境を目的とするNPOが社会的公認組織として活動を始めたことは，大きな前進といえる。これからは，環境NPOの活動水準，範囲，規模の改善と進化が必要となっている。しかしながら，欧米と比べて日本の特定非営利活動促進法は，NPO活動の財政面での強化にはまだ十分機能せず，日本NPO学会が指摘するように今後の改正が求められている[29]。

　日本のすべてのNPOの中で環境保全目的の法人は，図7.6に示すように，591法人で10.9％を占めている。ほかに「保健・医療・福祉」が全体の約4割を占めている。ついで「学術・文化・芸術・スポーツ」，「子どもの健全育

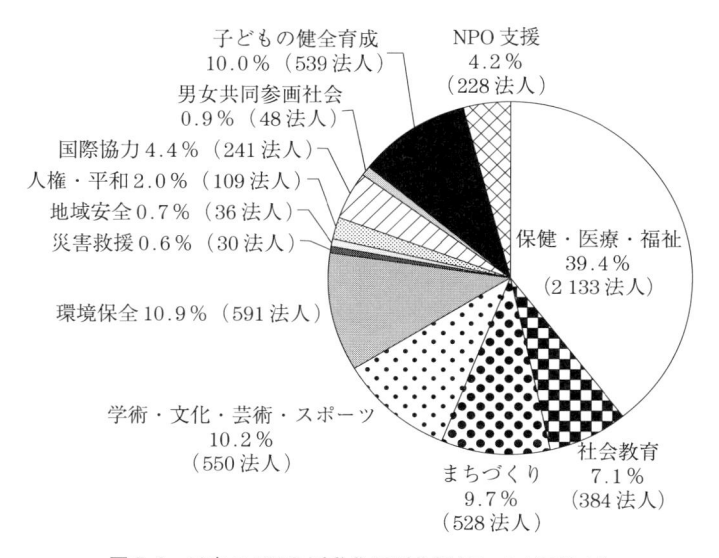

図7.6　日本のNPO活動分野別分類（$N=5417$法人）

成」,「まちづくり」がそれぞれ全体の約1割で,上位5分野で全法人数の約8割を占める。

日本のNPOの財政規模別割合は,図7.7に示すように,5百万円未満が全体の約6割と圧倒的に多い。つぎに1千万円以上3千万円未満が2割弱,5百万円以上1千万円未満が1割強となっている。この上位3分類が全体の9割を占める。

5千万円以上1億円未満 3.2% (157法人)
1億円以上 1.5% (76法人)
3千万円以上5千万円未満 4.4% (216法人)
1千万円以上3千万円未満 16.2% (798法人)
5百万円以上1千万円未満 13.1% (643法人)
5百万円未満 61.6% (3 028法人)

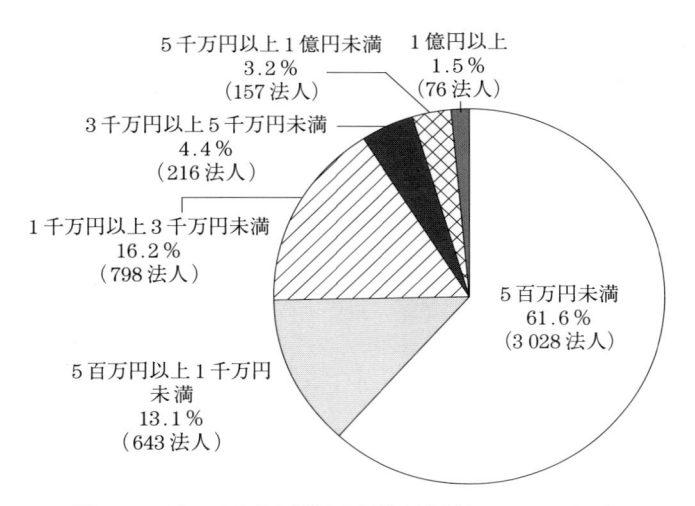

図7.7 日本のNPO年間財政規模別分類($N=4\,918$法人)

財政基盤を強化する努力として,環境NGOに対する支援が必要である。環境NGOの活動を支援するため,1993年5月,独立行政法人環境再生保全機構（旧環境事業団）に「地球環境基金」が設置された。「地球環境基金」は国からの資金や企業,国民からの寄付により構成されており,その運用益を,環境保全に取り組む民間団体の活動への助成や人材育成などを行う財源にしている。1996年度には,国内外の民間団体187件の活動に対し,総額6億7千万の資金援助を行っている。環境NGOの広がりを受けて,これからますます,地球環境基金への必要性が高まる。「地球環境基金」への寄付は,銀行または郵便局への振込により随時受け付けており,個人や企業には税制上の優遇措置（所得控除,損金算入）がある。この基金以外に,日本では民間の環境財団が

資金援助を行っている。しかしその基金規模は，欧米と比べてまだまだ少ない。市民が環境 NPO 活動に直接財政支援を行い，それが税制上の優遇措置（所得控除など）に結びつく制度の改善が必要である。

7.6.2　日本の NGO 活動水準の向上

　日本の NGO，NPO 活動が広がりつつあるが，今後の課題は活動内容の強化と水準向上にある。活動水準向上は，NGO，NPO 活動の指導者，中核者の環境に関する専門知識の強化であり，専門家を組織内に招き運動の中心に活用することである。大学も職業教育の目標に，NGO，NPO 活動を行う専門家養成が求められている。また企業，公務員，教員などの定年退職者は，専門家として活躍できる。環境問題の複雑化，解決策の進化に伴い専門的知識が運動の方向を決定することになる。欧米の NGO 活動の財政基盤は，日本と比べてはるかに大きい。この基盤は，市民の寄付，企業の寄付（フィランソロピー活動）や，会費が基礎となり，加えて政府，自治体が環境改善活動の実施主体として NGO を認めていることである。

　日本は，政府ならびに自治体の財政赤字の解消にこれから努力する一方，市民環境改善のサービスを実施することが必要である。その場合，自治体予算執行の改善内容に，NGO を活用する内容が導入されことは，将来必須条件となる。その場合，NGO 団体に専門家が参加して予算執行能力を持つことが求められるであろう。

7.6.3　生活者の環境倫理

　地球環境問題は，すべての地球市民個人の問題である。個人の環境倫理の発展が，社会の共通する価値観としての環境倫理を構成することになる。組織の中で，最も利益追求を行う企業に大きな変化が生じた。企業の拡大社会責任論や，CSR 優良企業に投資する人や組織に「社会的責任投資」（SRI）が進展するなか，生活者個人の環境行動・環境倫理も問われている。例えば，アメリカでは「経済優先を考える会」において，つぎのような問題意識が，企業を「新

しい」視点から「評価」,「格付け」しようという動きが進んできている。評価者である生活者，市民は，つぎのような評価基準を自分のものとして，企業活動，企業が提供する商品，サービスを判断しているか？

＜良い企業の判断基準＞
① 環境問題に取り組んでいるか
② 寄付をしているか
③ コミュニティに貢献しているか
④ 男女を平等に雇用しているか
⑤ 人種差別なく待遇しているか
⑥ 従業員家族への福祉はどの程度か
⑦ 労働環境は良いか
⑧ 情報公開をしているか
⑨ 武器を製造していないか
⑩ 動物実験をしていないか

日本では，企業の「社会貢献度調査」が，朝日新聞文化財団によって毎年実施されている。その評価項目は年度によって多少異なっているが，つぎの項目が基本的な評価項目となっている。

① 働きやすさ　　　② ファミリー重視　　③ 女性の活躍
④ 公平さ　　　　　⑤ 雇用の国際化　　　⑥ 地域参加
⑦ 地球にやさしい　⑧ 学術と文化　　　　⑨ 福祉と援助
⑩ 軍事関与の有無　⑪ 情報公開

また日本の「グリーンコンシュマーネットワーク」は，つぎのような基準で，全国のスーパー，生協，コンビニを調査し，その結果を『地球にやさしい買い物ガイド』として出版し公開している。

① 環境・健康を考えた商品を取り扱っているか
② 包装対策はどうか
③ 資源回収・リサイクルへの取組みはどうか
④ 経営方針に環境保全行動が織り込まれているか

⑤ PR・社会への働きかけは十分か
⑥ 情報公開はどの程度進んでいるか

生活者の環境倫理は，これらの企業の活動を厳しく評価する目で，自分の生活，環境活動をより環境に優しいものへ変換することが求められている。アジェンダ21と共に，リオデジャネイロの地球サミットで確認された「リオ宣言」は，個人の地球環境倫理を発展させる重要な教材である。NGO, NPOに関する多面的な分析は，他の章においても重要な情報が提供されているので参照されたい。また，本シリーズ第1巻「今なぜ地球環境なのか」の5.3節「地球環境と市民グローバリゼーション」においても重要な指摘がなされている。

7.7 環境信頼形成の道

7.7.1 環境信頼とステイクホルダ

国家，地方自治体，企業，法人組織のすべての組織が環境倫理に基づいて行動を起こすことは，これからますます自明のこととなる。ここで，新しい概念のステイクホルダ（stakeholder；利害関係者，株主（shareholder）に対する用語）が重要になってくる。アジェンダ21においても，盛んにステイクホルダ，すなわち環境問題解決において利害関係者の参加，役割の必要性を説明している。地方自治体が公共事業プロジェクトを立案，計画するとき，早い段階からステイクホルダの参加を推奨している。そのことで住民，市民との摩擦，反対を避けることができる。ISO 14000シリーズのような改善運動は方針，計画，運用，点検，見直しの流れが連続することである。連続して改善運動が進んでいる状態が他者に評価されれば，組織と他者との間に信頼関係が形成される。企業経営は，すでにステイクホルダマネジメントに進化している。

現代企業はステイクホルダ企業ともいえる。ステイクホルダは，利害関係者として知られてきた存在であり，ある特定の会社の活動によって利益を得たり損害を受けたり，あるいはその権利が妨害されたり，尊敬されたりするグループや個人，ないしは，その会社の存続と成功に不可欠なグループを意味する。

株主，従業員，顧客，供給者，コミュニテイ（地域社会），そして経営者が構成要員である。このような理解にたつと，企業はステイクホルダとしての存在として把握されることになる。社会的・経済的・政治的な括りによって企業と利害関係を持つステイクホルダのさまざまな権利と義務の相互作用，すなわち，契約のもとで成立している存在がステイクホルダ企業である。

＜ステイクホルダに対する義務（ステイクホルダの権利）＞

　企業を「ステイクホルダ企業」として位置づけると，経営者の役割が「変化」してくる。経営者が要求されることは組織人格になりきり，その組織の目的を実現することである。しかし，ステイクホルダ企業の経営者は，株主の代理人としてではなく，会社自体の代理人として，個々のステイクホルダの（道徳規範に裏付けられた）権利・義務を「誠実に」実現し，組織内に信頼関係を生み出し，組織として企業を維持していくことを要求されることになる。この意味で，経営者は多彩な利害を有している多種多様なステイクホルダと会社自体との信頼関係を築き維持する役割を与えられている「特殊な」ステイクホルダといえる[30]。

　それでは，個々のステイクホルダに対して，いかなる権利・義務を認めるのか，ということが「大きな」課題となってくる。ここではコー円卓会議（Caux Round Table）で提示されたものを一つの事例として掲げる。コー円卓会議は，フレデリック・フィリップ（オランダのフィリップ社の元社長）とオリビエ・ジスカールデスタン（ヨーロッパ経営大学院副理事長）が，1980年代中頃から激化し始めた貿易摩擦を背景として，日米欧間の経済社会関係の健全な発展をめざして，日米欧のグローバル企業の経済人に参加を呼びかけて，1986年に「普遍的価値観の尊重」をモットーとして発足した会議である。

　会議の名称コーはこの会議の開催地に由来するものであり，スイスのジュネーブから車で1時間半のところに位置する村（コー；Caux）のMRA（Moral Re-Armament）世界会議場「マウンテンハウス」で開催されたために，コー円卓会議といわれている。MRAは，武器ではなく道徳的価値観で国際紛争や対立を予防・解決し，世界の平和と発展を指向する，1938年にイギ

リスの London で創設された，国際的な NGO であり，1946 年から，毎年，この地で，世界中のさまざまな諸問題が話し合われてきた[31]。

《株主，投資家に対して》
- 株主の投資に対して公正で競争力のある利益還元を図るために，専門経営者として企業経営に精励すること
- 法的および競争上の制約を受けないかぎり，株主や投資家に対して関連情報を公開すること
- 株主または投資家の資産を保持し保護すること
- 株主または投資家の要請，提案，苦情そして正式な決議を尊重すること

《仕入先に対して》
- 価格の設定，ライセンシング（知的所有権の実施許諾）そして販売権を含む，すべての企業活動において公正と正直とを旨とすること
- 企業活動が圧力や不必要な裁判ざたによって妨げられることなく，公平な競争を促進するように努めること
- 仕入先と長期にわたる安定的な関係を築くように努めること。その見返りとして相応の価値と品質，競争力および信頼性が得られる
- 仕入先と情報の共有に努め，安定した関係を維持していくために計画段階から参画させること
- 所定の期日にあらかじめ同意した取引条件で仕入先に支払うこと
- 人間の尊厳を重んじる雇用政策を実践している仕入先や協力会社（下請け）を開拓，奨励し，優先すること

《競争相手に対して》
- 貿易と投資に対して市場を積極的に開放すること
- 社会的にも環境保全の面においても有益な競争を促進するとともに，競争者同士の相互信頼の範を示すこと
- 競争を有利にするための疑わしい金銭の支払いや便宜を求めたり，かかわったりしないこと
- 有形財産に関する権利および知的所有権を尊重すること

- 産業スパイのような不公正あるいは非倫理的手段を用いて情報を入手することを拒否すること

《従業員に対して》
- 仕事と報酬を提供し，働く人々の生活条件の改善に資すること
- 一人ひとりの従業員の健康と尊厳を保つことのできる職場環境を提供すること
- 従業員とのコミュニケーションにおいては誠実を旨とし，法的および競争上の制約を受けないかぎり情報を公開してそれを共有するように努めること
- 従業員の提案やアイディア，不満そして要請に耳を傾け，可能なかぎりそれらを採用すること
- 対立が生じた際には誠実に交渉を行うこと
- 性別，年齢，人種，宗教に基づく差別を撤廃し，待遇と機会の均等を保証すること
- ハンディキャップや障害のある人々を，それらの人々が真に役立つことのできる職場で雇用するように努めること
- 従業員を職場において防ぎうる傷害や病気から守ること
- 企業の決定によってしばしば生じる深刻な失業問題に注意を払い，政府および関連機関と協力して混乱を避けるよう対処すること

《消費者に対して》
- 顧客の要請に合致する高品質の商品ならびにサービスを提供すること
- 私たちの商取引のあらゆる場面において顧客を公正に遇すること。それには，高水準のサービスならびに顧客の不満に対する補償措置を含むものとする。
- 私たちの商品およびサービスによって顧客の健康と安全が（同時に環境に悪影響を及ぼすことなく）維持され向上されるようにあらゆる努力を傾注すること
- 提供される商品，マーケティングおよび広告を通じて，人間の尊厳を侵

さないこと
- 顧客の文化を保全し尊重すること

《コミュニティに対して》
- 人権ならびに民主的活動を行う団体を尊重し，できるかぎりの支援を行うこと
- 政府が社会全体に対して当然負っている義務を認識し，企業と社会各層との調和のある関係を通して人間形成を推進しようとする公的な政策や活動を支援すること
- 健康，教育そして職場の安全の水準の向上に努力している社会的諸団体と協力し，地域社会の経済的福利の発展をめざして共にたたかうこと
- 持続可能な開発を促進・奨励すること
- 自然環境の保護と地球資源の保持に主導的役割を果たすこと
- 地域社会の平和，安全，多様性ならびに社会的融和を支援すること
- 地域の文化を尊重しその保全に努めること
- 慈善寄付，教育および文化に対する貢献，ならびに従業員による地域活動や市民活動への参加を通して「良き企業市民」となること

　それでは企業活動をどうやって評価するのかが，つぎに重要な課題になる。ステイクホルダマネジメントは企業の利害関係者がステイクホルダとして当事者意識を持って行動できるようになることによって「完結」することになる。そのためには，企業が個々のステイクホルダに対してそれらを本当にステイクホルダとして見なして対応しているのか「確認」が必要になる。その「確認」の方法が「企業活動の評価」である。いままでとは異なる視点からの「評価」が要求されることになる。企業活動を評価するということはステイクホルダがステイクホルダとして当事者意識をもって行動することなのであり，それによってはじめて企業は「真に」ステイクホルダ企業として存続し続けることになる。　そのような「評価」の在り方は試行錯誤的に「新しい」視点からの評価が行われるようになってきた。それは，7.6.3項で述べた「社会的責任投資」の「新しい」視点から「評価」，「格付け」しようという評価基準である。

7.7.2 環境コミュニケーションと環境信頼形成

環境コミュニケーションの一例として，現在最も重要な制度化は，食品安全委員会（2003年内閣府食品安全委員会決定）のもとに，リスクコミュニケーション委員会が設置され，食品安全員会がすすめるリスクコミュニケーションのあり方を審議しはじめた。食品に関する企業と政府の杜撰(ずさん)な対応は，国民に大きな不安を生じさせたことに対する反省から，新しい取組みが始まった。日本の食糧生産と流通の状況は，国際的な状況変化と密接に関係している。日本の食糧輸入が増加し，食品の安全性確保は国内行政だけでは困難になり，生産方法の国際標準化を図る一方，輸入品の安全検査体制強化が必要となっている。また自由貿易協定（FTA）が，メキシコ，シンガポールと締結されるなど，食の安全性確保を地球的視野から考えていく必要がある。このような状況の中で，国内の生産・流通体制の遅れを改善しつつ，さらに今後の行政において，国民・消費者から安心・信頼を得ることが必須条件となった。

食品安全委員会が取り組むリスクコミュニケーションのあり方は，基本的にすべての行政のリスクコミュニケーションあり方に通じる。環境問題は，過去からつねに住民と開発者側のリスクコミュニケーションの不足により，さまざまな摩擦と矛盾を引き起こしてきた歴史がある。環境リスクコミュニケーションにおいて，先行する分野は化学物質のリスクコミュニケーションである。化学物質の製造業者と化学物質を利用する業者が，今後進める化学物質のリスクコミュニケーションは，地域の状況や事業者の態様に応じてさまざまなものがある。地域との信頼関係を築くには，事業者が「情報公開の機会」と「地域の人の声を聴く機会」をつくり，日常的な取組みを地道に続けていくことが必要である。PRTR制度の導入により，少なくともPRTRが指定した化学物質の使用と環境排出，移動状況の情報を公開して値域住民や消費者・環境団体の評価を受ける必要がある。この環境コミュニケーションを進める道具として企業が公開する「環境報告書」が重要である。

環境信頼（environmental trust）には，行政（administration），生産者・流通業者（business），消費者・利用者（consumer）の間に信頼回復，信頼関

係，信用を築くことが必要である。そのために3者が，開かれた場所で「環境報告書」などを中心に直接議論することが求められている。議論の場においては，議論の準備，進行，記録を調整する司会者としてのコミュニケーション専門家（facilitator）がいて，議論の過程で企業の説明責任が実行される。説明責任が果たされて，企業・組織の信用が消費者，市民，住民に形成される。信用形成が企業・組織の発展の保証となる。このような説明責任の実行を通じて信頼形成を進めることで，日本や世界の企業・組織・政府の民主主義（democracy）は発展する。秩序なき資本主義経済が地球環境を破壊することを防ぎ，その社会経済メカニズムを地球規模の新しい形態に進化するためには，国際的にも国内的にも行政，生産者・流通業者，消費者・利用者の間に緊張ある関係を持続し進化することが必要となっている。

　環境コミュニケーションが進んでも，企業や組織の体質が変わらない可能性がある。その場合，重要な内部情報を知っている企業や組織の「内部告発者」の役割が重要である。2003年12月10日に開かれた国民生活審議会消費者政策部会で「公益通報者保護法案骨子案」が報告され，審議が始まった。イギリスでは，包括的な公益通報者保護法である「公益開示法（1998年）」，米国では公的部門を対象とする「内部告発者保護法（1989年），「21世紀に向けた航空投資・改革法（2000年）」，「企業と犯罪的欺瞞説明責任法（2002年）」が制定された。真実を告発することから，真の環境コミュニケーションがすすむ[32]。

7.7.3　だれが地球環境の将来を判断するのか

　地球環境のための技術としくみシリーズの第11巻「地球環境保全の法としくみ」を終わるに当たり，だれが地球環境の将来を判断するのか？　について検討してみたい。現在イラクにおける戦争状態が継続している。パレスチナとイスラエルの軍事・テロ衝突も進行中である。さらにインドネシア・アチェの反乱，タイ南部のイスラム勢力のテロ攻撃など，紛争が収まらない。戦争は最大の環境破壊であるが，環境と戦争は同次元で比較して考えられることは少な

い。しかし，例えばイラクの破壊されたチグリス・ユーフラテス湿原の復旧保護の国際支援は，その課題に直面している。戦争続行状態では，湿原復興湖沼周辺住民の生活復旧支援は実行できない。戦争に巻き込まれることで，住民の生活とその環境悪化，湿原生態系などは，回復の目途がつかない状態である。戦争の愚かさの後始末は，多大の費用が必要である。戦争を回避し，紛争になる前に解決策を見いだす「予防的対策」がますます必要である。地球環境問題の将来を判断するのは，地球市民である。地球環境科学者・専門家は，判断のための情報を提供する役割がある。しかしその情報が，つねに正しいとは限らない。また情報を理解する住民市民の知識に不十分さがつきまとう。市民や学校での環境教育の役割も重要である。したがって地球環境観は，その人が置かれている地域状況，生活文化環境，経済力，教育レベルによって大きな違いが存在する以上，世界共通の地球環境観を共有することは難しいと考えなければならない。しかし国連を中心とする国際機関が努力して地球市民が共有する地球環境情報を生み出すことは重要である。そのうえで多様な価値観を認め合うことが，地球民主主義の原則である。文明の衝突が懸念されているが，宗教の違いによる価値観の違いを認めつつも，共有する価値観として地球環境の理解を形成することが重要となる。地球環境問題を解決するのは，地球環境保全制度の改善を推しすすめる地球市民個人の共有する地球環境観，価値観に帰することになる。

引用・参考文献

（下記の URL は 2004 年 7 月現在）
1) http://www.mofa.go.jp/mofaj/gaiko/oda/seisaku/seisaku_2/mdgs_gai.html
2) http://www.mofa.go.jp/mofaj/gaiko/kankyo/wssd/sengen.html
3) http://www.mofa.go.jp/mofaj/gaiko/kankyo/wssd/pdfs/wssd_sjk.pdf
4) http://lnweb18.worldbank.org/ESSD/envext.nsf/41 ByDocName/EnvironmentStrategy
5) http://www.gefweb.org/

6) http://www.mofa.go.jp/mofaj/gaiko/oda/siryo/siryo_2/siryo_2 f.html
7) http://www.mofa.go.jp/mofaj/gaiko/oda/seisaku/seisaku_1/t_minaoshi/030314.htm
8) http://www.mofa.go.jp/mofaj/gaiko/kankyo/oda.html
9) http://www.jica.go.jp/global/environment/guideline_07.html
10) http://www.jbic.go.jp/japanese/environ/guide/index.php
11) http://www.jica.go.jp/global/environment/index.html
12) http://www.jica.go.jp/global/environment/japan.html
13) http://www.jica.go.jp/partner/kusakyo.html
14) http://www.env.go.jp/press/press.php 3 ? serial = 3356
15) http://www.env.go.jp/press/press.php 3 ? serial = 4101
16) http://www.colgei.org/intro/purpose.html
17) http://nk-forum.jij.co.jp/indexkanjichi 2000/kkjichishow.html
18) http://www.earg-japan.org/lems/emscommng.html # 1.
19) http://www.colgei.org/LAS-E/L_about.html
20) http://www.kankyoshimin.org/jp/activity/ecocity/ecocup/index.html
21) http://www.ecology.or.jp/w-topics/wtp 12-0401.html)
22) http://www.ecology.or.jp/w-topics/wtp 24-0402.html
23) http://www.ecology.or.jp/w-topics/wtp 42-0311.html
24) http://www.eco.pref.mie.jp/kigyou/taisyou/taisyou.htm
25) http://www.ecology.or.jp/w-topics/wtp 44-0303.html
26) http://www 009.upp.so-net.ne.jp/juka/CERES-Principles.htm
27) Williams,O.L. (ed.), Global Codes of Conduct : An Idea Whose Times Has Come, University Notre Dame Press, pp. 322-324 (2000)
28) http://www 009.upp.so-net.ne.jp/juka/keidanren-code.htm
29) http://www.osipp.osaka-u.ac.jp/janpora/index.htm
30) http://www 009.upp.so-net.ne.jp/juka/StakeholderManagement.htm
31) http://www 009.upp.so-net.ne.jp/juka/Caux-Princiiplles.htm)
32) http://www.consumer.go.jp/info/shingikai/19 bukai 3/shiryo 1.pdf)

索　　引

【あ】

アジア開発銀行　　　258
アジア太平洋都市間協力
　　ネットワーク　　　228
アジェンダ21　　　74, 214

【い】

イェーテボリー議定書　　9
イギリス埋立税　　　95
イクレイ　　　236
維持の義務　　　24
遺伝子組換え生物等の
　　使用等の規制による
　　生物の多様性の確保
　　に関する法律　　　84
移動性野生動物種の保全
　　に関する条約　　　20

【う】

ウィーン条約　　　10
宇宙損害賠償協定　　　15
宇宙天体条約　　　15

【え】

衛生植物検疫措置の適用
　　に関する協定　　　25
エコ管理・監査システム
　　　　　　　　283
エスプー条約　　　14
越境環境影響評価条約　　　14
越境水域および国際湖沼
　　の保護および利用に関
　　するヘルシンキ条約　　　25

越境大気汚染　　　5
エネルギー管理指定工場　　　54
エネルギー管理者　　　54
エメックス　　　224
円借款　　　262

【お】

欧州における大気汚染
　　物質の長距離移動の
　　監視と評価に関する
　　計画　　　4
欧州評議会　　　14
オスロ議定書　　　7
汚染者負担原則　　　14
オゾン層の保護のための
　　ウィーン条約　　　10
オゾン層を破壊する物質
　　に関するモントリオー
　　ル議定書　　　10
オランダ地下水税　　　107
恩恵誘導的手法　　　29
温室効果ガス　　　50
温暖化対策税　　　119

【か】

海底開発による油濁民事
　　責任条約　　　14
海底紛争裁判部　　　16
外部不経済　　　91
改変された生物　　　17, 84
海洋汚染及び海上災害の
　　防止に関する法律　　　70
海洋汚染防止条約　　　3
海洋投棄規制条約　　　4

海洋油濁防止条約　　　3
価格弾力性　　　112
化学品の分類や表示の
　　世界的調和システム　　　74
化学物質の審査及び製造等
　　の規制に関する法律　　　75
核物質の海上輸送の分野
　　における民事責任に関
　　する条約　　　15
家電リサイクル法　　　65
カナダ企業の国際的倫理
　　　　　　　　294
ガバナンス　　　145
可変的外部性　　　99
カルタヘナ議定書　　　17
環境NGO　　　20
環境NPO　　　298
環境会計　　　180
環境格付け　　　174, 290
環境監査　　　281
環境管理システム　　　281
環境基本計画　　　160, 277
環境基本法　　　160
環境権　　　35
環境効率性　　　42, 43
環境コミュニケーション
　　　　　　　　308
環境再生保全機構　　　299
環境自治体　　　280
環境自治体スタンダード
　　　　　　　　286
環境社会配慮　　　273
環境首都コンテスト　　　287

環境上危険な活動による損害
　に関する民事責任条約　14
環境信頼　　　　　　　303
環境信頼形成　　　　　308
環境税　　　　　　　　91
環境税制改革　　　　　96
環境と開発に関する国連
　会議　　　　　　　　34
環境に配慮した事業活動
　促進法案　　　　　　289
環境パフォーマンス指標
　　　　　　　　　　　179
環境パフォーマンス評価
　　　　　　　　　　　281
環境への負荷　　　　　34
環境報告書　　　181, 308
環境保護に関する南極
　条約議定書　　　　　16
環境ホルモン　　　　　　9
環境ラベリング　　　　281
環境ラベル　　　　　　177

【き】

企業統治　　　　　　　290
企業と犯罪の欺瞞説明
　責任法　　　　　　　309
企業の社会的責任　　　288
気候変動税　　　　　　119
気候変動に関する国際連合
　枠組条約　　　　　　45
気候変動枠組条約第3回
　締約国会議　　197, 204
技術協力　　　　　　　262
基準・価格アプローチ　93
規制的手法　　　　　　29
揮発性有機化合物　　　　7
義務の差異化　　　　　25
キャップアンドトレード
　方式　　　　　　　　122
共通ではあるが差異のある
　責務　　　　　　　　26

京都イニシアティブ　　273
協働原則　　　　　　　153
共同実施　　　　　　8, 12
共同達成　　　　　　　12
京都会議　　　　197, 204
京都議定書　　11, 46, 51, 191
京都議定書目標達成計画　47

【く】

クリーン開発メカニズム　12
グリーン購入　　　　　172
グローバルコモンズ　　　2

【け】

経済的手法　　　　12, 149
経団連企業行動憲章　　297
結果の義務　　　　　　24
厳格責任　　　　　　　14
原子力安全条約　　　　14
原子力事故早期通報条約　13
原子力事故相互援助条約　13
原子力船運航者の責任に
　関する条約　　　　　14
原子力損害に対する民事
　責任に関する条約　　15
原子力の分野における
　第三者損害に関する
　条約　　　　　　　　14
県民税均等割超過課税
　方式　　　　　　　　133
賢明な利用　　　　　　19

【こ】

小泉構想　　　　　　　247
合意的手法　　　　　　149
公益開示法　　　　　　309
公益通報者保護法案
　骨子案　　　　　　　309
衡平利用の原則　　　　15
鉱油税　　　　　　　　119
国際海底機構　　　　　16

国際河川の利用に関する
　ヘルシンキ規則　　　15
国際環境開発規約　　　30
国際機関への出資・
　拠出金　　　　　　　263
国際協力銀行　　　　　272
国際公域　　　　　　　　2
国際公益　　　　　　　　3
国際準立法　　　　　　19
国際犯罪　　　　　　　22
国際貿易の対象となる
　特定の化学物質およ
　び駆除剤についての
　事前のかつ情報に基
　づく同意の手続に関
　するロッテルダム
　条約　　　　　　　　25
国際捕鯨委員会　　　　20
国際立法　　　　　　　19
国連欧州経済委員会　　4
国連海洋法条約　　　　3
国連環境開発会議　　　1
国連環境計画　　　　　9
国連気候変動枠組条約　11
国連公海漁業実施協定　25
国連国際法委員会　　　21
国連人間環境会議　　　1
国家報告・審査制度　　26
固定的外部性　　　　　99
コーポレートガバナンス
　　　　　　　　　　　290
混合責任　　　　　　　15

【さ】

財源調達アプローチ　　107
最大持続生産量　　　　15
最適持続可能生産量　　16
差異のある責務　　　　11
参加型税制　　　　　　134
産業事故越境影響条約　14
産業廃棄物税　　　　　128

酸性酸	5	
酸性化，富栄養化および地上レベルオゾン低減議定書	9	
産廃税	128	
残留性有機汚染物質	9	
残留性有機汚染物質に関するストックホルム条約	25	

【し】

自主協定	119
自主的な環境管理	148
自然遺産	18
持続可能な開発に関する世界首脳会議	253
持続可能な開発に関するヨハネスブルグ宣言	247
持続可能な開発のための環境保全イニシアティブ	271
持続可能な社会	137
自治	143
実施・方法の義務	24
シティネット	227
自動車リサイクル法	65
市民参加	144
社会的責任投資	289
従価税	100
重金属議定書	8
住民投票	152
従量税	100
遵守委員会	29
遵守手続・メカニズム	12
使用済自動車の再資源化等に関する法律	65
情報的手法	149
初期配分問題	122
新エネ発電法	58
森林環境税	128
人類の共同財産	16

【す】

水道課税方式	133
ステイクホルダ	172,303
ストックホルム会議	1

【せ】

生活者の環境倫理	301
政策法	33
政府開発援助大綱	263
生物多様性条約	17
生物の多様性に関する条約のバイオセーフティに関するカルタヘナ議定書	17
税率差別化	105
世界遺産委員会	18
世界遺産基金	18
世界遺産条約	18,39,88
世界環境機関	31
世界環境理事会	31
世界銀行	256
世界銀行環境戦略	256
世界の文化および自然の遺産の保護に関する条約	18
世代間公平の原則	18
絶滅のおそれのある野生動植物の国際取引に関する条約	17,80
セリーズ原則	292
専属責任	15

【そ】

相互的義務	21
租税外部性	130
租税調和	132
ソフィア議定書	6
ソフトロー	19

【た】

対世的義務	21
多数国間基金	10
炭素・エネルギー税	119
炭素税	119

【ち】

地球温暖化対策推進協議会	52
地球温暖化対策推進本部	52
地球温暖化対策に関する基本方針	51
地球温暖化防止活動推進員	52
地球温暖化防止活動推進センター	51
地球環境機関	257
地球環境基金	300
地球環境条約	1
地球環境ファシリティ	11
地球環境モニタリングシステム	223
地球サミット	1,159
地球的共通関心事項	2
地方環境税	128
地方環境税制改革	138
地方分権	146
超過負担	124
長距離越境大気汚染	5
長距離越境大気汚染条約	4
調整手続	20

【つ】

月条約	15

【て】

適正な利用	19
電気管理指定工場	55
電気事業者による新エネルギー等の利用に関する特別措置法	58
電気税	119
デンマーク廃棄物税	102

【と】

ドイツ水資源税　112
特定外来生物　86
特定外来生物による生態系
　等に係る被害の防止に関
　する法律　86
特定家庭用機器再商品化法
　　65
特定フロン　62
特定有害廃棄物等の輸出入
　等の規制に関する法律　72
特定有害物質の使用制限令
　　289
特に水鳥の生息地として
　国際的に重要な湿地に
　関する条約　18

【な】

内部告発者　309
内部告発者保護法　309
南極条約　39,89
南極地域の環境の保全に
　関する法律　89
南極のあざらしの保存に
　関する条約　16
南極の海洋生物資源の保存
　に関する条約　16

【に】

21世紀に向けた環境開発
　支援構想　274
21世紀に向けた航空投資・
　改革法　309
二重課税　130
二重の配当　124
日本環境経営大賞　291
日本のODA　259

【ね】

熱管理指定工場　55

【は】

バイオセーフティに関する
　カルタヘナ議定書　84
排出権取引制度　91
排出取引　10,12
バーゼル条約　12
バーゼル法　72
パブリックコメント制度
　　152
バルディーズの原則　292

【ひ】

非規制的手法　29
ピグー税　92
貧困削減戦略　258

【ふ】

不遵守手続　10
普遍的義務　21
文化遺産　18
分配問題　120

【へ】

閉鎖性海域　224
ヘルシンキ議定書　6

【ほ】

法定外目的税　128
補完性原理　150
北東大西洋の海洋環境
　保護に関する条約　25
ボーモル・オーツ税　94
ボランティア活動　199
ポリ塩化ビフェニル
　廃棄物　77
ポリシーミックス　44,116
ボン条約　20

【ま】

マルポール1973/78年条約　3

【み】

未然防止原則　24
南太平洋地域における流し
　網漁を禁止する条約　15
未判定外来生物　87
ミレニアム開発目標　243

【む】

無償資金協力　262

【め】

免税措置　109

【も】

目的税　130
モントリオール議定書　10
モントレー合意　254

【ゆ】

有害廃棄物の国際移動お
　よび処分に伴う損害に
　対する責任および補償
　に関する議定書　13
有害廃棄物の国境を越える
　移動およびその処分の規
　制に関する条約　12
有害物質PIC条約　13
油濁事故対策協力条約　13
油濁補償基金条約　14
油濁民事責任条約　14

【よ】

ヨハネスブルグ実施計画
　　253,256
予防原則　24
予防措置　25
予防的アプローチ　25

【ら】

ライフサイクル	
アセスメント	281
ラムサール条約	18, 87

【り】

リオ宣言	171
利害関係者	303

履行委員会	8, 10, 27
リスク管理	25
リスク評価	25
領域主権	1
臨界負荷量	6

【ろ】

ローカルアジェンダ21	159, 278

ロンドン条約	69

【わ】

枠組み規制	57
枠組み条約	5
ワシントン条約	17, 80

【C】

CITYNET	228
COP 3	204
CSR	288

【E】

EANET	230
ECE	4
ECE産業事故越境影響条約	14
EcoISD	271
EMAS	284
EMECS	224, 226
EMEP	4
EMEP議定書	5

【G】

GEC	229
GEF	11, 257
GEMS	223
GONGO	203
GRI	173

【H】

HNS基金	14
HNS条約	14

【I】

ICAO	20
ICETT	218
ICLEI	236
IETC	229
IGES	228
ILEC	222
ISD構想	274
ISO 14000	281
ISO 14001	172
ITTO	227

【J】

JICA環境社会配慮ガイドライン	272

【K】

KITA	216
KIWC	231

【L】

LMO	17, 84
LRTAP条約	4

【M】

MARPOL 73/78条約	70
MDGs	243
MSY	15

【N】

NGO国際環境支援	275
NPEC	230
NPO	299

【O】

ODA大綱	263
OPRC条約	13, 70
OSPAR条約	25

【P】

PDCAサイクル	167
PIC制度	13
POPs条約	74
POPs議定書	9

【R】

ROHS指令	289
RPS法	58

【S】

SPS協定	25
SRI	289

【U】

UNCED	34, 159
UNEP	9

【V】

VOC議定書	7

【W】

WSSD	253

―― 編著者略歴 ――

1966年	京都大学工学部衛生工学科卒業
1968年	京都大学大学院修士課程修了
1972年	米国テキサス大学オースチン校博士課程修了
	Ph. D.（土木工学）
1972年	茨城県鹿島下水道事務所勤務
1975年	金沢大学助教授
1986年	京都大学助教授
1987年	京都大学教授
	現在に至る

地球環境保全の法としくみ
Laws and Institutions for Global Environmental Conservation

© Saburo Matsui 2004

2004年11月30日　初版第1刷発行

検印省略	編 著 者	松　井　三　郎
	発 行 者	株式会社　コロナ社
		代 表 者　牛来辰巳
	印 刷 所	壮光舎印刷株式会社

112-0011　東京都文京区千石4-46-10

発行所 株式会社 **コロナ社**
CORONA PUBLISHING CO., LTD.
Tokyo　Japan
振替 00140-8-14844・電話(03)3941-3131(代)
ホームページ http://www.coronasha.co.jp

ISBN 4-339-06861-6　（大井）　（製本：染野製本所）
Printed in Japan

無断複写・転載を禁ずる
落丁・乱丁本はお取替えいたします

新コロナシリーズ

(各巻B6判)

			頁	定価
1.	ハイパフォーマンスガラス	山根正之著	176	1223円
2.	ギャンブルの数学	木下栄蔵著	174	1223円
3.	音戯話	山下充康著	122	1050円
4.	ケーブルの中の雷	速水敏幸著	180	1223円
5.	自然の中の電気と磁気	高木相著	172	1223円
6.	おもしろセンサ	國岡昭夫著	116	1050円
7.	コロナ現象	室岡義廣著	180	1223円
8.	コンピュータ犯罪のからくり	菅野文友著	144	1223円
9.	雷の科学	饗庭貢著	168	1260円
10.	切手で見るテレコミュニケーション史	山田康二著	166	1223円
11.	エントロピーの科学	細野敏夫著	188	1260円
12.	計測の進歩とハイテク	高田誠二著	162	1223円
13.	電波で巡る国ぐに	久保田博南著	134	1050円
14.	膜とは何か ―いろいろな膜のはたらき―	大矢晴彦著	140	1050円
15.	安全の目盛	平野敏右編	140	1223円
16.	やわらかな機械	木下源一郎著	186	1223円
17.	切手で見る輸血と献血	河瀬正晴著	170	1223円
18.	もの作り不思議百科 ―注射針からアルミ箔まで―	JSTP編	176	1260円
19.	温度とは何か ―測定の基準と問題点―	櫻井弘久著	128	1050円
20.	世界を聴こう ―短波放送の楽しみ方―	赤林隆仁著	128	1050円
21.	宇宙からの交響楽 ―超高層プラズマ波動―	早川正士著	174	1223円
22.	やさしく語る放射線	菅野・関共著	140	1223円
23.	おもしろ力学 ―ビー玉遊びから地球脱出まで―	橋本英文著	164	1260円
24.	絵に秘める暗号の科学	松井甲子雄著	138	1223円
25.	脳波と夢	石山陽事著	148	1223円
26.	情報化社会と映像	樋渡涓二著	152	1223円
27.	ヒューマンインタフェースと画像処理	鳥脇純一郎著	180	1223円

28.	叩いて超音波で見る ―非線形効果を利用した計測―	佐藤拓宋著	110	1050円
29.	香りをたずねて	廣瀬清一著	158	1260円
30.	新しい植物をつくる ―植物バイオテクノロジーの世界―	山川祥秀著	152	1223円
31.	磁石の世界	加藤哲男著	164	1260円
32.	体を測る	木村雄治著	134	1223円
33.	洗剤と洗浄の科学	中西茂子著	208	1470円
34.	電気の不思議 ―エレクトロニクスへの招待―	仙石正和編著	178	1260円
35.	試作への挑戦	石田正明著	142	1223円
36.	地球環境科学 ―滅びゆくわれらの母体―	今木清康著	186	1223円
37.	ニューエイジサイエンス入門 ―テレパシー,透視,予知などの超自然現象へのアプローチ―	窪田啓次郎著	152	1223円
38.	科学技術の発展と人のこころ	中村孔治著	172	1223円
39.	体を治す	木村雄治著	158	1260円
40.	夢を追う技術者・技術士	CEネットワーク編	170	1260円
41.	冬季雷の科学	道本光一郎著	130	1050円
42.	ほんとに動くおもちゃの工作	加藤孜著	156	1260円
43.	磁石と生き物 ―からだを磁石で診断・治療する―	保坂栄弘著	160	1260円
44.	音の生態学 ―音と人間のかかわり―	岩宮眞一郎著	156	1260円
45.	リサイクル社会とシンプルライフ	阿部絢子著	160	1260円
46.	廃棄物とのつきあい方	鹿園直建著	156	1260円
47.	電波の宇宙	前田耕一郎著	160	1260円
48.	住まいと環境の照明デザイン	饗庭貢著	174	1260円
49.	ネコと遺伝学	仁川純一著	140	1260円
50.	心を癒す園芸療法	日本園芸療法士協会編	170	1260円

定価は本体価格＋税5％です。
定価は変更されることがありますのでご了承下さい。

図書目録進呈◆

環境・都市システム系教科書シリーズ

(各巻A5判)

■編集委員長　澤　孝平
■幹　　　事　角田　忍
■編集委員　荻野　弘・奥村充司・川合　茂
　　　　　　嵯峨　晃・西澤辰男

配本順		著者	頁	定価
2.（1回）	コンクリート構造	角田　忍・竹村和夫 共著	186	2310円
3.（2回）	土質工学	赤木知之・吉村優治・上　俊二・小堀慈久・伊東　孝 共著	238	2940円
4.（3回）	構造力学 I	嵯峨　晃・武田八郎・原　隆・勇　秀憲 共著	244	3150円
5.（7回）	構造力学 II	嵯峨　晃・武田八郎・原　隆・勇　秀憲 共著	192	2415円
6.（4回）	河川工学	川合　茂・和田　清・神田佳一・鈴木正人 共著	208	2625円
7.（5回）	水理学	日下部重幸・檀　和秀・湯城豊勝 共著	200	2730円
8.（6回）	建設材料	中嶋清実・角田　忍・菅原　隆 共著	190	2415円
9.（8回）	海岸工学	平山秀夫・辻本剛三・島田富美男・本田尚正 共著	204	2625円
10.（9回）	施工管理学	友久誠司・竹下治之 共著	240	3045円

以下続刊

1. シビルエンジニアリングの第一歩　澤・荻野・奥村・角田・川合・嵯峨・西澤 共著
   - 都市計画　亀野・武井・平田・宮腰 共著
   - 環境保全工学　和田・奥村 共著
   - 建設システム計画　荻野・大橋・野田・西澤・鈴木 共著
   - 景観工学　市坪・小川・砂本・溝上・谷平 共著
   - 鋼構造学　原・和多田・北原・山口 共著
   - 建設マネジメント
   - 防災工学　洞田・塩野・檀・疋田・吉村 共著
   - 環境衛生工学　奥村・大久保 共著
   - 情報処理入門　西澤・豊田・長岡・廣瀬 共著
   - 交通システム工学　折田・大橋・栁澤・高岸・佐々木・宮腰・西澤 共著
   - 測量学 I, II　堤・岡林 共著
   - 環境都市製図

定価は本体価格＋税5％です。
定価は変更されることがありますのでご了承下さい。

図書目録進呈◆

土木系 大学講義シリーズ

（各巻A5判）

- ■編集委員長　伊藤　學
- ■編　集　委　員　青木徹彦・今井五郎・内山久雄・西谷隆亘
　　　　　　　　　榛沢芳雄・茂庭竹生・山﨑　淳

配本順			頁	定価
1.（10回）	土木工学序論	伊藤・佐藤編著	220	2625円
2.（4回）	土木応用数学	北田俊行著	236	2835円
4.（21回）	地盤地質学	今井・福江 足立 共著	186	2625円
5.（3回）	構造力学	青木徹彦著	340	3465円
6.（6回）	水理学	鮏川　登著	256	3045円
7.（23回）	土質力学	日下部　治著	280	3465円
8.（19回）	土木材料学（改訂版）	三浦　尚著	224	2940円
9.（13回）	土木計画学	川北・榛沢編著	256	3150円
11.（17回）	改訂 鋼構造学	伊藤　學著	260	3360円
13.（7回）	海岸工学	服部昌太郎著	244	2625円
14.（2回）	上下水道工学	茂庭竹生著	214	2310円
15.（11回）	地盤工学	海野・垂水編著	250	2940円
16.（12回）	交通工学	大蔵　泉著	254	3150円
17.（20回）	都市計画（改訂版）	新谷・髙橋 岸井 共著	188	2625円
18.（24回）	新版 橋梁工学（増補）	泉・近藤共著	324	3990円
20.（9回）	エネルギー施設工学	狩野・石井共著	164	1890円
21.（15回）	建設マネジメント	馬場敬三著	230	2940円
22.（22回）	応用振動学	山田・米田共著	202	2835円

以下続刊

- 3．測量学　内山久雄著
- 10．コンクリート構造学　山﨑　淳著
- 12．河川工学　西谷隆亘著
- 19．水環境システム　大垣真一郎 他著

定価は本体価格＋税5％です。
定価は変更されることがありますのでご了承下さい。

◆図書目録進呈◆

新編土木工学講座

(各巻A5判，欠番は品切です)

■全国高専土木工学会編
■編集委員長　近藤泰夫

配本順			頁	定価
1. (3回)	土木応用数学	近藤・江崎共著	322	3675円
2. (21回)	土木情報処理	杉山錦雄・栗木譲共著	282	2940円
3. (1回)	図学概論	改発・島村共著	176	1911円
4. (22回)	土木工学概論	長谷川博他著	220	2310円
6. (29回)	測量（1）（新訂版）	長谷川・植田・大木共著	270	2730円
7. (30回)	測量（2）（新訂版）	小川・植田・大木共著	304	3150円
8. (27回)	新版 土木材料学	近藤・岸本・角田共著	312	3465円
9. (2回)	構造力学（1）—静定編—	宮原・高端共著	310	3150円
10. (6回)	構造力学（2）—不静定編—	宮原・高端共著	296	3150円
11. (11回)	新版 土質工学	中野・小山・杉山共著	240	2835円
12. (9回)	水理学	細井・杉山共著	360	3150円
13. (25回)	新版 鉄筋コンクリート工学	近藤・岸本・角田共著	310	3570円
14. (26回)	新版 橋工学	高端・向山・久保田共著	276	3570円
15. (19回)	土木施工法	伊丹・片山・後藤・原島共著	300	3045円
16. (10回)	港湾および海岸工学	菅野・寺西・堀口・佐藤共著	276	3150円
17. (17回)	改訂 道路工学	安孫子・澤共著	336	3150円
18. (13回)	鉄道工学	宮原・雨宮共著	216	2625円
19. (28回)	新 地域および都市計画（改訂版）	岡崎・高岸・大橋・竹内共著	218	2835円
20. (20回)	衛生工学	脇山・阿部共著	232	2625円
21. (16回)	河川および水資源工学	渋谷・大同共著	338	3570円
22. (15回)	建築学概論	橋本・渋谷・大沢・谷本共著	278	3045円
23. (23回)	土木耐震工学	狩俣・音田・荒川共著	202	2625円

定価は本体価格+税5％です。
定価は変更されることがありますのでご了承下さい。

図書目録進呈◆

シリーズ　21世紀のエネルギー

(各巻A5判)

■(社)日本エネルギー学会編

			頁	定価
1.	21世紀が危ない ― 環境問題とエネルギー ―	小島　紀徳著	144	1785円
2.	エネルギーと国の役割 ― 地球温暖化時代の税制を考える ―	十川　市川　芳　勉 小佐川　　樹　直人共著	154	1785円
3.	風と太陽と海 ― さわやかな自然エネルギー ―	牛山　　泉他著	158	1995円
4.	物質文明を超えて ― 資源・環境革命の21世紀 ―	佐伯　康治著	168	2100円
5.	Cの科学と技術 ― 炭素材料の不思議 ―	白石・大谷 京谷・山田共著	148	1785円

以下続刊

深海の巨大なエネルギー源　奥田　義久著　　ごみゼロ社会は実現できるか　堀尾　正靭著
― メタンハイドレート ―
太陽の恵みバイオマス　松村　幸彦編著

ヒューマンサイエンスシリーズ

(各巻B6判)

■監　修　早稲田大学人間総合研究センター

			頁	定価
1.	性を司る脳とホルモン	山内　兄人 新井　康允編著	228	1785円
2.	定年のライフスタイル	浜口　晴彦 嵯峨座　晴夫編著	218	1785円
3.	変容する人生 ― ライフコースにおける出会いと別れ ―	大久保　孝治編著	190	1575円
4.	母性と父性の人間科学	根ケ山　光一編著	230	1785円
5.	ニューロシグナリングから 　　知識工学への展開	吉岡　亨 市川　一寿 堀江　秀典編著	160	1470円
6.	エイジングと公共性	渋谷　望 空閑　厚樹編著	230	1890円
7.	エイジングと日常生活	高木　知 木戸　和功編著	184	1575円
8.	女と男の人間科学	山内　兄人編著	222	1785円

以下続刊

バイオエシックス　　　木村　利人編著　　現代に生かす養生学　　石井　康智編著
人工臓器は幸せをもたらすか　梅津　光生編著　　人間科学を考える　　比企　静雄編著
高度技術と社会福祉　　野呂　影勇編著

定価は本体価格+税5%です。
定価は変更されることがありますのでご了承下さい。

図書目録進呈◆

地球環境のための技術としくみシリーズ

(各巻A5判)

コロナ社創立75周年記念出版

■編集委員長　松井三郎
■編集委員　　小林正美・松岡　譲・盛岡　通・森澤眞輔

配本順				頁	定価
1.	(1回)	**今なぜ地球環境なのか** 松井三郎編著 松下和夫・中村正久・髙橋一生・青山俊介・嘉田良平 共著		230	3360円
2.		**生活水資源の循環技術** 森澤眞輔編著 松井三郎・細井由彦・伊藤禎彦・花木啓祐 荒巻俊也・国包章一・山村尊房 共著			
3.	(3回)	**地球水資源の管理技術** 森澤眞輔編著 松岡　譲・髙橋　潔・津野　洋・古城方和 楠田哲也・三村信男・池淵周一 共著		292	4200円
4.	(2回)	**土壌圏の管理技術** 森澤眞輔編著 米田　稔・平田健正・村上雅博 共著		240	3570円
5.		**資源循環型社会の技術システム** 盛岡　通編著 河村清史・吉田　登・藤田　壮・花嶋正孝 宮脇健太郎・後藤敏彦・東海明宏 共著			
6.		**エネルギーと環境の技術開発** 松岡　譲編著 森　俊介・槌屋治紀・藤井康正 共著			
7.		**大気環境の技術とその展開** 松岡　譲編著 森口祐一・島田幸司・牧野尚夫・白井裕三・甲斐沼美紀子 共著			
8.	(4回)	**木造都市の設計技術** 小林正美・竹内典之・髙橋康夫・山岸常人 外山　義・井上由起子・菅野正広・鉾井修一 共著 吉田治典・鈴木祥之・渡邉史夫・高松　伸		282	4200円
9.		**環境調和型交通の技術システム** 盛岡　通編著 新田保次・鹿島　茂・岩井信夫・中川　大 細川恭史・林　良嗣・青山吉隆 共著			
10.		**都市の環境計画の技術としくみ** 盛岡　通編著 神吉紀世子・室崎益輝・藤田　壮・島谷幸宏 福井弘道・野村康彦・世古一穂 共著			
11.	(5回)	**地球環境保全の法としくみ** 松井三郎編著 岩間　徹・浅見直人・川勝健志・植田和弘 倉阪秀史・岡島成行・平野　喬 共著		330	4620円

定価は本体価格+税5%です。
定価は変更されることがありますのでご了承下さい。

図書目録進呈◆